JN206575

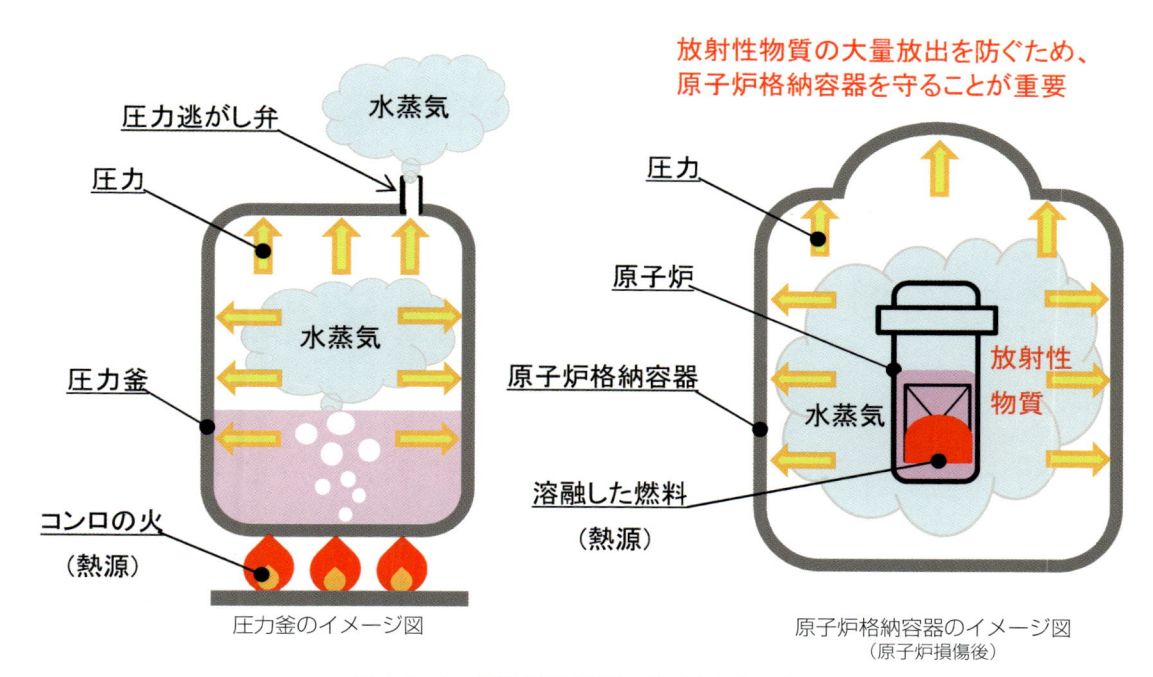

図 1.1－1　原子炉格納容器の脅威となる圧力

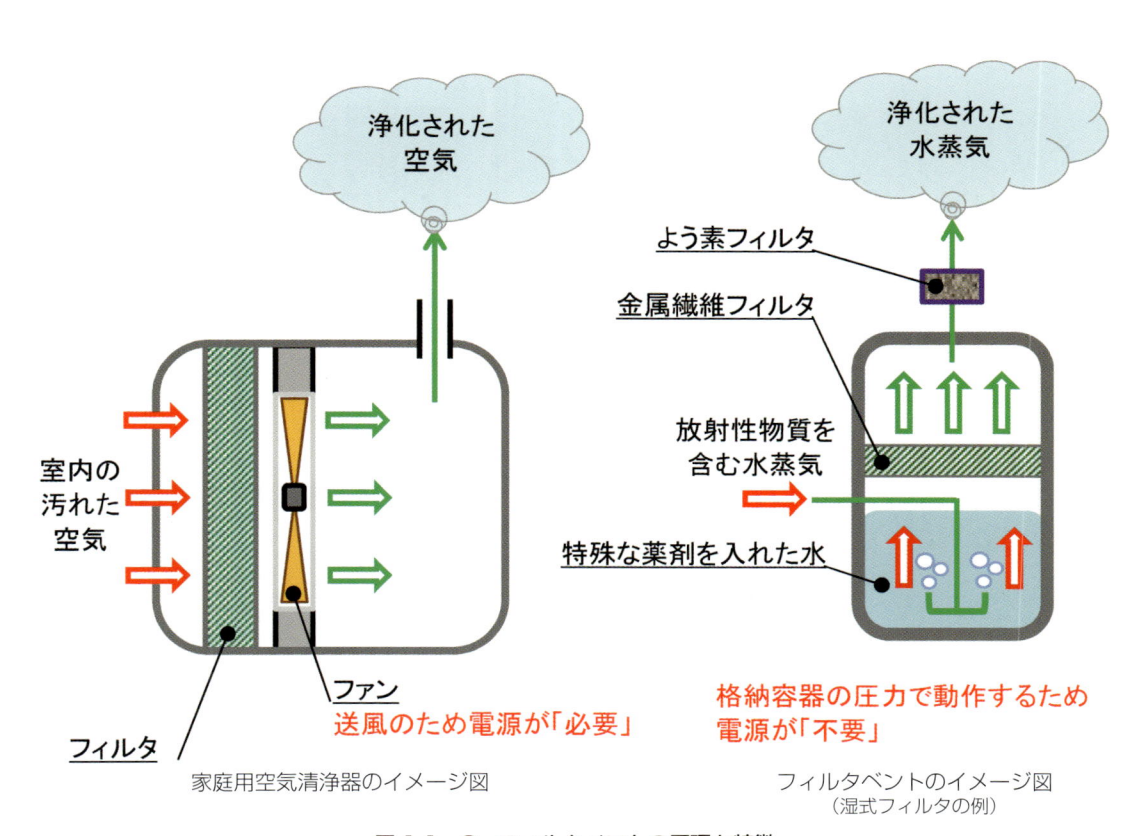

図 1.1－2　フィルタベントの原理と特徴

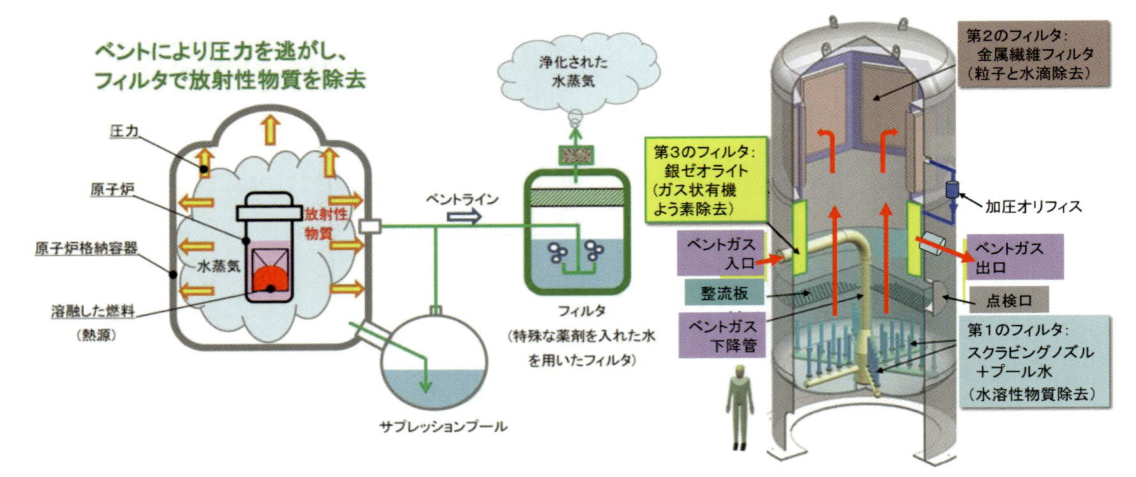

図1.3-3　フィルタベントの適用例 （沸騰水型原子炉（BWR）の例）

上部胴＋下部胴

スクラバ容器

銀ゼオライト容器

図5.1.2-4　スクラバ容器の製作時状況

格納槽の建設
（2013年12月）

スクラバ容器搬入

スクラバ容器着座
（2014年8月）

地下格納槽

銀ゼオライト容器搬入
（2015年4月）

図5.1.2-5　現地工事の状況

図 5.1.3.5－1　ベントフィルタの製作状況

図 5.1.3.5－2　ベントフィルタの輸送及び据付状況

●頑健型フィルタベント強化策の例
　✓対策１：RHR系サポート系の強化
　✓対策２：S/P水pH管理
　✓対策３：代替PCVスプレイ
　✓対策４：よう素吸着フィルタ付フィルタベント

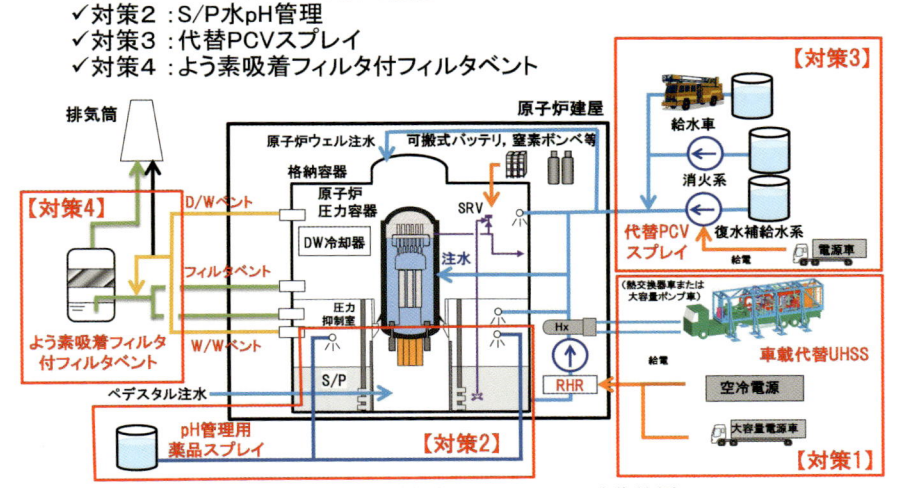

図 5.1.4－2　頑健型フィルタベント強化策例

図 8.2－1　アメリカ Palo Verde 原子力発電所の FLEX 機器(特殊消防車)

住民の乗ったバスごと汚染の有無を確認
(バス通過後の 2 本のポールで放射線測定)

自衛隊の災害派遣（除染車）
(避難車両の除染等を行う)

避難住民の避難退域時検査場所
(避難住民の汚染チェックと除染等を行う)

一時立ち寄り場所に到着した緊急退避訓練参加者
(左の写真は視察中の桜井淳氏)

あとがき　静岡県防災訓練風景(2018 年 2 月 16 日)

フィルタベント

－原子力安全の切り札を徹底解説－

日本機械学会 編

フィルタベントワーキンググループ 著

（主査　奈良林　直　監修）

フィルタベント

―原子力安全の切り札を徹底解説―

目　次

CONTENTS

はじめに

2011年3月11日、太平洋三陸沖を震源として発生したM9.0の東北地方太平洋沖地震により、東北地方を中心に未曾有の被害を受けた。大地震とそれにより発生した津波によって引き起こされた災害は「東日本大震災」と呼ばれる。中でも地震・津波により全電源を喪失し、冷却機能を失ったことによって炉心溶融に至った東京電力福島第一原子力発電所事故は全世界に衝撃を与えた。冷却機能の喪失により福島第一原子力発電所1号機から4号機では炉心および使用済み燃料プールの冷却が困難になり、懸命の事故対応が取られるも炉心溶融、水素爆発によって放射性物質の外部漏洩という重大な事故に発展した。2014年1月現在、溶融燃料・使用済み燃料の冷却は維持され事故は収束しているが、事故により避難を余儀なくされている周辺住民の帰還は困難な状況である。

今回の事故を機に、ドイツやスイスなど脱原発政策に舵を切る国や原発依存度を減らし再生可能エネルギーの積極的導入を決定した国は少なくない。しかしながら、今世紀末には約95億人に達する世界人口とアジア・アフリカの生活水準の向上により、エネルギー需要も急増している。このような状況のなかで莫大なエネルギーを2000年以上にもわたって安定に供給することができる原子力は人類にとって必要不可欠なエネルギーである。

仮に全ての原子力エネルギーを化石燃料や再生可能エネルギーによって賄おうとした場合、エネルギーコストは増大する。また、再生可能エネルギーを増やしたドイツでは、電力料金の高騰と、変動する太陽光や風力発電のバックアップ電源としての褐炭や石炭を燃料とする火力発電が増加し、二酸化炭素の排出は増えている。いわゆる「グリーンエネルギーパラドックス」である。二酸化炭素や、シェールガスやメタンハイドレード利用に伴って発生するメタンなどの地球温暖化ガスの増加は、既に異常気象として台風やハリケーンの強大化、豪雨、土砂崩れなど、私たちの生活に深刻な影響を与え初めている。今後、人類、延いては地球上のすべての生命を脅かすことになる。またエネルギー資源に乏しい我が国では、化石燃料に依存することはエネルギーセキュリティー上、グローバルな視点から見ても危うい。実際、事故後国内全ての原子力発電所が停止し、その代替として火力発電所に切り替わった我が国では年々燃料輸入費用がかさみ貿易赤字が拡大した。財務省の発表によると2012年の貿易赤字は約7兆円にも上る。また増大する燃料費を補うため、国内の各電力会社は電気料金を引き上げ、国民の生活を圧迫し企業の競争能力を衰退させている。これは、チェルノブイリ原子力発電所事故により全原子炉を停止させ、国の経済が悪化し失業者を生み出してしまったウクライナの例もある。ウクライナでは深刻な経済破綻、失業、自殺者急増の事態打開のため原子力発電所の再開が望まれ、新規建設計画も進められた。

福島第一原子力発電所事故を契機に、日本、そして世界のエネルギー政策が大きな転機に差し掛かっているが、エネルギー供給の重要な一端を担う原子力という選択肢を切り捨てないためにも、我々は原子力エネルギーに携わる技術者として今回の事故を深く反省し、二度と周辺環境へ影響を及ぼさぬ安全対策に寄与しなければならない。フィルタベントの設置はその安全対策のなかでも一般環境への放射性物質の放出を大幅に低減する重要な手段であり、日本機械学会動力エネルギーシステム部門原子力の安全規制の最適化に関する研究会に

格納容器フィルタベントワーキンググループ（FCVS-WG）（以下フィルタベントワーキンググループと略記）を設置し、約5年間にわたる活動を実施してきた。本書は、世界一の安全性を実現して原子力発電に対する世界の信頼回復に邁進する姿を世に問うために、その活動成果をまとめたものである。

フィルタベントワーキンググループ主査

奈良林　直（北海道大学名誉教授）

第 1 章

フィルタベント
とは

1.1　フィルタベントシステムの特徴と効果

　本節は、一般の皆様向けに分かりやすい説明を目的としているため、口語体で記載しました。

　原子力発電所は、福島第一原子力発電所で起きた事故後、原子炉が破損し、原子炉格納容器破損により大量の放射性物質が周辺環境に放出される状況にならないように様々な安全対策が取られています。

　万が一、原子炉破損が起きてしまった場合でも原子炉格納容器を守ることによって、周辺環境への影響を最小化して福島第一原子力発電所のような、長期的な住民避難を伴う事故を防ぐことが可能です。その時に重要な役割を果たすのがフィルタベントです。

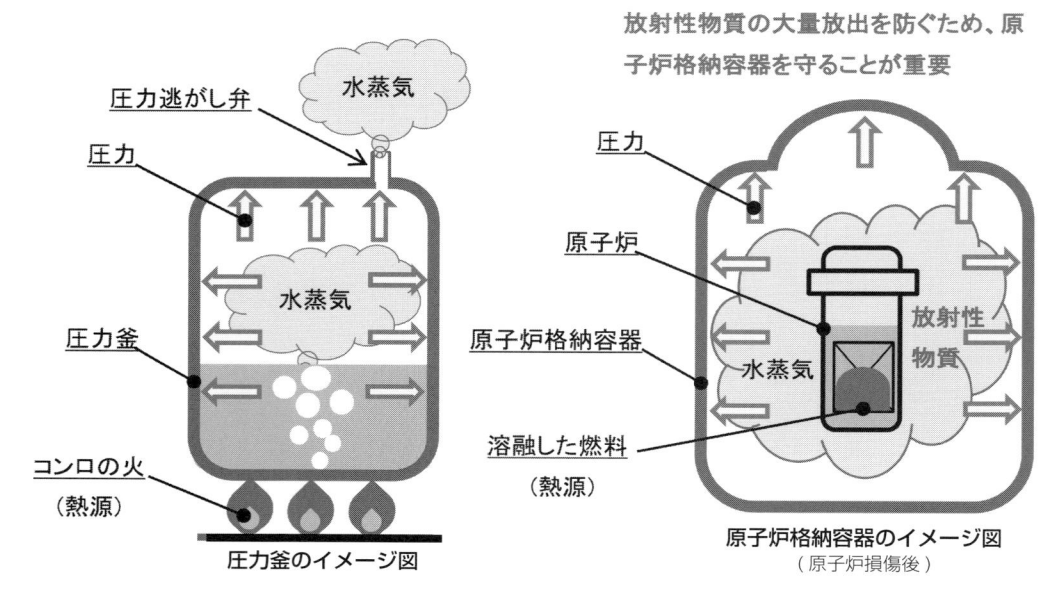

図 1.1－1　原子炉格納容器の脅威となる圧力

　原子炉破損が発生した場合、高温の溶融した燃料が水で冷却されます。図 1.1-1 に示すとおり、圧力釜で調理をしている時に似ています。調理時に圧力釜の中で蒸気が発生し、内部の圧力が上昇します。圧力釜では圧力逃がし弁が設けられており、圧力釜の圧力が一定になるように調整され、この効果により短時間でおいしい料理が作れます。

　原子炉格納容器も原子炉破損時に発生する大量の水蒸気により、内部の圧力が高くなります。このままだと原子炉格納容器が破損してしまうので、圧力を逃す必要があります。この圧力を逃がす方法がベントで、単純に言うと圧力釜の圧力逃がし弁のイメージです。

　ただし、原子炉破損後には大量の放射性物質が原子炉格納容器の中にあるため、圧力釜のようにしてしまうと大量の放射性物質を環境に放出してしまいます。

　圧力を逃がすことにより原子炉格納容器の破損を防ぎ、フィルタを設置して放射性物質を除去する。これがフィルタベントです。

　フィルタベントで使用するフィルタを身近なものに例えると空気清浄器です。図 1.1-2 に示す通り、空気清浄機はファンで掃気して空気を取り込み、フィルタで空気を浄化します。この時に特殊なフィルタで花粉や PM2.5 などの粒子を除去できるように工夫されたものがあります。

　フィルタベントでも同様に放射性物質を含む水蒸気を水フィルタ等で除去するのですが、小児に影響が大きい放射性よう素を除去する機能を持たせています。放射性物質の除去能力は、粒子状物質を 99.99%（1/10000）以下に除去できる性能を有しています。ただし、希ガスについてはフィルタで除去することはできませんが、希ガスは半減期が比較的短いため、フィルタベントまでの時間を稼ぐことにより、低減することができます。

　また、フィルタベントの特徴は、格納容器の圧力で水蒸気をフィルタに送る仕組みなので「電源がいらない」点です。このため、格納容器内の水蒸気をフィルタに送るための電源は不要となります。

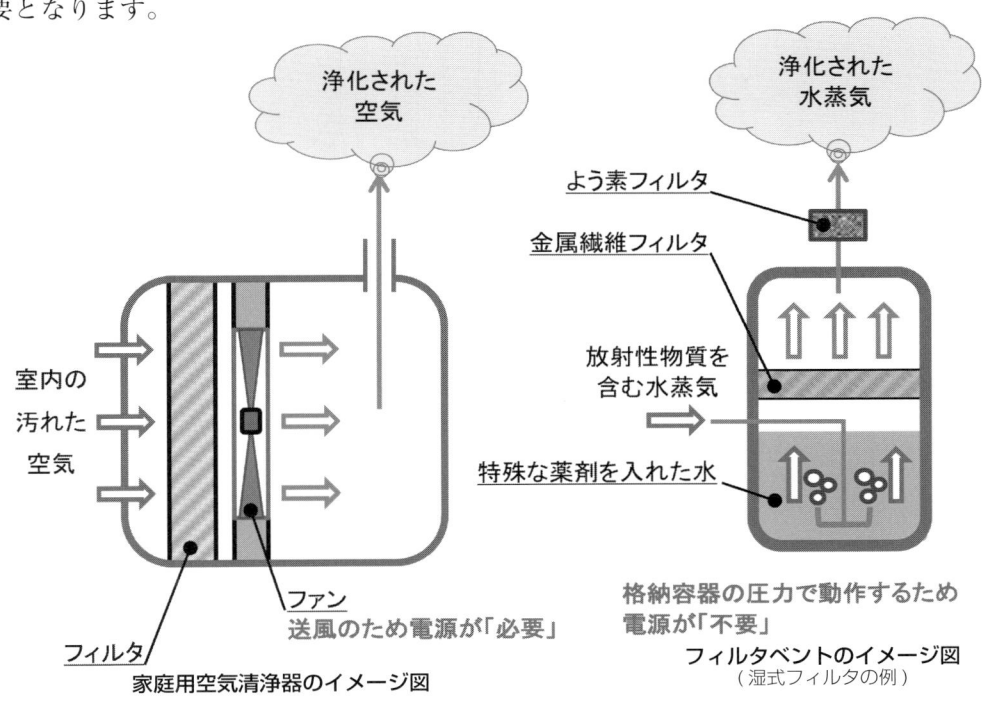

図 1.1−2　フィルタベントの原理と特徴

　沸騰水型原子炉［BWR］のフィルタベントの例として仕組みを示すと図 1.1-3 になります。基本的には圧力釜と同様に、内部の圧力を逃がすシステムが組み込まれており、この圧力で空気清浄器のように、放射性物質を含む水蒸気を浄化します。フィルタに水蒸気を送るための電源は不要で動作します。

　福島第一原子力発電所の事故では、格納容器が破損したことにより大量のセシウム等の放射性物質が地表に降り積もり、長期間に渡り放射線を出すため、発電所より一定範囲は居住

困難となりました。フィルタベントを用いればセシウム等の放射性物質が除去されるため、長期的な居住困難区域はなくなります。このように、フィルタベントは、原子力発電所周辺の住民の皆さんに安全・安心をもたらすシステムです。

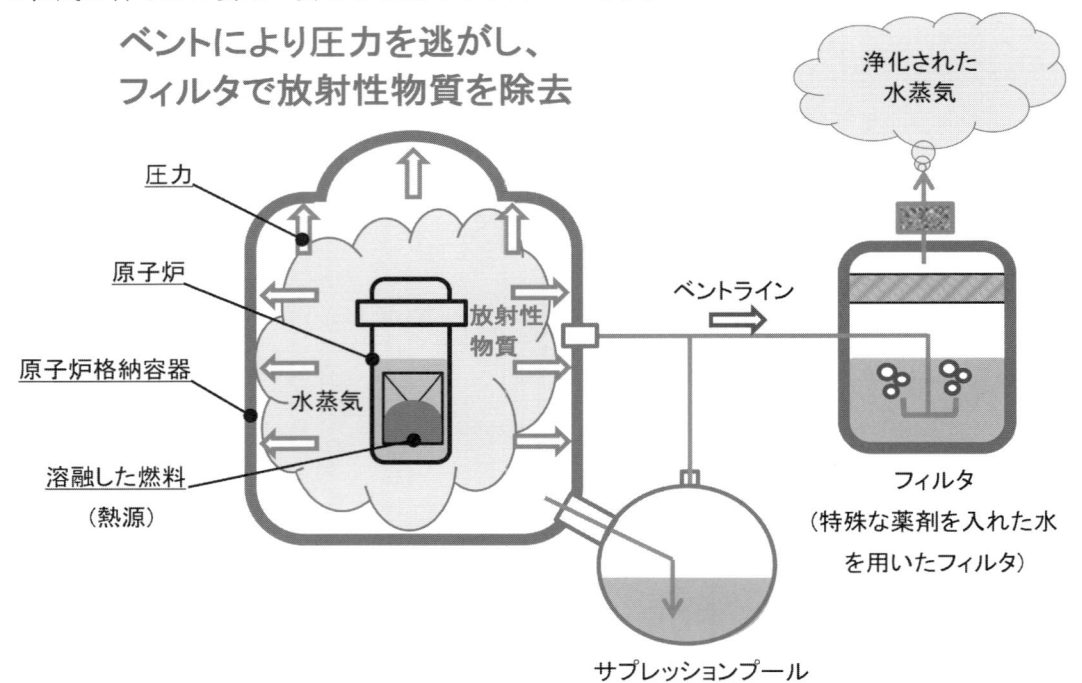

図 1.1−3　フィルタベントの適用例 (沸騰水型原子炉［BWR］の例)

1.2.　フィルタベントの原理

　フィルタベントは、ノズルとスクラビング水を用いる湿式と、砂利や金属繊維フィルタを用いる乾式の2つに大別される。フィルタベントはエアロゾルフィルタを通った後、有機よう素を吸着するゼオライトを通り放射性物質を 100 〜 1000 分の 1 にする。ゼオライトは湿式ベントではエアロゾルフィルタの後にさらに湿分分離器が追加される。

　以下の図 1.2-1 にフィルタベントの概略図を示す。CV は Containment Vessel の略で原子炉格納容器を示す。

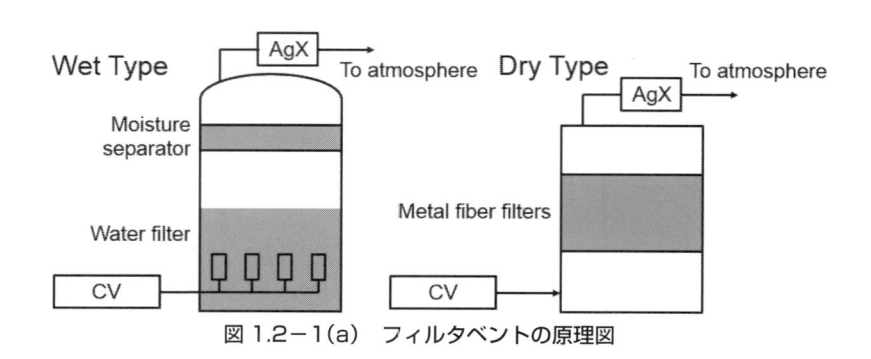

図 1.2−1(a)　フィルタベントの原理図

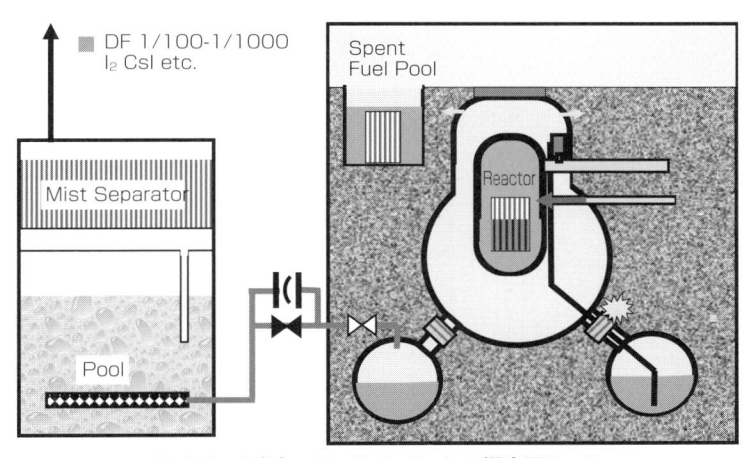

図 1.2－1(b)　フィルタベントの概念図(湿式)

1.2.1　フィルタベントの概要

　チェルノブイリ事故により欧州には放射性物質が降り注いだ。このため、欧州のほぼ全ての原子力発電所にフィルタベントが設置されている。

　日本機械学会動力エネルギーシステム部門では、2011 年 11 月にフランスとスイスの原子力発電所を訪問し、フィルタベントシステムや格納容器の水素対策などを調査した。

　図 1.2-2(a)はフランス北部のベルギーとの国境近くにあるショー（Chooz）発電所である。最新鋭の PWR（1450MWe）2 基が運転中であった。PWR で大型のドライ格納容器であるが、フランスの発電所の全てにフィルタベント（FCVS: Filtered Containment Vent System）を設置してある。直径 8m ×高さ 4m のお椀を伏せたような容器内に砂利表面に放射性物質を付着させるサンドフィルタが収納されている。スクラビング水を用いないので、乾式に分類される。蒸気凝縮により水素濃度が上がらないように、事故後 24 時間かけて電気ヒータで約 140℃まで砂利を加熱する。水素対策として多くの触媒式再結合器（PAR）を格納容器内に多量に設置している。福島の事故対応として、ナトリウムボールバスケットと呼ばれるナトリウム球を籠に入れたタイプのよう素吸着フィルタを格納容器内に追加設置し、その下流にサンドフィルタを接続する形式に改良が検討されている。

(a)フランスのショー発電所(PWR)

(b)スイスのライプシュタット発電所(BWR)

図 1.2－2　諸外国のフィルタベントの事例(機械学会海外調査)

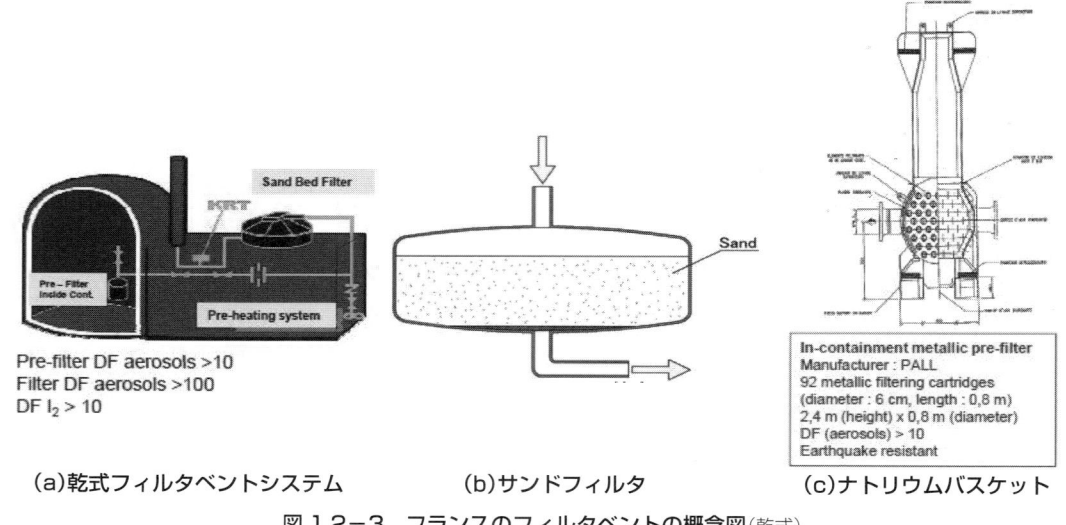

(a)乾式フィルタベントシステム　　　　(b)サンドフィルタ　　　　(c)ナトリウムバスケット

図 1.2−3　フランスのフィルタベントの概念図(乾式)

1.2.2　湿式フィルタベント

　図 1.2-2(b)はスイスのライプシュタット発電所（BWR）である。1 基あたり定格熱出力の 1% の崩壊熱に相当する蒸気がベントできるように 50% 容量のフィルタ付きベントが 2 基設置されている。シビアアクシデントが起こるようなときは全電源喪失（SBO）の可能性大であるので、図 1.2-4 に示すように、ラプチャーディスク（破裂円盤）が約 0.3MPa（3Bar）で破裂し、パッシブにベントが開始する。しかも放射性物質を 1/1000 に低減するフィルタが設置されている。万一、早期ベントが必要な場合は、ベントバルブからシャフトを延長し、手動でハンドルを回して迅速なベントができる。停電時の照明器具やベントの手順書、ブルドン管圧力計や熱電対などの計器も設置されており、万全の体制である。

　福島第一原子力発電所は耐圧ベントが設置されていたが、全電源喪失時にベントバルブを遠隔でも手動でも迅速に開けることができず格納容器のリークを生じた。また、2 号機はラプチャーディスク（破裂円盤）が割れなかった原因も直列に入っているベントバルブ（空気作動弁）のエア不足による開作動失敗とされる。

　耐圧ベントの構成に多くのバルブの切り替えを必要とするなど、格納容器の耐圧ベントのシステムとしての設計の反省事項である。スイスのような入念なシビアアクシデント対策がなされていたなら、早期にベントもでき、格納容器の過圧破損や水素爆発を回避して、地元を放射性物質で汚染するようなことは無かった。海外の対策を我が国も実施すべきであった。ライプシュタット発電所は、地下水を使った特設非常用除熱システム（SEHR）を設置しており、地下室に非常用 DG が 2 台設置されている。もともと設置されている非常用電源が 3 台、中操の制御盤とバッテリー充電用のモバイル電源、軍の基地に預けたモバイル電源を加えると計 7 台のディーゼル発電機（DG）を保有している。フィルタベントの作動前に格納容器の冷却モードを確立する必要がある。新規制基準により、国内の発電所においてもフィルタベントの設置が義務づけられた。

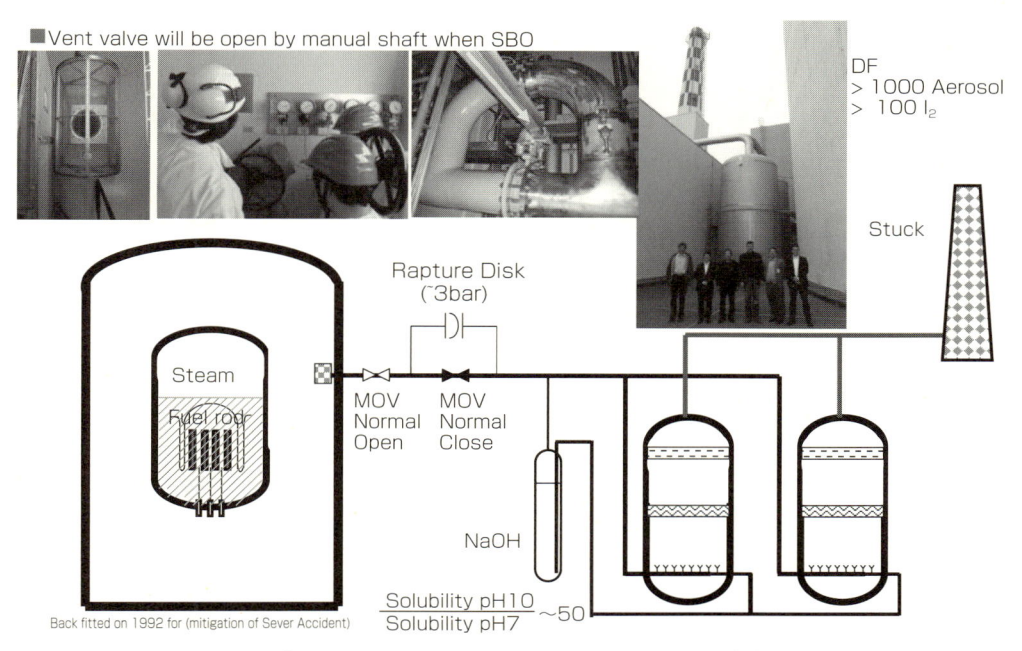

図 1.2−4　ライプシュタット発電所(BWR)のフィルタベントの系統図と各部の写真

　フィルタベントの放射性物質の低減効果はセシウムに対して約 1/1000（DF=1000）、よう素は約 1/100（DF=100）である。銀ゼオライトを用いたよう素吸着フィルタを下流に設置してよう化銀（AgI）としてさらに分離係数を上昇させたり、薬剤を使ってセシウムの分離係数を 10000 まで上昇させる高性能のフィルタも開発されている。

　フィルタベントシステムはセシウムやよう素などの放射性物質が含まれた水蒸気から放射性物質を取り除き、大気に放出する装置であるが、その目的は２つある。１つは水蒸気を放出することで大気をヒートシンクとして崩壊熱を捨てることであり、もう１つは格納容器内の内圧を下げることで過圧による機械的な破損を防ぐことである。

　放射性物質を取り除く方法としては３つ挙げることができる。スクラビングにより水に吸着させる方法、ゼオライトや銀などの吸着剤に吸着させる方法、金属メッシュのような構造材にエアロゾルを付着させる方法である。スクラビングでは水に溶けやすい核種であるセシウムをよく除去することができる。吸着剤を用いる方法としては、銀がよう素を除去するのに有効である。構造材はエアロゾルを除去するのに向いている。実際にはこれらを複数組み合わせて用いられている。

　図 1.2-5、1.2-6 に、実際に設置されているフィルタベントシステムの例を示す。下部のスクラビングプールにおいて、ベンチュリノズルでベントする蒸気と水を混合することによって気液界面を増やし、除去性能を大きくしている。また、上部の金属繊維フィルタは湿分を分離すると同時にエアロゾルの除去も担う。

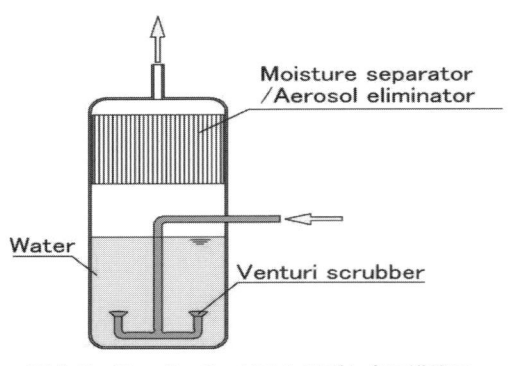

図1.2-5 ベンチュリスクラバと金属繊維フィルタを組み合わせた高速スライディング圧力方式
（ドイツ）

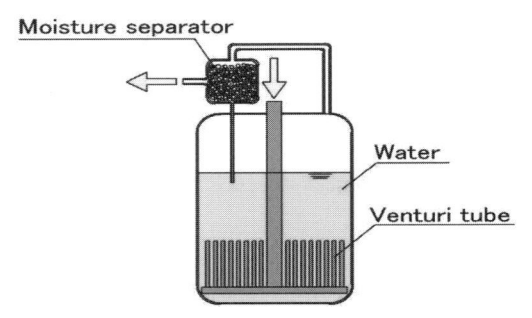

図1.2-6 ファインエアロゾルフィルタを含まないベンチュリスクラバ大気運転式
（スウェーデン）

1.2.3 乾式フィルタベントシステム

　乾式フィルタベントシステムは、ドイツのフィルタベントに関する最先端の研究所を行っている、カールスルーエ研究センター（FZK）において発案・製作されたものである。

　図1.2-7に乾式フィルタベントシステムの概略図を示す。格納容器内にアロゾルを除去する金属繊維フィルタを、格納容器外によう素吸着フィルタを設置している。

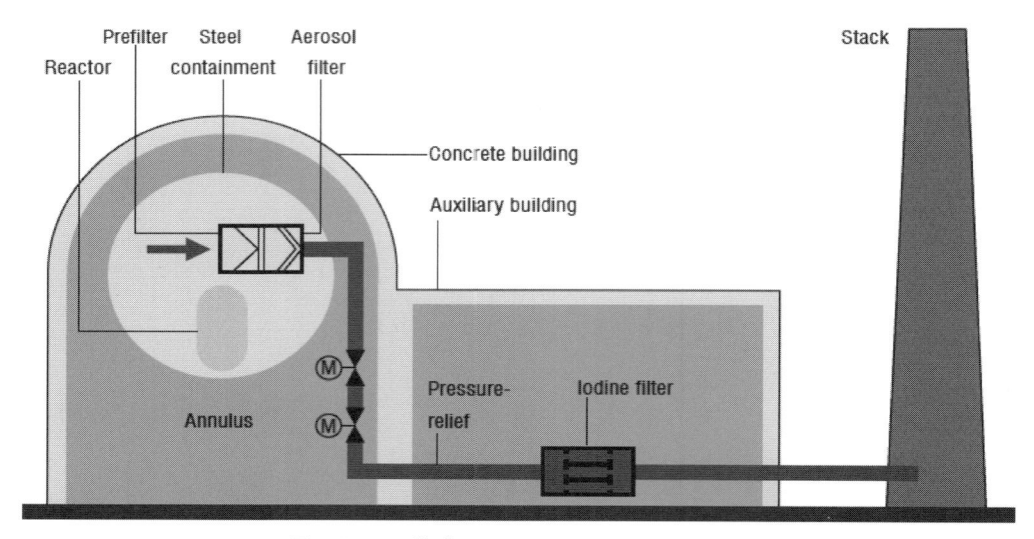

図1.2-7 乾式フィルタベントシステム概略図

　金属繊維フィルタは格納容器上方に設置されており、フィルタの下流には2つの格納容器隔離弁があり、事故発生時のバルブの開放によりシステムの作動が可能である。この配管は格納容器壁を貫通し、補助建屋に通じており、よう素フィルタ（Iodine filter）に接続され、排気筒へと通じている。よう素フィルタの上流には連続したオリフィスが設置されている（Pressure relief）。オリフィスにより蒸気の圧力を下げて過熱度を上げ、よう素フィルタへ

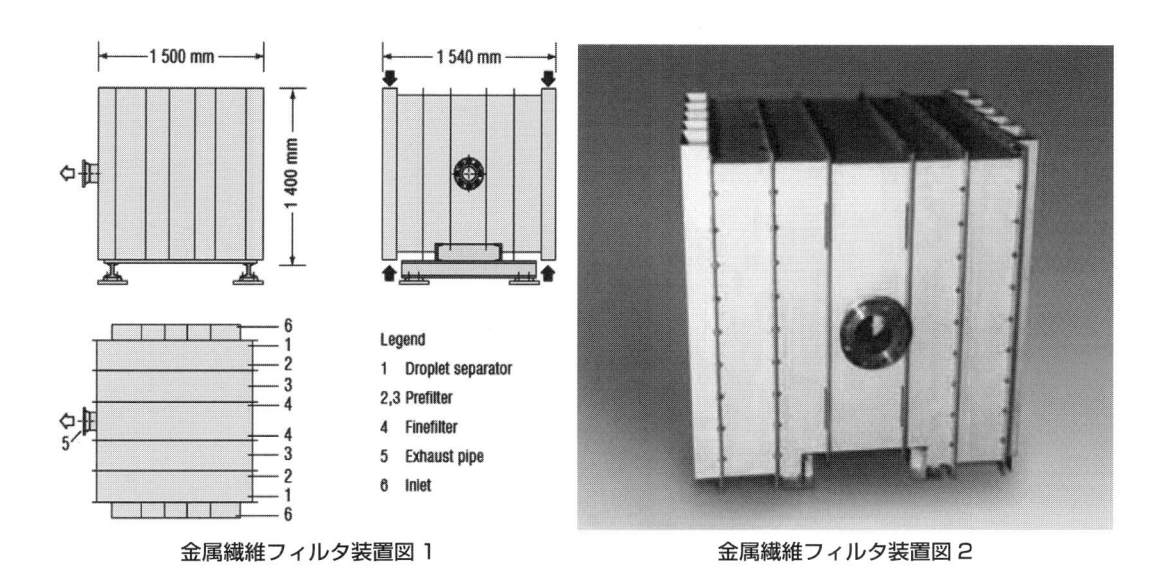

金属繊維フィルタ装置図1　　　　　　　　　　　　　金属繊維フィルタ装置図2

図 1.2−8　金属繊維フィルタ装置図

過熱蒸気を送ることが可能である。よって配管内の相対湿度を軽減し、よう素フィルタ内の
ゼオライトに水膜が生成されることやフィルタ周辺の過熱を防止することが可能である。

　金属繊維フィルタについて、フィルタの外壁とフィルタの材料はどちらもステンレス鋼製
である。装置は1辺が約1.5mの立方体型であり、内部が3区画に区切られた構造となって
いる。1番目のフィルタ段階では$40\mu m \sim 65\mu m$、2番目のフィルタ段階では$12\mu m \sim 40$
μm、3番目のフィルタ段階では$2\mu m \sim 12\mu m$となっており、それぞれの段階を通過させ
ることによって、様々な大きさのエアロゾルを収着させることが可能である。

　よう素フィルタについては、カールスルーエ研究センター（FZK）とバイエルカンパニー
が共同開発したゼオライトフィルタが収容されている。これより吸入口から流入した蒸気が
ゼオライト区画を通る際に蒸気中に存在する有機よう素が収着される。

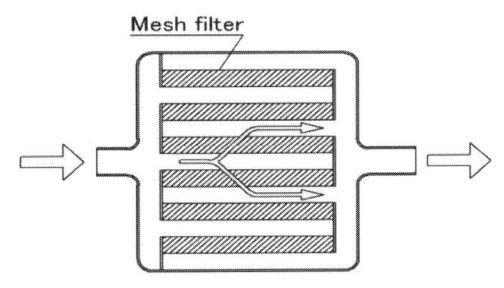

図 1.2−9　メッシュフィルタに保持されたゼオライトよう素吸着フィルタ

第 2 章

事故の影響と
新規制基準による
安全性向上

2.1 TMI とチェルノブイリ事故の教訓と対策

2.1.1 スリーマイル島原子力発電所 2 号機の事故

1979 年 3 月 28 日未明に、アメリカのペンシルバニア州にあるスリーマイル島（以下 TMI と略す）原子力発電所 2 号機（電気出力 96 万 kW）で、炉心が大規模に損傷する事故が発生した。TMI 原子力発電所の原子炉は、バブコック＆ウイルコックス（B&W 社）製の PWR で、蒸気発生器の保有水容量が小さく、また蒸気発生器で過熱蒸気をつくる点に特徴がある。以下、図 2.1-1[1] を参照して説明する。

事故は、復水器の水を蒸気発生器へ送る主給水ポンプの停止によって始まった。ただちに補助給水ポンプが自動起動し、30 秒後には定格出力で回転した。しかし、補助給水ポンプの出口にある二つの弁が閉じていたため、水は蒸気発生器へ送られなかった。このとき、制御室の弁操作スイッチには「閉めきり」というフダが下がっていた。これは保守作業後、「開」に戻すべきところを、巡視点検で気づかれていなかった。運転員が気づいて弁を開けたのは事故から 8 分後のことであった。

原子炉の方は、蒸気発生器に水が来なくなったため一次系の温度と圧力が上がり、加圧器の上部についている圧力逃し弁が自動的に開き、制御棒が炉心に挿入された。これで原子炉は設計通り停止した。しかし、圧力逃し弁は自動的には閉まらず（パイロット弁の破損による開固着で再閉止不能）、一次系冷却水の噴出が続き、圧力が下がりすぎた。この信号で非常用炉心冷却装置（ECCS）が自動起動し、原子炉容器に冷却水を注入し始めた。ところが運転員は事故発生 4 分後に 1 系統、10 分後にもう 1 系統とすべての ECCS の弁を止めてし

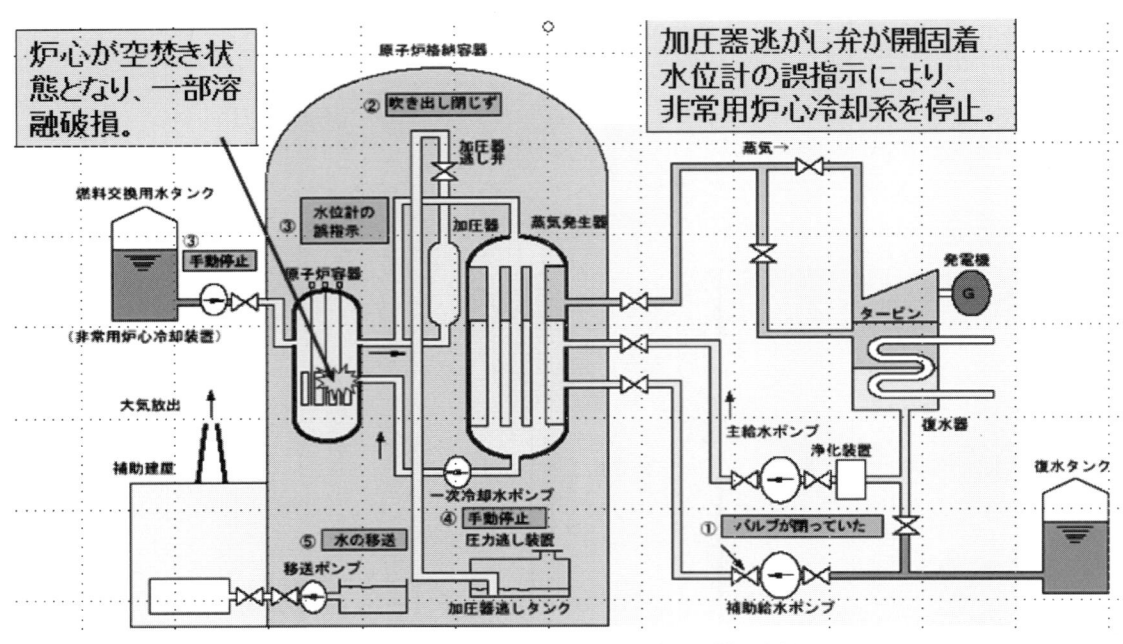

図 2.1−1　アメリカスリーマイル島 2 号機の事故[1]

まった。この理由は、加圧器についている水位計が満水になっているような指示を出しており、この値を信じた運転員は加圧器が満水になり圧力調整ができなくなることを恐れたからであった。しかし 12 分後になって、運転員は冷却経路がないことに不安を覚えて ECCS を再起動した。それでもやはり原子炉容器が満水になり圧力が上がってくることを恐れ、注入量を極端に絞っていたので、外に漏れ出ていく水のほうが多く、原子炉内の水位は次第に下がり、一方、開いたままの圧力逃し弁を通って格納容器内に噴出した蒸気は、凝縮して水となり、加圧器逃しタンクにたまった。その後このタンクが満水となり、溢れて格納容器の底にあるサンプ（水貯め）にたまりはじめた。このサンプの水位が上がってきたため、放射能を含んだ水が移送ポンプにより補助建屋に送り出されてしまった。さらに、その先の系統に漏れがあったため、送られてきた水に含まれていた I-131 を含む気体状の FP がこの漏れ箇所から建屋の中に漏れ出て、補助建屋の換気系を通して外に出ていった。

　また、ECCS を再起動後、運転員は一次冷却材循環ポンプに振動が出たため、このポンプを止めた。その結果、いままではわずかだが冷却水が循環して炉心の温度が小康状態を保っていたが、これがなくなったため、炉心を浸していた水が蒸発し、水位が下がったので炉心が露出して燃料棒が過熱し、被覆管の破損が進みはじめた。そして被覆管のジルカロイが高温下で水蒸気と反応し、酸化して大量の水素を発生させた。この水素は気体状の FP などと一緒になって大きな不凝縮性気体のかたまりとなって、原子炉圧力容器の上の方にたまり始めた。

　一方、酸化して脆くなった燃料の被覆管は、くずれ落ちて炉心の中央上部に大きな空洞ができた。空洞の底には砕片が厚く積もり、冷却阻害が進行し、過熱した燃料の一部は溶けて流れ、圧力容器底部へ落下した。この頃になってようやく運転員は逃し弁からのリークに気付き、元弁を閉じて ECCS の流量を増加させたので、炉心溶融のこれ以上の進展は阻止できた。しかし、圧力容器の上方に貯まった気体が邪魔して蒸気発生器を通して冷却材が流れず、一次系では冷却ができないので、ECCS を引き続き使用して冷却を続けた。そこで再び逃し弁の元弁を開けて系統を減圧し、再び弁を閉じて一次冷却水ポンプの一つを起動した。これにより循環が生じて異常な温度を示していた炉心出入口の温度計は常識的な値に戻り、炉心を通って冷却水が流れ始め、炉心で加熱された水が蒸気発生器で冷やされるようになった。こうして炉心の安定した冷却が確保できたのは事故が起きてから 16 時間後のことであった。

　事故自体は 28 日の夜には終息したが、30 日になってスタック（排気筒）から高い放射能が放出されているとの誤った測定結果がアメリカ原子力規制委員会（NRC）に伝えられ、さまざまな可能性が論じられたため、ペンシルバニア州知事は最悪の事態に備えて 5 マイル圏内の妊婦と就学前児童の待避を勧告した。週末ということもあり隣が待避を始めれば自分もということで、結局 10 マイル圏内の住民の 40 パーセントが圏外に待避した。この間、道路は車であふれ、一方街はゴーストタウンのようになった。この事故による公衆の被ばく線量については、当時の原子力安全委員会委員長は 4 月 4 日の議会で周辺の生活環境における放射線レベルについて証言し、「発電所から 0.6 マイルのところに数日立ちつづけていても被ばく線量当量は最大で 80mrem（1 mrem ＝ 0.01mSv）、つまり胸のエックス線検査 1 ～ 2

回分に相当する線量である」と述べている。また、発電所の周囲 80 キロメートル以内に住む 200 万人の住民の受けた被ばく線量当量は平均 1.5mrem と評価され、公衆の放射線被ばくは実質上なかったといっていい。

　教訓は、社会の混乱とパニックに陥った住民の精神的な影響であった。この事故のために設立された大統領特別調査委員会の報告書は、「事故の重大性」のところで、「事故の健康への影響に関する我々の調査に基づけば、発電所のあの重大なダメージにもかかわらず、大部分の放射性物質は閉じこめられ、その放出による個人の肉体的健康への影響はとるに足らないというのが結論である。事故の健康への大きな影響は精神的ストレスであった」と述べている。

　この事故について、NRC が事故の直後に原因究明のため事故調査委員会を発足させ、徹底した原因究明に乗り出した。一方、事故の社会的影響の大きさに鑑みて、カーター大統領は事故から 2 週間後の 4 月 11 日、ダートマス大学の学長ジョン・J・ケメニー氏を委員長とする大統領特別調査委員会を発足させた。これは、州知事、各界の学識経験者及び住民代表を含む 12 人で構成され、技術的な原因以外に背後要因も含めて徹底的な調査をおこなった。この委員会は半年間に 150 人以上から公式証言や個人面談を行い、積上げると 100 メートルにも達する多数の資料を収集したといわれている。この委員会は調査結果と改善策を大統領に提出した。「多年にわたる原子力発電所の運転経験を経て、原子力発電所は全く安全であるという考え方が固定観念（Mindset）としてでき上がっていて、これがいろいろな面で適切な措置をとることを妨げた」と述べている。わが国でも原子力安全委員会が直ちに国内の原子力発電所の総合的な再点検を実施し、運転中の大飯発電所については、このような事故の起きる心配のないことを確認できるまで運転を中止することを勧告した。また、同委員会は特別調査委員会を設けてこの教訓を様々な角度から検討し、これをもとに「設計に係わる事項」と「運転管理に係わる事項」にわけて、その後の安全確保対策に反映させるべき事項を決定した。

　この最も重要な教訓も福島第一発電所では生かされていなかった。すなわち、アメリカでの配置設計を基本としていたため、非常用ディーゼル発電機がタービン建屋地下 1 階に設置され、津波に対して無防備となっていた。この点を世界の著名な原子力安全規制の専門家 16 名による声明文「ネバーアゲイン」[2]では、「史上希に見る巨大地震プラス歴史的な大津波が全電源を喪失させた。低確率の事象があり得ない形で同時発生したが、福島のサイトではその危機感が無かった」と指摘し、当初の安全基準を満たしているだけで満足するのではなく、常に最新の知見と緊張感を持って安全確保の努力を継続・強化していかなければならないと訴えている。すなわち、固定観念（Mindset）による油断を厳しく戒めている。

　また、研究開発面でも、1）炉心損傷時の原子炉の振舞いについての知見を深める研究　2）人間と機械との関係マンマシンインターフェイスの研究　3）運転員の操作を支援するシステムの研究、さらには　4）事故時に人に代わって作業ができるロボットの開発、などが重点的に実施されることが要求された。さて、これらの研究開発の成果が今回の事故進展の理解と収拾にどれだけ役立ち、何が不足であったかを学会として検証すべきと考える。

2.1.2　チェルノブイリ原子力発電所4号機の事故

　1986年4月26日、いまのウクライナ共和国（当時ソ連）の首都キエフから約100キロメートル離れたところにあるチェルノブイリ原子力発電所4号機において、原子力事故が発生した。事故は深夜午前1時23分に起きた。制御室の運転員は1回目の爆発音につづいて2、3秒後に2回目の爆発音を聞いたという。1度目の爆発は燃料が溶融破損して溶融した二酸化ウランが微粒子になって圧力管内に拡散され、水蒸気爆発を起こしたためとされ、2回目の爆発は、様々に解釈されているが、発生した水素や一酸化炭素の爆発という意見が有力とされている。この結果、炉心の4分の1が炉外へ放出され、原子炉建屋は、その役を果せるような形を留めないほど著しく損壊した。

　図2.1-2[(1)] に示すように、この原子炉は黒鉛減速軽水冷却沸騰水型炉（RBMK型）で、旧ソ連が開発したものである。炉心は大きな黒鉛の塊の中に太い圧力管を多数（1700本）垂直に通し、そのそれぞれの中に燃料集合体を挿入してある。この中に冷却水を通して加熱・沸騰させて蒸気をつくる。その蒸気は気水分離器（蒸気ドラム）で水分と分離され、集められてタービンに送られる。この原子炉は熱中性子炉なので、中性子の減速材が必要であり、これを黒鉛が担当している。圧力管の中で燃料の回りを流れている軽水は専ら熱輸送の役をしているわけである。この原子炉のように「減速は黒鉛、冷却は軽水」という考え方で炉心を設計すると、わが国の発電に用いられている「減速も冷却も軽水」という軽水炉の体系と違ったフィードバックが生じる恐れがあった。この対策として、出力の大きさや増加割合を計測器で監視しており、異常信号で200本以上の制御棒を自動挿入するスクラム装置が付いていた。出力20〜30%でタービンの機械的回転エネルギー（慣性）を利用して所内電力を得る試験を行う予定であったが、キセノン効果で出力が1%まで低下してしまった。このため20%以下の出力での定常運転を禁じる規則（運転手順）になっていたにもかかわらず、安全装置を外して、多くの制御棒を引き抜いて出力を回復しようとした。この結果、出力約7%でボイド発生に伴う炉心の不安定が発生し、制御不能に陥った。

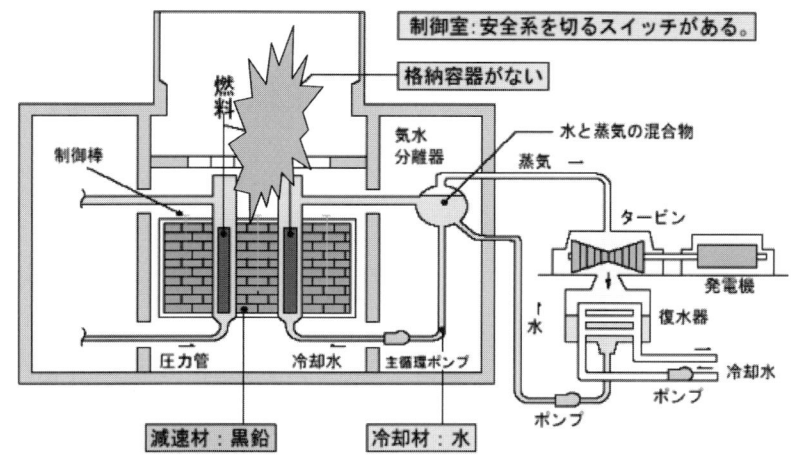

図2.1－2　チェルノブイリ原子力発電所の事故の要因[(1)]

この状態で制御棒を挿入すると一時的に出力が上がる特性となっていたため、スクラムボタンを押して数秒にして、定格出力の約10倍に相当する30GWの核分裂エネルギーに達し、炉心が核的に暴走した。前述のとおり、2,3秒の間の2回の爆発を経て、核的な暴走と蒸気爆発、高温のグラファイトと水が反応してできた水素と一酸化炭素が爆発的に燃焼し、放射性物質を成層圏まで吹き上げ、ウクライナからヨーロッパに亘る広い範囲に放射性物質を降下させた。周辺のベラルーシ・ウクライナ・ロシアの放射能汚染のレベルは深刻で、人的な被害が多く発生した。しかし、その多くは事故の危険性を知らされず、防護服やマスク無しに緊急対応させられた作業員や、野菜や牛乳を飲んだ子供たちが犠牲になった。この具体的根拠として、チェルノブイリ事故時に緊急時対応した237名の情報、ベラルーシ・ウクライナ・ロシアの被曝被災者の情報が参考になる[3]。

　大規模な黒鉛火災の鎮火のため、消防隊員を含めた緊急時対応作業員は、防護マスク・防護服も着用せずこの緊急事態に対処させられた。その結果、16Gyから2.2Gyの放射線を浴びた93人のグループから、28人が約3ヶ月の間に死亡した。20人以上の死亡の主因は火傷・呼吸障害であった。すなわち、防護マスク・防護服なしの作業であったため、多量に放出されたベータ線放出核種の皮膚付着および吸入・摂取による体外・体内での火傷が死亡の主因であった。

表2.1－1　チェルノブイリ事故時の緊急事態作業員の容態[4]

急性放射線病の程度	放射線被曝線量（Gy）	入院治療した人数＊	死者の数	生存者の数
軽　　　度	0.8 ～ 2.1	41	0	41
中程度	2.2～4.1	50	1	49
重　　　症	4.2～6.4	22	7	15
極端重症	6.5～16	21	20	1
合　　　計		134	28	106

＊注：この他103人の緊急事態作業員に急性放射線障害は認められなかった

　また、急性放射線障害として、1人を除いて骨髄障害が生じ、大部分の死亡者に腸障害が生じた。放射性物質の放出量に加え、死者数・死亡原因でも、福島第一原子力発電所の場合とは大きく異なっている。

　国連原子放射線影響科学委員会のUN SCEAR 2000レポート[4]によれば、事故から14年後の時点で広島・長崎の被ばく者に早い時期から現れた白血病の増加は、緊急事態に対応した245名も含め、汚染地域の被ばく者に認められていない。広島・長崎では、瞬時の強い放射線により感受性が高い造血器官の機能が損傷し、その後の機能不全により白血病が生じたと推定できる。一方、チェルノブイリ事故の汚染地域のように、弱い放射線の長期被曝では、人体の防御・免疫機構が機能し、障害が現われないことを示唆している可能性がある。同様に、被災地での癌の増加の傾向は確認されていない。今後の推移を見守る必要があるが、広島・長崎で瞬時に1Gy以上の被曝をした生存者では20年後から癌による死亡者が増えた。この事象も人体の防御・免疫機能に損傷が生じ、加齢と共にその損傷が蓄積されたためと推定できる。汚染地域の被曝レベルが人体の防御・免疫機能が正常に動くレベルであれば、今後も

図2.1−3　25年経ったチェルノブイリ原子力発電所[3]

癌の増加が有意に観察されない可能性があり、今後、長期に亘る調査が必要である。

　チェルノブイリ事故では、事故の発生が周知されていなかったため、放射性物質で汚染された広い地域で牛乳や野菜を摂取して放射性よう素を体内に取り込んだ子供が多数いた[3]。このため、UN SCEAR 2000 レポート[4]の発行時点で子供の甲状腺癌は、1800 症例が報告されており、その後も増えている。ガンマ線被曝による甲状腺腫瘍では通常 10 年以上の潜伏期間があるが、チェルノブイリ事故では 5 年後から急増しており、大陸内部の恒常的なよう素不足に起因する潜在的腫瘍もカウントしているとする専門家もいる。事故後の徹底した検診とその回数の増加により症例数が増加したとする見方である。日本人は十分によう素を取っており、福島第一原子力発電所の事故では、よう素中和剤の用意に加えて、震災直後にもかかわらず避難が早期に行われた。チェルノブイリ事故のような放射性よう素による健康被害は現れないと推定される。

　放射性セシウムについては、1 平方メートル当り 550kBq 以上の放射性セシウムに汚染された強制移住地域の外に移住せず住み続けている住民や戻ってきた住民も含めて、健康被害が現れていない。この理由として、対外に排泄されやすい放射性セシウムの生物学的半減期が 100 日程度であること、および雨水・氷雪融解による溶解流出現象等の効果が挙げられる。加えて、放射性セシウムは体内にある放射性カリウムも含めたカリウムと同様な挙動で体内の筋肉部分に均質に分布し、特定の重要な器官に対して集中的な影響を与えないことが挙げられる。

図 2.1-3 に示すように、25 年を経たチェルノブイリ発電所は石棺の老朽化に伴い放射性物質が漏れ出ていることが指摘されているが、観光ツアーが可能なレベルまで線量が下がってきた。半径 400km 以上に及ぶチェルノブイリ事故の汚染地域の情報に基づき、半径約 40km 以内の低汚染の福島の 25 年後が予測できる。加えて、汚染レベルが高い校庭の土壌入替えや、放射性セシウムが茎・根などへ濃縮し易い植物の積極的な栽培等により、より好ましい未来へと復興することを祈念する。

2.1.3　広島・長崎の被ばく影響

　被爆後既に 66 年が経った広島・長崎の被ばく者の健康への影響調査結果も貴重なデータである。1950 年の時点での被ばく生存者 86,572 人の固定集団に対して、1961 年以降、死亡率の追跡調査が行われている。爆心から 10km 以内から選ばれた集団であり、約 10%の 8,500 人は 1 〜 6Sv（3Gy 相当）を被ばくし、半数以上が爆心から 2.5km 以内の生存者であった。実質被ばくしなかったと見做せる 5mSv 以下と評価された 36,459 人を比較対象集団として、放射線被ばくした集団との相違が時間経過で検討・評価されている。1997 年までの追跡により放射線被ばくによる癌死亡は 450 人と評価されており、この結果に基づき 86,572 人全員死亡時での被ばくによる癌死亡は 800 人と予想されている。図 2.1-4 は被ばく生存者 86,572 人の平均死亡時年齢の調査結果である。データは 3Gy までの生存した被ばく者グループの寿命の中央値である[5]。0.8Gy 以内の被ばくグループでは、最短寿命者では線量依存性が見て取れるが、中央値・最長寿命者では被ばく零と見做せるグループとの差は実質無いと言える。

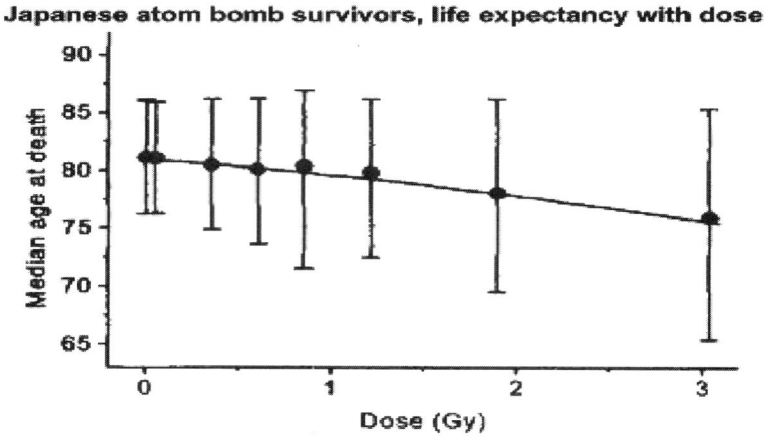

The data of the joint Japanese/US study show no significant difference among groups from 0 to 0.8 Gray at median age of life span. No genetic effects were caused by radiation in the children born to thesurvivors.

図 2.1−4　被曝生存者 86,572 人の平均死亡時年齢[5]

　現時点でこれ以上の詳細情報は持ち合わせていないが、次のことは言える。瞬時の強い放射線に対して人体が耐えられれば、時間の経過と共に人体の機能は回復する。ただし、高線量被ばく者では、加齢と共に残されていた障害の蓄積が進み、いわゆる晩発効果が生じ癌で

寿命を終えるケースが増える。この結果、寿命の中央値で被ばく零のグループと被ばく 3Gy のグループとで約 5 歳の差が生じた。福島第一原子力発電所の事故では、広島・長崎のような瞬時の高線量被ばくはない。また、チェルノブイリ事故に比べ十分低い被ばく線量である。福島第一原子力発電所の計画避難区域や飯舘村など線量が比較的高い地域において、放射線障害による住民の健康被害が出ないことはもとより、広島の被ばく者を精神的に苦しめた差別や偏見、風評被害の発生防止が極めて重要な課題である。

　最近、IPS 細胞の研究の進展に伴い、DNA の修復メカニズムが明らかになりつつあり、日本経済新聞の特集記事がある[9]。<p53 遺伝子 > が「ゲノムの守護神」と呼ばれ、ガン細胞を抑制する遺伝子で、DNA の損傷があると遺伝子は修復したり、細胞を増殖させる <p21 遺伝子 > に働きかけ、ガン化を防止する。<p53 遺伝子 > が活性化されることで、ガン細胞の増殖が抑制される。DNA が 1 本切断された場合の修復率は 99.99% 修復、2 本切断は 90% 修復、修復できない細胞は消滅する。年齢と共にこの機能が低下すると癌が発生すると考えられており、今後の研究の進展が期待される。このように生物が進化の過程で DNA レベルの修復・癌化防止メカニズムに基づけば、適切に管理されていれば事故による放射線の影響で将来癌になる住民・作業員は極めて少ないと見るのが妥当である。

2.1.4　ヨーロッパでのシビアアクシデント対応緩和措置

　福島第一原子力発電所の事故の最大の教訓は、ひとたび大事故が発生すれば、賠償金、除染・放射性物質や建屋の撤去費用、風評被害保証金等の災害に伴う金額的負担が極めて大きくなることである。

　軽水炉では万一事故が発生しても、それが拡大するのを防ぐために、いくつもの多様な機器が何重にもバックアップとして設計され設置されている。しかし TMI 事故や今回の福島第一原子力発電所の事故もそうであるが、機器の故障や津波をきっかけに、いくつかの不具合が重なり、その結果、設計で考えられる範囲を超え、最終的に炉心の溶融など大きな損傷に至る事態が発生する可能性がある。この様な事態を、特に「シビアアクシデント（過酷事故）」と呼ぶ。原子炉格納容器は、TMI の事故では、最後の「砦」として大きな威力を発揮した。格納容器がないチェルノブイリ事故では放射性物質を世界中に撒き散らした。

　しかし、福島第一原子力発電所では内圧上昇によりリークや破損が生じた。例えば、格納容器の圧力が高くなって大破損に至る前に、フィルタを通して放射能を除去してからベント（Filtered Vent）で圧力を下げて破損を防止する[8]とか、崩壊熱で格納容器の圧力が過度に上昇しないように格納容器を水や空気で冷やす静的冷却系などの方策が必要であった。シビアアクシデントの拡大を防いだり、事故の影響緩和に積極的に取り組むこと、それらのために必要な方策を準備することを過酷事故対応緩和措置（AM: Accident Management）と呼ぶ。

　以下に述べるスイスのベツナウ発電所（PWR）では TMI-2 事故後に表 2.1-2 に示す 11 項目の安全性・信頼性向上プロジェクトを実施した[7]。この中の Filtered Containment Venting System がヨーロッパ諸国でチェルノブイリ事故の後、原子力発電所の運転再開の切り札となった。図 2.1-5 に示すフィルタベントシステムである。国民投票の国の住民として、

このような一連の対策に対する検討と合意の上で、住宅地周辺にある原子力エネルギーの積極利用を進めている。図 2.1-6 はこの発電所のフィルタベント設備の系統図である。シビアアクシデントが発生しても格納容器圧が設計圧力を超える前に、電力なしで高効率な放射性物質除去機能があるこの装置を作動させる。避難不要なレベルで放射性物質を大気中に放出できれば、格納容器の健全性が維持できると共に、避難することなしに周辺住民の健康被害と環境被害を防止できる。万一事故が起こっても地元には迷惑をかけない。これが原子力発電所の究極の安全設計の目標であるべきと思う。

表 2.1-2　TMI-2 事故後の安全性・信頼性向上プロジェクト[6]

- ■New reactor pressure vessel relief system (Post TMI)
- ■Thermal H_2-recomniners inside containment (Post TMI)
- ■Replacement of refueling water storage tanks
- ■Compact simulator
- ■Provision of a full-scope simulator located offsite in the USA
- ■Bunkered emergency heat removal system (NANO project)
- ■Seismic requalification of mechanical/electrical equipment
- ■Filtered containment venting system (SIDRENT project)
- ■Analysis for pressurized thermal shock of RPV
- ■Separation of station load transformer area
- ■Additional emergency feed water system (ERGES project)

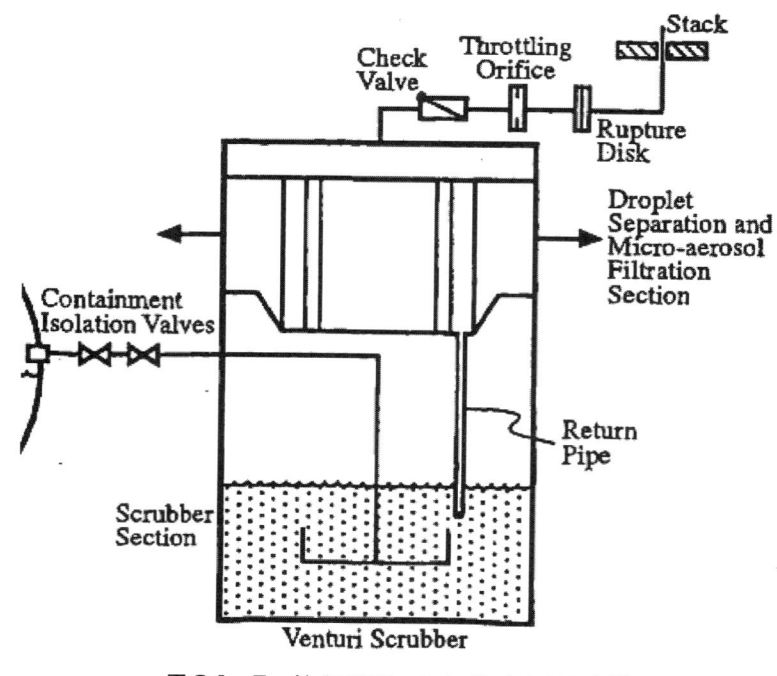

図 2.1-5　ドイツのフィルタベントシステム[8]
（現 AREVA 社）

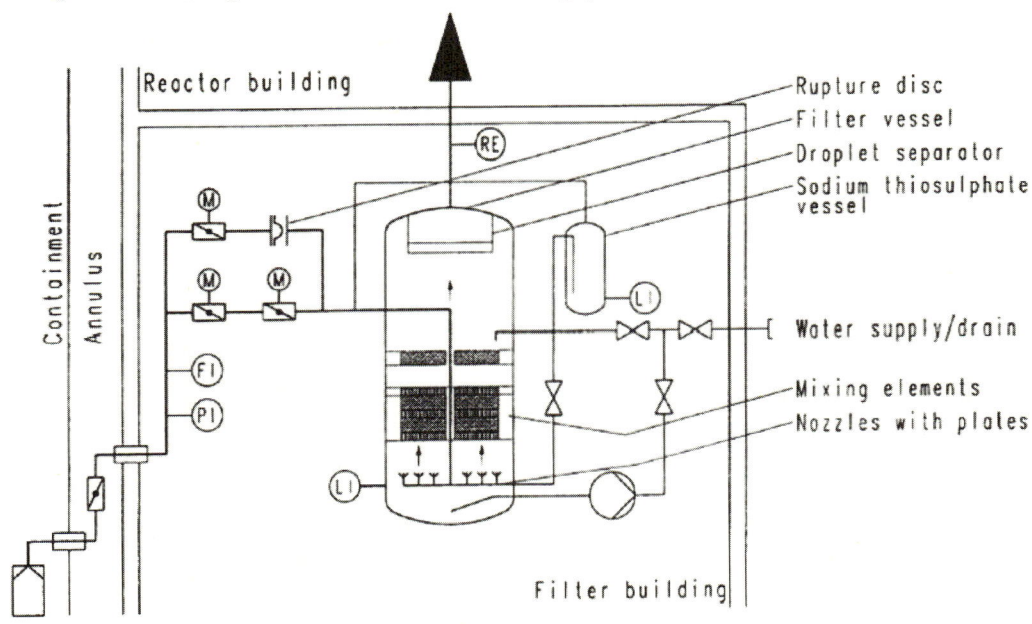

図2.1-6 スイスベツナウ発電所のフィルタベント[7]

図2.1-7 スイスのベツナウ発電所の地域共生[7]

　図2.1-7にスイスベツナウ発電所と周辺の住宅地を示す[7]。365MWeの原子炉2基が設置されている。この発電所では、図2.1-8に示す原子力地域熱供給事業も行っている。日本の緊急避難地域より狭い、発電所から半径5km圏の約2万人が冬場の暖房、通年の給湯にこ

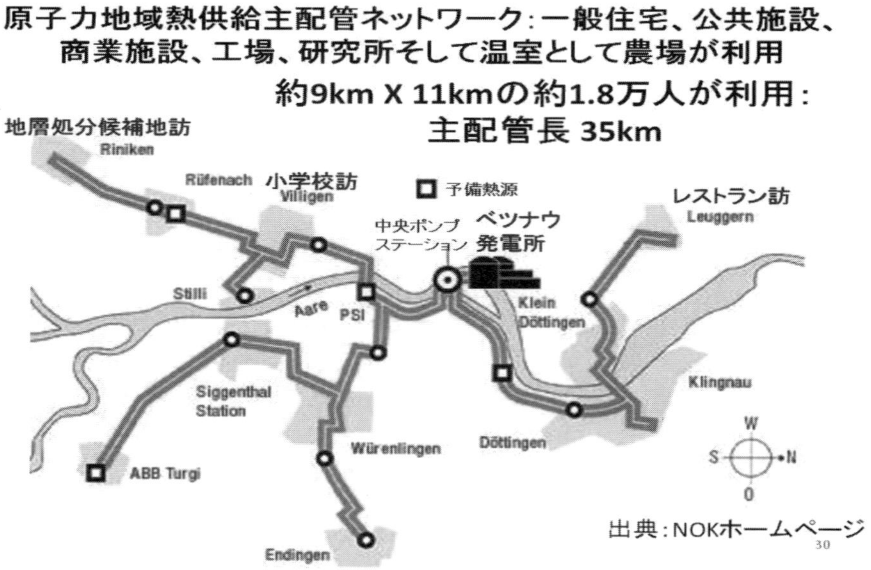

図2.1−8　ベツナウ発電所からの地域熱供給[7]

のシステムを利用している。利用契約者の 80% が一般家庭である。学校などの公共施設、商業施設、研究所・工場、農場施設（大規模温室）も地域の経済活性も視野に入れて積極的に利用している。1815 年から中立国を維持し、第一次大戦、第二次大戦に巻き込まれることなく平和を維持しているスイス国民は、シビアアクシデントへの対策・心構えも議論した上で、エネルギー安全保障・環境・二酸化炭素低減対策にも配慮した住民の選択である。

2.1.5　参考資料

(1) 日本原子力文化振興財団、「原子力・エネルギー図面集」（2011）

(2) 原子力産業新聞、第 2571 号，（2011.4.21）

(3) Wikipedia: http://ja.wikipedia.org/wiki/ チェルノブイリ原子力発電所事故(2011)

(4) United Nations Scientific Committee on the Effects of Atomic Radoation, Sources and Effects of Ionizing Radiation, Report to the General Assembly with Scientific Annexes, Volume II, Scietific Annexes C, D and E, UNSCEAR, (2008)

(5) 近藤宗平、低線量放射線の健康影響、近畿大学出版局、（2005）

(6) D.Lawson, Engineering Disasters-Lesson to be leared, ASME Press, New York,2005

(7) NOK AG, Beznau NPP Information Package,2006 Edition

(8) Mirela Gavrilas, et. al., Safety Features of Operating Light Water Reactors of Western Design, CNES（2000）

(9) 日本経済新聞、「iPS 細胞がん化を防げ」、iPS 細胞特集記事,（2009 年 9 月 20 日朝刊）

2.2 福島のよう素とセシウムの飛散状況

本章においては、福島第一原子力発電所の事故に伴い放出された放射性物質（主によう素とセシウム）の放出量評価の結果を確認するとともに、公表されている福島第一原子力発電所から100km圏内の空間線量率や土壌の放射性物質濃度の分布の調査結果を紹介する。

2.2.1 福島第一原子力発電所の事故に伴う大気への放出量評価

福島第一原子力発電所事故に伴う大気への放出量評価について、平成24年5月24日に公表された東京電力の推定結果を以下に示す。

(1) 放出量の推定にあたり

大気への放射性物質の放出量を推定するにあたり、事故前であれば排気筒モニタを使用して、評価可能であったが、震災の影響で様々な計器が使用できなかったことや炉心の状況の解析や建屋に付着した放射性物質の量から大気へ放出された放射性物質の放出量を推定することが困難となった。このため、モニタリングカーなどで測定された環境中のデータ（風向・風速・雨量・空間線量率）や土壌の汚染密度から放出量を推定した。

推定方法として、計算プログラムを用いて実測の空間線量率データを再現する方法を用いた。

(2) 大気への放出放射能量の推定

a. 推定方法の概要（図2.2-1）

東京電力所有の大気拡散の計算プログラム（名称：DIANA[※1]）は、0.5MeV換算の仮想粒子（1MeV ＝ 1.6 × 10⁻¹³J）の放出率（Bq/10min）と気象データを入力すると指定した場所と時間の空間線量率と土壌沈着量を評価できる。

DIANAに気象データを入力し、ある0.5MeV換算の仮想粒子の放出率（Bq/10min）を仮定し、事故後から発電所構内で走行しているモニタリングカーなどで測定した実測空間線量率と比較し、実測の空間線量率データに一致する0.5MeV換算の仮想粒子の放出率を求めた。

DIANAの評価ステップが10分であるため、上記の作業を3月12日から31日まで繰返し、3月中の0.5MeV換算の仮想粒子の放出率（Bq/10min）を推定する。

0.5MeV換算の仮想粒子に対して、希ガス・よう素・セシウムごとに放出量を振り分け、核種毎の放出量を推定した。

推定したCs-137の放出率と気象データをDIANAへインプットし、拡散計算を行い環境中の土壌沈着量を計算した。

文部科学省による実測の土壌沈着量と比較し、放出量の妥当性を確認した。

※1 DIANA（Dose Information Analysis for Nuclear Accident）は、放出された放射性物質から、3次元移流拡散線量を評価する計算コード

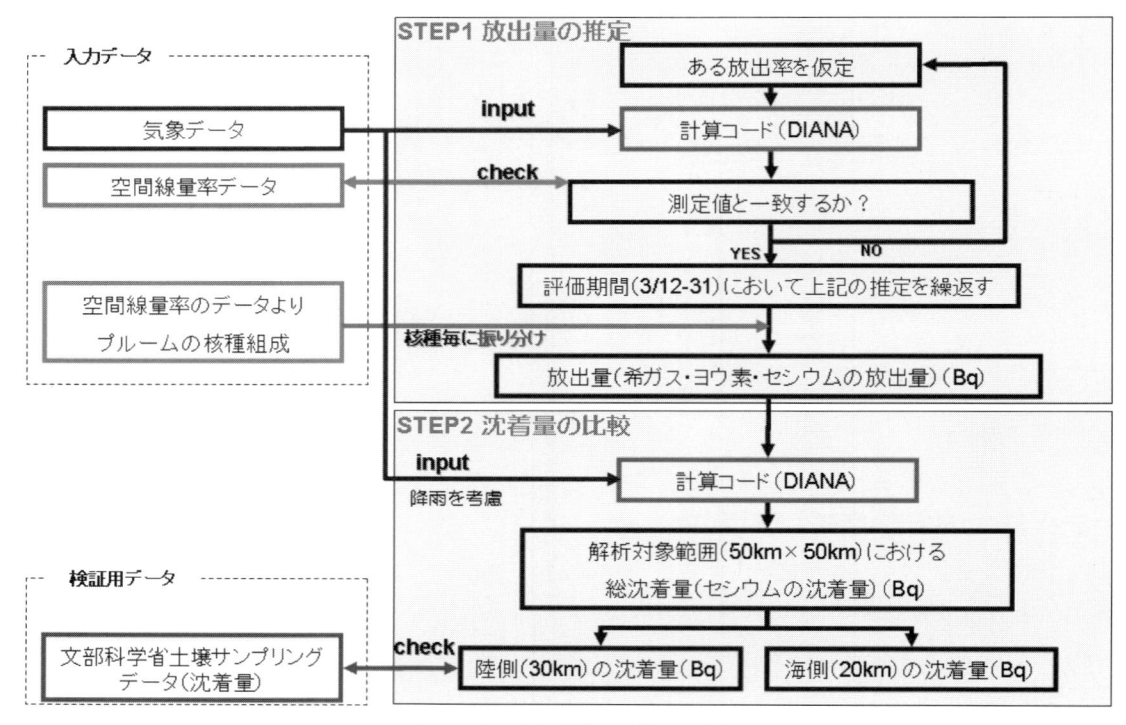

図 2.2−1　放出量推定方法の概要図

（3）核種毎の評価

　放射性物質が放出されると、放射性物質はプルームとして風の流れに乗り、空間線量率データを変動させる。プルームが希ガスだけで構成されていれば、空間線量率データは、プルーム通過後、プルーム通過前の値に戻る。

　しかしながら、実際のプルームには、希ガスの他、よう素・粒子状核種（セシウムなど）が含まれており、よう素・粒子状核種は地上へ沈着する。この現象によって、測定場所周辺のバックグラウンドの線量率が上昇し、地上で測定している空間線量率も上昇する。また、沈着したよう素・粒子状核種は、その核種の半減期に従って減衰していく。

　0.5MeV 換算の仮想粒子を核種毎に振り分けをするために、空間線量率の測定データ（ピーク）を複数個選択して、粒子状核種毎の炉内インベントリからの放出されやすさの比を求めた。

　DIANA を使用して、沈着したよう素・粒子状核種による空間線量率の減衰のカーブと一致する各粒子状核種の放出されやすさを示す比を変えた結果、減衰のカーブをおおよそ再現する比は、10：1 であった。

　次に、空間線量率データとバックグランドの線量率が概ね一致する希ガス、よう素、セシウムの放出されやすさを示す比として、100：10：1 を使用することとした。上記の比と評価時点の炉内インベントリから、0.5MeV 換算の仮想粒子を核種毎に振り分けた。

（4）推定結果

　推定結果は、表 2.2-1 のとおりとなった。Cs-137 に関しては、他の機関とほぼ同等な値となった。I-131 に関しては、他の機関の推定よりも、3 倍程度多い結果となった。当社の推定は、推定期間全体にわたって 1～3 号機の炉内インベントリからの放出されやすさの比について、一定の値を使っているため、I-131 の放出量が多くなっている可能性がある。

表2.2－1　放出量推定結果

	評価期間	放出量 PBq(10^{15}Bq)				
		希ガス	I-131	Cs-134	Cs-137	INES 評価
東京電力の推定結果	3/12-31	約500	約500	約10	約10	約900
日本原子力研究開発機構 原子力安全委員会(H23/4/12, 5/12)	3/11-4/5	-	150	-	13	670
日本原子力研究開発機構 原子力安全委員会(H23/8/22)	3/12-4/5	-	130	-	11	570
日本原子力研究開発機構(H24/3/6)	3/11-4/10	-	120	-	9	480
原子力安全・保安院 H23/4/12	-	-	130	-	6.1	370
原子力安全・保安院 H23/6/6	-	-	160	18	15	770
原子力安全・保安院 H24/2/16	-	-	150	-	8.2	480
IRSN(フランス放射線防護原子力安全研究所)	3/12-22	2000	200	30		-
【参考】チェルノブイリ原子力発電所の事故		6500	1800		85	5200

※ 4 月の放出量は、3 月の放出量の 1% 未満（構内の空気中放射性物質濃度から拡散計算により算出）
※ 当社の評価は、2 桁目を四捨五入しており、放出時点の放射能量。希ガスは、0.5MeV 換算値。
※ INES(国際原子力事象評価尺度)評価は、放射能量をよう素換算した値。ここでは、Cs-137 のみ評価に加えている。(例：約 500PBq＋約 10PBq×40(換算係数)＝約 900PBq)

2.2.2　文部科学省より公表されている放射性物質の分布状況等に関する調査研究結果

　福島第一原子力発電所事故に伴い放出された放射性物質の分布状況について、平成 24 年 3 月 13 日に公表された文部科学省の調査研究結果を以下に示す。

報道発表

文部科学省 MINISTRY OF EDUCATION, CULTURE, SPORTS, SCIENCE AND TECHNOLOGY-JAPAN

平成２４年３月１３日

東京電力株式会社福島第一原子力発電所の事故に伴い放出された
放射性物質の分布状況等に関する調査研究結果について

昨年 6 月 6 日から実施してきました、平成 23 年度科学技術戦略推進費「放射性物質による環境影響への対策基盤の確立」『放射性物質の分布状況等に関する調査研究』について報告書がまとまったので、お知らせします。

1．本報告書について

○文部科学省では、平成 23 年度科学技術戦略推進費「放射性物質による環境影響への対策基盤の確立」『放射性物質の分布状況等に関する調査研究』として、地表面に沈着した放射性物質による住民の健康への影響及び環境への影響を将来にわたり継続的に確認するため、梅雨が本格化し、土壌の表面状態が変化する前の昨年 6 月 6 日から、東京電力 (株) 福島第一原子力発電所（以下、「福島第一原発」という。）から概ね 100km 圏内の約 2,200 箇所で、空間線量率を測定するとともに、各箇所 5 地点程度で表層 5cm の土壌を採取し、その土壌について核種分析を実施した。

○その結果、当該地域における空間線量率マップを作成するとともに、平成 23 年 6 月 14 日時点のセシウム 134、137、ヨウ素 131、テルル 129m、銀 110m の五つのガンマ線放出核種に加え、アルファ線放出核種としてプルトニウム 238、239 ＋ 240、ベータ線放出核種としてストロンチウム 89、90 の沈着量を地図上に示した土壌濃度マップを作成し、報告書として取りまとめた。

○また、地表面に沈着した放射性物質の蓄積状況は、風雨等の影響により、大きく変化することが予想されるため、放射性物質の蓄積状況、及び移行状況について確認が必要である。

○そこで、同時期における福島第一原発から放出された放射性物質の森林、河川、地下水、土壌深さ方向への移行状況を確認するため、それぞれの自然環境における放射性物質の分布状況や一定期間の存在量の変化傾向について調査を実施し、様々な土地利用における放射性セシウムの存在状態の確認、土壌中の放射性物質の深度分布や土壌中の移行し易さの確認、河川中の放射性物質の存在量の確認、梅雨前後の放射性物質の存在量の変化傾向の確認、森林、土壌、地下水、河川水における放射性物質の移行状況、及び樹木や土壌からの巻き上げによる放射性物質の移行状況等に関する調査結果を報告書として取りまとめた。

○さらに、農林水産省では、農地の除染など、今後の営農に向けた取組を進めるため、文部科学省、宮城県、福島県、栃木県、群馬県、茨城県並びに千葉県と連携・協力して、農地土壌中に含まれる放射性物質の濃度を調査した。この結果、農地土壌における放射性物質の濃度分布は、文部科学省等による調査により判明している空間線量率の分布とほぼ同様の傾向を示すことが明らかとなった。

○文部科学省及び農林水産省は、これらの結果について、文部科学省内に設置した「放射線量等分布マップの作成等に係る検討会」において、測定結果の妥当性の検証を行い、「放射線量等分布マップの作成等に関する報告書」をまとめたので、公表する（報告書の簡略版は別添のとおり。また、報告書本体は下記に示す URL を参照）。

○本調査は、平成 23 年 6 月期における福島第一原発の事故による放射性物質の分布状況等について詳細な結果が得られているほか、ここで得られた成果は今後の放射性物質の影響について確認していく上で、非常に有用な成果が得られている。そのため、本調査で得られた成果が、今後の被ばく線量評価、除染対策、今後の放射性物質の放射能濃度の経時変化の予測等に活用されることが期待される。

２．報告書の構成

・放射線量等分布マップの作成等に関する報告書（報告書第１編）
・放射線量等分布マップ関連研究に関する報告書（報告書第２編）
・農地土壌の放射性物質濃度分布マップ関連調査研究報告書（報告書第３編）

http://radioactivity.nsr.go.jp/ja/contents/6000/5242/view.html
http://radioactivity.nsr.go.jp/ja/list/338/list-1.html

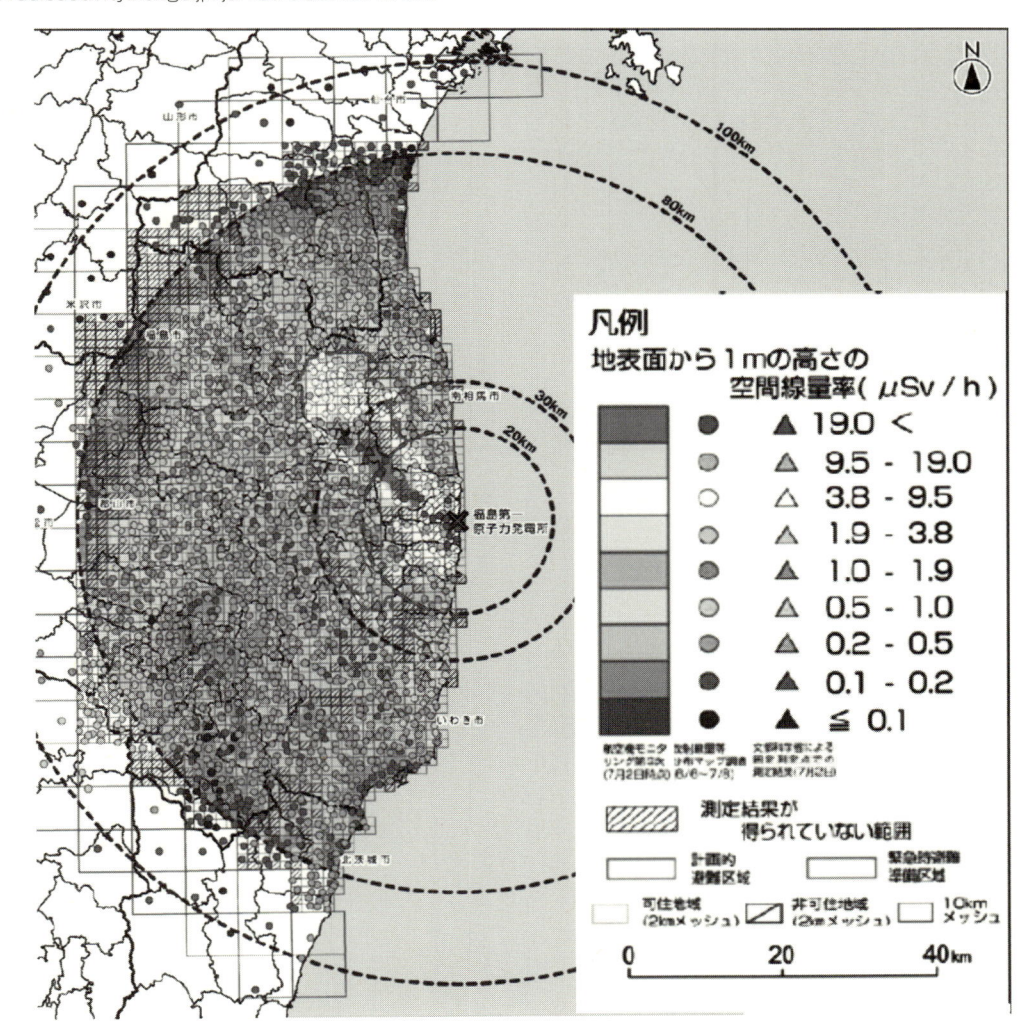

空間線量率マップ（第3次航空機モニタリングの測定結果、及び文部科学省によるモニタリングカーを用いた固定測定点での空間線量率の測定結果との比較）（報告書1編Ⅰ-43 ページ）

「東京電力株式会社福島第一原子力発電所の事故に伴い放出された放射性物質の分布状況等に関する調査研究結果」の簡略版について

文部科学省 原子力災害対策支援本部
農林水産省 農林水産技術会議事務局

1. 放射線量等分布マップの作成等に関する報告書（報告書第 1 編）

1.1 放射線量等分布マップの作成等の目的

○本調査は、平成 23 年度科学技術戦略推進費によるプロジェクト「放射性物質による環境影響への対策基盤の確立」の一環として、福島第一原子力発電所（以下、福島第一原発」という。）の事故（以下、「福島第一原発事故」という。）により放出された放射性物質の影響を確認するため、地表面から 1m 高さの空間線量率の測定結果をまとめた「空間線量率マップ」、及び土壌に沈着した放射性核種ごとの放射能濃度の分布状況をまとめた「土壌濃度マップ」※を作成することとした。

○本調査は、文部科学省からの委託事業として、独立行政法人日本原子力研究開発機構を中心に多くの大学や研究機関の協力のもと、実施された。それぞれの調査は、文部科学省に設置した「放射線量等分布マップの作成等に係る検討会」において専門家による妥当性確認を経た上で実施された。

　※本マップは、土壌表層近くに残留している単位面積当たりの放射能量の分布状況を示しており、イメージをつかみやすくするため、便宜的に「土壌濃度マップ」と表現している。

1.2 調査期間

○本調査は、事故初期の被ばく評価において重要な核種であり、短半減期のため測定が困難になることが予想されたヨウ素 131 を検出すること、梅雨の降雨に伴い、地表面からの放射性物質の流出が起きる前の初期状態を把握することを目的として、平成 23 年 6 月 6 日～ 7 月 8 日の短期間で空間線量率の測定、土壌採取を実施した。

1.3 調査対象範囲

○調査対象範囲は、航空機モニタリングやその他の環境モニタリングの結果を参考にして、福島第一原発から 80km 圏内を 2 km メッシュに、80 ～ 100km の範囲及びその範囲外の福島県内を 10 km メッシュに分割し、各メッシュ内で調査箇所を 1 箇所定め、合計約 2,200 箇所で、地表面から 1m の高さの空間線量率を測定するとともに、各箇所で原則 5 個の土壌試料を採取した。

1.4 調査協力者

① 空間線量率の測定、及び土壌採取（107 機関、合計 440 名）
　国立大学法人大阪大学、国立大学法人京都大学、国立大学法人筑波大学、国立大学法人東京大学、(独)日本原子力研究開発機構、(独)放射線医学総合研究所、(財)日本分析センターの研究者、電気事業連合会「現地支援チーム」のメンバーほか
② 土壌試料の核種分析（21 機関、合計 291 名）
　(財)日本分析センター及び国立大学法人東京大学の研究者ほか
　※アルファ線放出核種及びベータ線放出核種については (財) 日本分析センターのみで実施

1.5 調査結果及び考察

(1) 空間線量率の測定結果及び考察

○福島第一原発から概ね 100km 圏内及びその圏外の福島県内の土壌採取箇所（約 2,200 箇所）において、校正済みの NaI(TI) シンチレーション式サーベイメータ、及び電離箱式サーベイメータを用いて、地表面から 1m の高さの空間線量率を測定するとともに、GPS から緯度・経度情報（以下、

「GPS 情報」という。）を読み取り、これらのデータを基に、各土壌採取箇所における地表面から1m 高さの空間線量率の分布状況を示した空間線量率マップ（図1 参照）を作成した。

○また、道路周辺における放射性物質の分布状況を詳細に把握するため、KURAMA システムを用いて同区域の国道や県道を中心に走行サーベイ※1 を実施し、連続的に測定された道路上の空間線量率の測定結果、及び GPS 情報を基に、道路上における地表面から1m の高さの空間線量率の分布状況を示した走行サーベイマップ（図2 参照）を作成した。

※1：走行サーベイは、道路周辺の空間線量率を連続的に測定するため、車内に放射線測定器を搭載し、地上に蓄積した放射性物質からのガンマ線を詳細かつ迅速に測定する手法。なお、本調査では、京都大学が独自に開発した走行サーベイシステム「KURAMA」を福島県の協力により使用。

○土壌採取箇所における空間線量率の測定は、ある程度の広さを持った撹乱のない土地を選んで行われたものであり、6 ～ 7 月時点の放射性物質の蓄積量を反映した空間線量率の分布について、広域かつ詳細に確認することができた。

○また、走行サーベイによる空間線量率の測定は、6 月時点における人の生活環境の空間線量率について、広域かつ詳細に確認することができた。

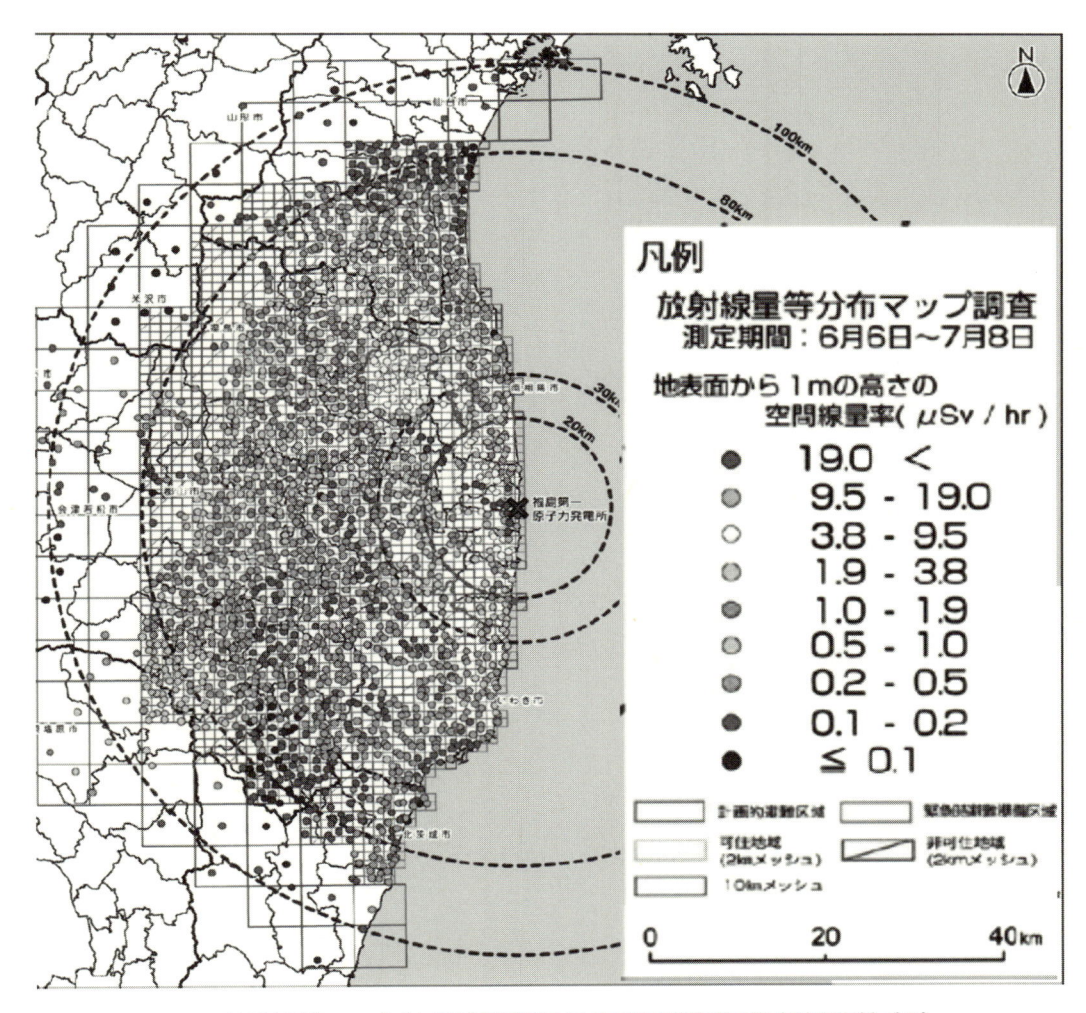

図1 空間線量率マップ（土壌採取箇所における空間線量率の測定結果に基づく）

○これらの結果は、被ばく線量評価や今後の放射性物質の蓄積量の経時変化を追跡するための貴重な初期データとなることが期待される。

○なお、その後の航空機モニタリングの結果から、本調査で対象とした地域の外側でも、相当量の放射性セシウムが沈着したと考えられる地域が確認されていることから、これらの地域も含めた詳細調査を行うことが必要である。（平成 23 年 12 月から岩手県から山梨県まで調査範囲を拡大して走行サーベイを実施し、現在、空間線量率マップを作成しているところ）

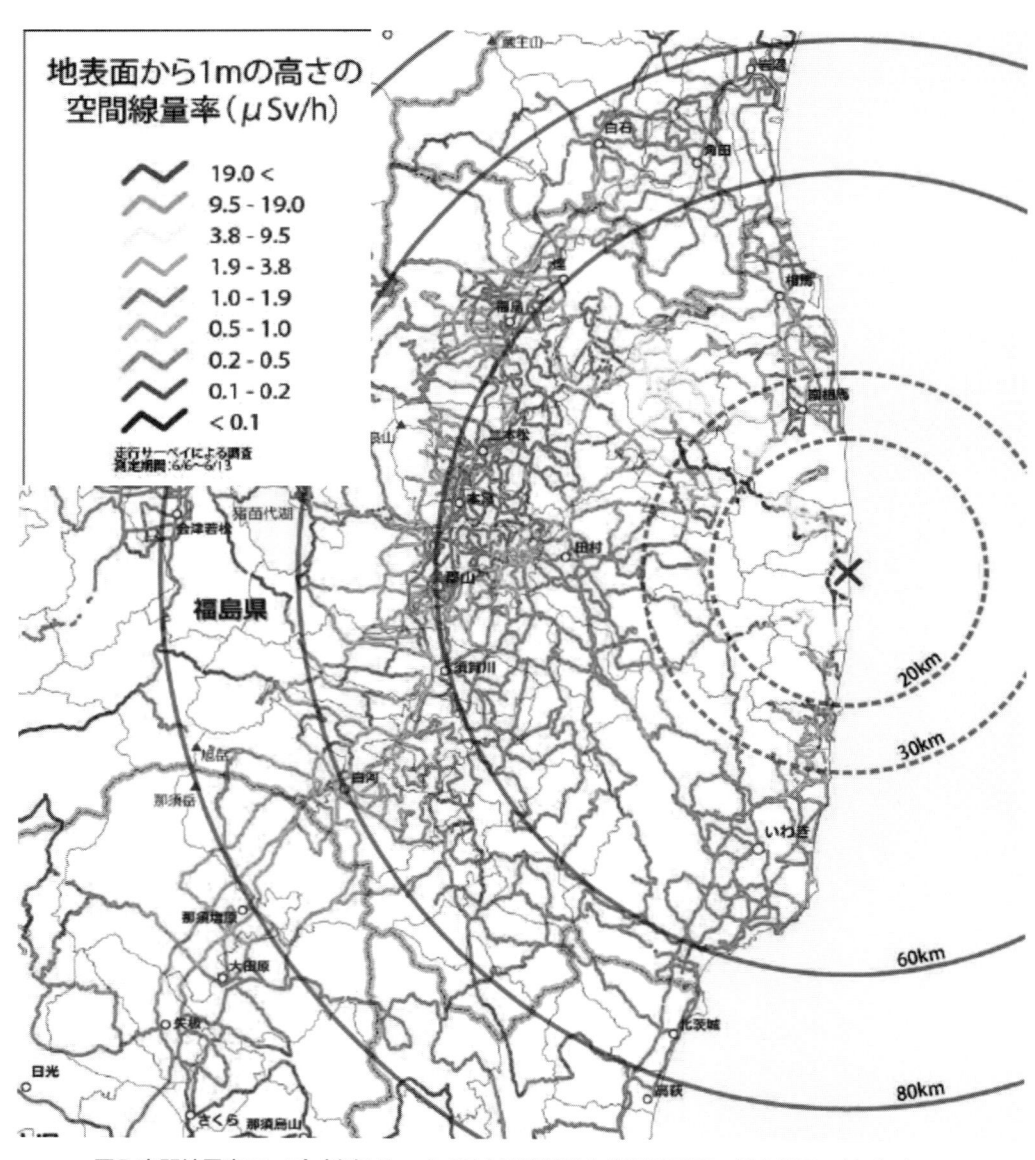

図2 空間線量率マップ（走行サーベイによる連続的な空間線量率の測定結果に基づく）

2.3　新規制基準に基づくフィルタベントの放射性物質の低減効果

　事故時の公衆への被ばくを考えた場合、系外に放出される放射性物質のなかでも、長期的にはセシウム（Cs）、短期的には希ガス（Xe、Kr 等）やよう素（I）の寄与が大きい。

　シビアアクシデント時に炉心損傷から炉心溶融に至り、格納容器内に放出される FP のうち、希ガスは格納容器内のスプレイやフィルタベント装置等の対策で除去することはできないが、セシウムやよう素はその大半が粒子状の形態（CsI、CsOH）であり、格納容器スプレイや SR 弁からの移行によりサプレッション・プール（S/P）水中に溶解する。ただし、よう素の一部はガス状の無機よう素または有機よう素となり、これらは気相中に残る。したがって、ベント時には、希ガスやよう素といったガス状の FP と、除去されずに残った粒子状核種の一部が環境に放出される。

　そこで、これらの格納容器内やフィルタベント装置での除去効果について整理し、炉から環境に放出されるまでの FP の減衰傾向を試算した。なお、線源条件の数値は ABWR で想定されている量を例として示す。

2.3.1　格納容器内で生成される放射性物質の量

　ABWR において、新規制基準の有効性評価で考えられている放射性物質の炉内内蔵量を表 2.3-1 に示す。

表 2.3－1　希ガス、セシウム、よう素核種の炉内内蔵量(ABWR)

核種		炉内内蔵量 （Bq）
希ガス	Kr－83m	約 4.9E+17
	Kr－85m	約 1.4E+18
	Kr－85	約 6.3E+16
	Kr－87	約 2.1E+18
	Kr－88	約 2.9E+18
	Xe－131m	約 4.3E+16
	Xe－133m	約 2.5E+17
	Xe－133	約 7.8E+18
	Xe－135m	約 1.7E+18
	Xe－135	約 2.2E+18
	Xe－138	約 6.8E+18
I	I－131	約 3.8E+18
	I－132	約 5.6E+18
	I－133	約 8.0E+18
	I－134	約 8.8E+18
	I－135	約 7.5E+18
Cs	Rb－86	約 9.5E+15
	Cs－134	約 6.4E+17
	Cs－136	約 1.8E+17
	Cs－137	約 5.2E+17
合計	希ガス	約 2.6E+19
	I	約 3.4E+19
	Cs	約 1.3E+18

2.3.2 よう素の化学形態

格納容器内のよう素の化学形態は、格納容器内の水質環境によって変化する。

ここでは、海外の知見から、従来の被ばく評価で水質環境を考慮せずに設定されたよう素の化学形態別の割合と、pH 制御等で格納容器内をアルカリ環境に維持した場合の割合を表2.3-2 に示す。

本章の影響評価では、格納容器内での FP 放出低減対策の効果を見込み、pH 制御対策を実施した場合を仮定する。

表 2.3-2 pH 管理の有無による格納容器内よう素化学形態毎の割合

	pH 管理無し (R. G. I. 195)[1]	pH 管理有り (NUREG-1465)[2]
粒子状よう素 (CsI)	5 %	95 %
無機よう素 (I_2)	91 %	4.85 %
有機よう素(CH_3I)	4 %	0.15 %

表 2.3-1 に示したよう素の炉内内蔵量 3.4×10^{19} Bq より、よう素の化学形態毎の生成量は以下で計算できる。

$$粒子状よう素 \quad 3.4 \times 10^{19} \times 95\% \quad = 3.2 \times 10^{19} \text{ Bq}$$
$$無機よう素 \quad 3.4 \times 10^{19} \times 4.85\% = 1.6 \times 10^{18} \text{ Bq}$$
$$有機よう素 \quad 3.4 \times 10^{19} \times 0.15\% = 5.1 \times 10^{16} \text{ Bq}$$
$$よう素（合計） \quad\quad\quad\quad\quad 3.4 \times 10^{19} \text{ Bq}$$

詳しくは 2.3.3 に示すが、格納容器内では、粒子状および無機よう素は S/P スクラビング効果、格納容器内スプレイ効果等により除去可能である。一方、有機よう素は水に溶解しない化学形態のため、これらの効果は期待できない。したがって、有機よう素は他の化学形態と比べて元々の割合は小さいものの、それぞれの除去効果を考慮すると、環境中への被ばく影響は相対的に大きくなる。

2.3.3 セシウムとよう素の環境への放出量の低減効果

シビアアクシデント時に放出されるセシウムとよう素は、格納容器内およびフィルタベントで除去されて環境中に放出される。ここでは、格納容器内でのスプレイや pH 制御等の対策とフィルタベントによる低減効果についての概略評価を示す。

（1）格納容器からの放出割合

事故時には、表 2.3-1 に示した FP の炉内内蔵量の一部が炉心から格納容器へ放出され、スプレイ等の対策によって除去される。それぞれの FP の性状を踏まえた格納容器への放出割合と、格納容器内での除去効果を表 2.3-3 に示す。

　なお、本章はフィルタベントの効果を比較することが主旨なので、簡単のため、核種の時間減衰効果や、ベント以外の格納容器からの漏えいなどは考慮せず、格納容器ベントの際に格納容器気相部のよう素が全量放出されるとする。

表2.3－3　格納容器及び環境中へのFP放出量計算条件

対象核種		格納容器内への放出割合 （NUREG－1465）[2]	格納容器内除去効果* （国内プラント実績から仮定）
希ガス		炉内内蔵量の100%	0%：除去されない
セシウム（粒子状核種）		炉内内蔵量の　61%	99% （80～99.9%以上）
よう素	粒子状よう素	炉内内蔵量の　61%	99% （80～99.9%以上）
	無機よう素		99% （80～99.5%以上）
	有機よう素		0%：除去されない

＊：( )内の数値は国内被ばく評価における条件設定範囲

以上より、格納容器から放出されるFPの量は以下で計算できる。

$$
\begin{array}{llll}
希ガス & 2.6 \times 10^{19} \times 1.00 \,/\, 1 & = 2.6 \times 10^{19}\ \mathrm{Bq} \\
セシウム & 1.3 \times 10^{18} \times 0.61 \,/\, 100 & = 8.2 \times 10^{15}\ \mathrm{Bq} \\
粒子状よう素 & 3.2 \times 10^{19} \times 0.61 \,/\, 100 & = 2.0 \times 10^{17}\ \mathrm{Bq} \\
無機よう素 & 1.6 \times 10^{18} \times 0.61 \,/\, 100 & = 1.0 \times 10^{16}\ \mathrm{Bq} \\
有機よう素 & 5.1 \times 10^{16} \times 0.61 \,/\, 1 & = 3.1 \times 10^{16}\ \mathrm{Bq} \\
よう素（合計） & & = 2.4 \times 10^{17}\ \mathrm{Bq}
\end{array}
$$

(2)　フィルタベント装置による放射性物質の除去性能
　希ガス以外のよう素やFP（エアロゾル）は、格納容器内でのFP除去効果に加え、さらにフィルタベント装置による低減が可能となる。
　国内プラントにおいて、フィルタベント装置による放射性物質の除染性能は、表2.3-4で設計されている。

表2.3－4　フィルタベント装置によるFP除去効果

よう素の形態	フィルタベント による除去効果*
粒子状よう素	99.9%　[DF＝1000]
無機よう素	99%　　[DF＝100] （99～99.9%[DF＝100～1000]）
有機よう素	98%　　[DF＝50]

＊：( )内の数値は国内BWRの設計範囲

以上より、フィルタベントを通して環境に放出される FP の量は以下で計算できる。

希ガス	2.6×10^{19} / 1	=	2.6×10^{19} Bq
セシウム	8.2×10^{15} / 1000	=	8.2×10^{12} Bq
粒子状よう素	2.0×10^{17} / 1000	=	2.0×10^{14} Bq
無機よう素	1.0×10^{16} / 100	=	1.0×10^{14} Bq
有機よう素	3.1×10^{16} / 50	=	6.2×10^{14} Bq
よう素（合計）			9.1×10^{14} Bq

2.3.4　低減効果のまとめ

　炉内での生成量からフィルタベント出口までのセシウム、よう素の放出量の変化を図 2.3-1、図 2.3-2 に示す。

　セシウムをはじめとする放射性エアロゾルおよび無機よう素については、格納容器スプレイ等の FCVS 以外のシビアアクシデント対策設備によっても格納容器内で効果的に除去可能であり、環境中への放出量を大幅に低減できるが、フィルタベント装置を使用することにより、有機よう素も含めてさらに大きな低減効果が見込める。

　したがって、除去できない希ガスの影響を考慮する必要はあるが、フィルタベントやその他の対策設備により、特に長期的な居住性の判断に対しては非常に大きな効果が期待でき、また、短期的な避難の判断に対してはよう素を効果的に低減することが可能となる。

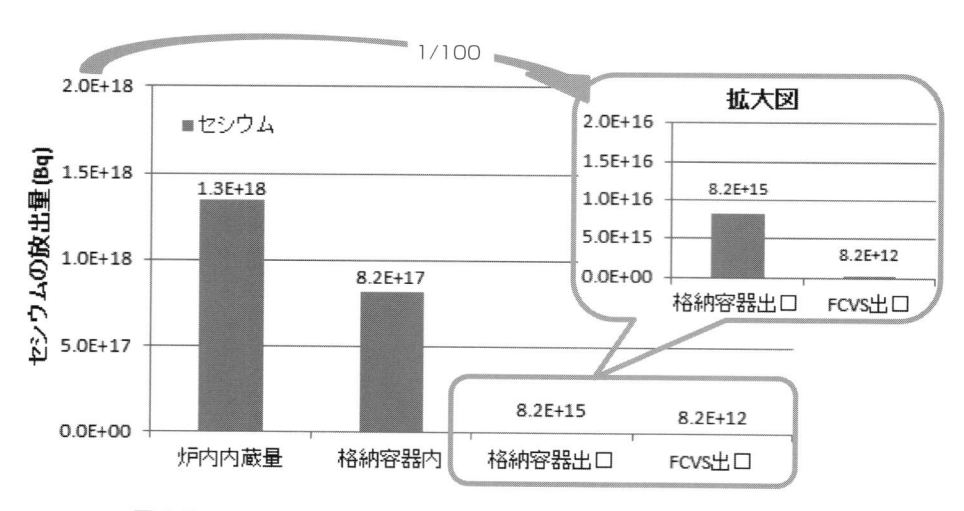

図 2.3−1　フィルタベントによる環境へのセシウム放出量の低減効果

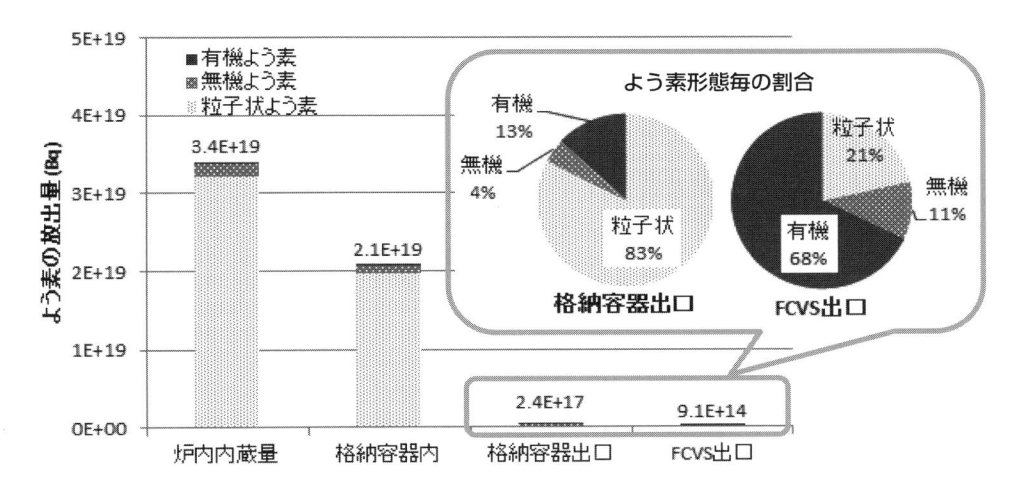

図2.3−2　フィルタベントによる環境へのよう素放出量の低減効果

2.3.5　公衆被ばくに対する低減効果

　シビアアクシデント発生時にフィルタベントを用いて格納容器を守ることにより、長期的な居住困難区域をなくすことができる。ここでは、仮想的な条件を設定しフィルタベントによる放射性物質の低減効果を確認した。

　福島第一原子力発電所の事故では、原子炉格納容器破損に伴い、飯舘村付近（最大で約50km）が長期的な居住困難区域となり長期移転が必要となった。同様のシビアアクシデントが発生し、フィルタベントを使用した場合にどの程度の効果が得られるかを確認する。また、短期的には希ガスやよう素の被ばくが影響するが、ここでは長期的な居住可否の判断に影響を及ぼすセシウム等の比較的半減期の長い核種の影響を想定して試算する

　表2.3-5に評価条件を示す。検討したケースとしては以下の３ケースとした。

①格納容器の破損により地上放出で放射性物質が放出された場合（約50km点で年間20mSvとなる土壌汚染が発生）

②フィルタなしベント（①の想定に対し格納容器内の除去効果のみ考慮し、フィルタは未考慮。高所放出された場合）

③フィルタベント（①の想定に対し格納容器内の除去効果、フィルタを考慮。高所放出された場合）

　評価結果を図2.3-3及び表2.3-6に示す。
　結果をまとめると

●高所放出のみでも格納容器内のスプレイ効果等により、長期的に居住困難な土壌汚染が発生する区域はサイト近傍のみとかなり縮小化できる。

●フィルタベントを実施した場合、長期的に居住困難な土壌汚染が発生する区域はなしとできる。

　本検討結果は、あくまでも仮想的な条件に基づく評価結果ではあるものの、フィルタベントを実施することにより、長期的な居住困難となる土壌汚染をなくすことが可能なことを確認した。

表 2.3-5　評価条件

項目	評価条件
想定事故	発電所から50km点で長期居住が不可となる放射性物質放出が発生。
格納容器内での除去効果	エアロゾル(セシウム)に対して格納容器スプレイ等により1/100に低減(保守側に想定した低減効果)。
大気拡散評価手法	「発電用原子炉施設の安全解析に関する気象指針」に記載された基本拡散式
大気安定度	最も出現頻度が高い状態を想定 (中立大気安定度D型)
FCVS放出条件	高所放出 (格納容器破損想定時は地上放出)
フィルタ除去効率	エアロゾル(セシウム)に対して99.9% (DF=1000)
検討ケース	① 格納容器の破損により地上放出で放射性物質が放出された場合 ② フィルタなしベント(①に対して格納容器内の除去効果のみ考慮し、フィルタは未考慮。高所放出された場合) ③ フィルタベント(格納容器内の除去効果、フィルタを考慮。高所放出された場合)
長期的に居住困難の判断基準	年間被ばく線量が20mSvを超える土壌汚染が発生する範囲を長期居住不可とした。

表 2.3-6　評価結果

検討ケース	土壌汚染の発生状況
① 納容器の破損により地上放出で放射性物質が放出された場合	距離50km範囲に長期的に居住困難となる土壌汚染
② フィルタなしベント 格納容器内の除去効果のみ考慮し、フィルタは未考慮。高所放出された場合)	サイト近傍に長期的に居住困難となる土壌汚染
③ フィルタベント(格納容器内の除去効果、フィルタを考慮。高所放出された場合)	敷地外に長期的に居住困難となる土壌汚染は生じない

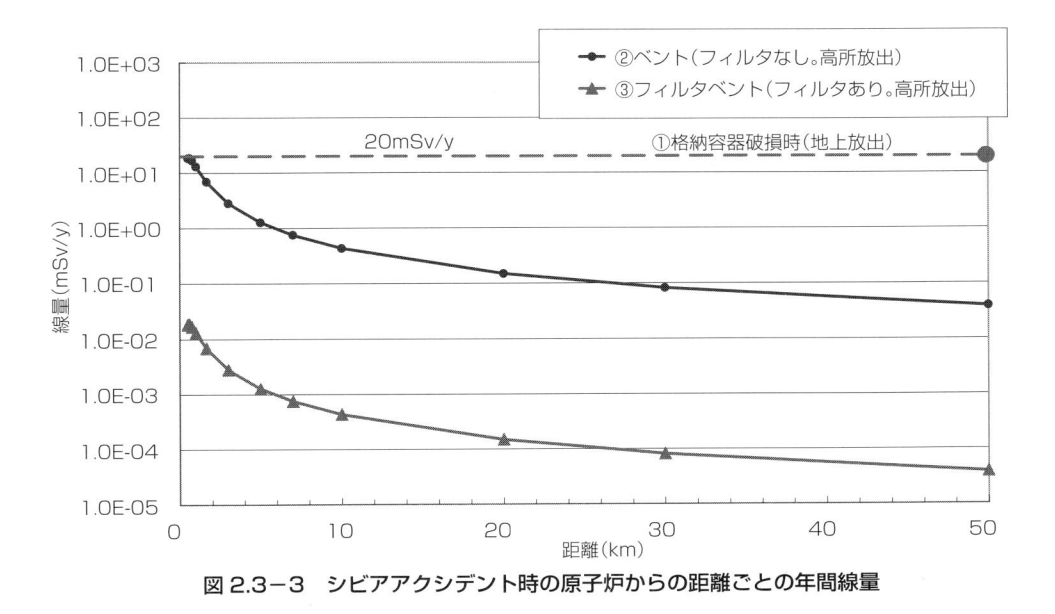

図 2.3－3　シビアアクシデント時の原子炉からの距離ごとの年間線量

2.3.6　参考文献

(1) U.S. Nuclear Regulatory Commission, "Methods and Assumptions for Evaluating Radiological Consequences of Design Basis Accidents at Light-Water Nuclear Power Reactors", Regulatory Guide 1.195, May 2003

(2) L.Soffer, S.B.Burson, C.M.Ferrell, R.Y.Lee, and J.Rightly, "Accident Source Terms for Light-Water-Nuclear Power Plants", NUREG-1465, U.S. Nuclear Regulatory Commission, Washington, D.C., June 1992

第 3 章

海外の
フィルタベント
の実例

3.1 フランス

　フランス国内には、19サイト、58基の原子炉（すべてPWR）があり、電力の四分の三を原子力で発電している。フランスの運転中の原子炉は、EDF（フランス電力会社）によって開発されたサンドベッドタイプのフィルタベントが設置されている。

　サンドフィルタは、図3.1-1及び図3.1-2に示す通り、放射性物質の除去に微粒子の砂を用いたもので、除染係数はDF>10である。フランスのフィルタベントについては2011年に日本機械学会にてフランスのショー原子力発電所訪問調査[2]が行われ、現地調査も含め、フィルタベントの系統、運転、シビアアクシデントシナリオなどがまとめられている。

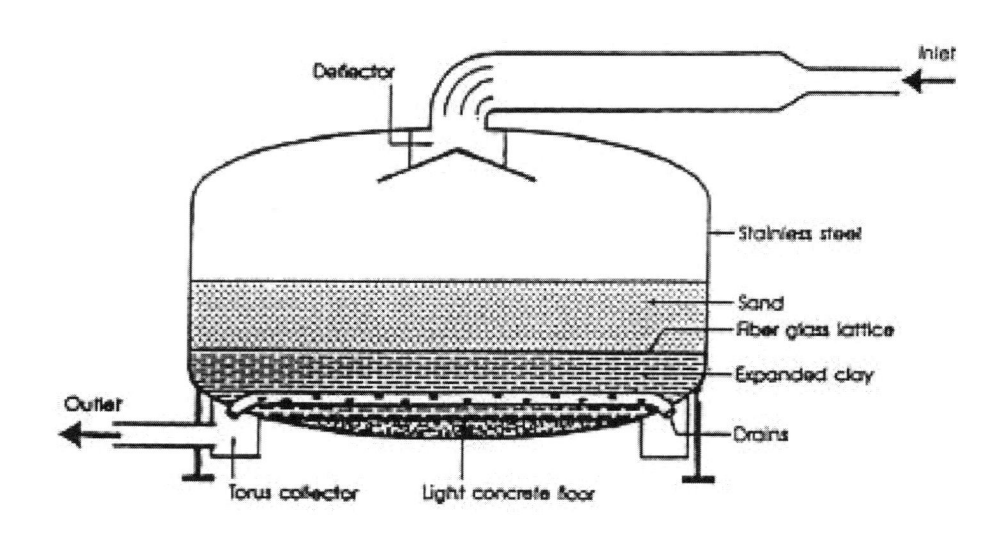

図3.1-1　サンドフィルタの構造図[1]

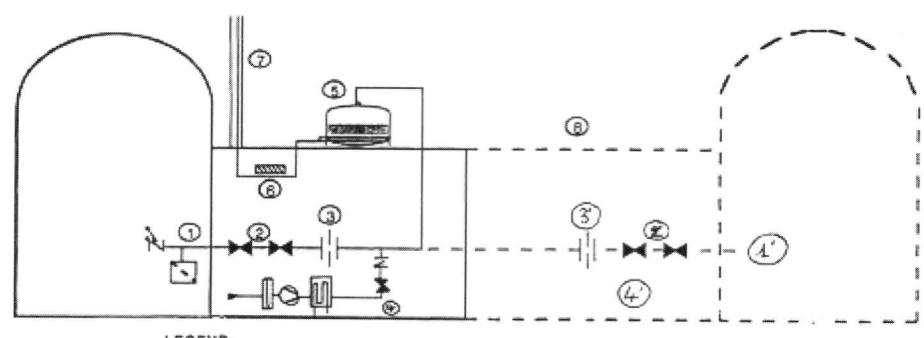

図3.1-2　PWRプラントとのベント系統図[1]

3.1.1　ショー原子力発電所訪問調査の概要[(2)]

フランスのショー原子力発電所訪問調査は 2011 年 11 月に日本機械学会の原子力の安全規制の最適化に関する研究会の水町、奈良林、田島、岡本らにより行われている。ショー原子力発電所はショー A とショー B に分かれており、ショー A はフランス最初の PWR（30 万 kW）で、地中の洞窟内に原子炉を設置しており原子炉建屋が存在しない。ショー A は廃止措置中であり、調査当時は S/G 解体中、炉容器はまだ残っていた。ショー B は 145 万 kW 4 ループ PWR 2 基があり、調査時は、1 号機定期検査中、2 号機 100% 出力運転中であった。

3.1.2　フィルタベントについて

フィルタベントは、シビアアクシデントのシナリオの中で、24 時間はスプレイによって格納容器冷却と放射性物質を水中に溶かし込む。圧力上昇が止められない場合には、ベントラインを用いて圧力を開放し格納容器破損のリスクを低減する。

(1) フィルタベントの系統

（a）吸入部

格納容器内部には、金属繊維フィルタがあり、そこでエアロゾルを除去する。このフィルタが埋まってしまうことなどに対応するため、5bar(abs)=4bar(gage) に設定された圧力開放弁（自動で開）が並列につけられており、冗長性を持たせている。ただし、下記手動弁を開ける事が必須。

（b）手動弁

ベントラインには、2 個の手動弁（常時閉）がシリアルに付いており、マニュアルに従い、事故時には弁を開けにいく必要がある。場所は格納容器の外側にある。特別な部屋においてあり、鍵はマネージャーが管理している。（鍵がないと弁は開けられない）

（c）サンドフィルタ

サンドフィルタは、直径 8m、高さ 5m の円筒形容器。上側から蒸気、放射性物質、水素などの混合気体が導かれ、砂によって放射性物質を除去した後、排気筒から放出。砂は 0.6mm 程度の微粒子で、玉砂利の上に金網を乗せ、その上に設置されている。

（d）線量計測

排気筒に行く前に、線量計測装置（Ge とシンチレータと推定）が設置されている。従来は計測器を 2 基で共有していたが、福島事故後に、個別に設置する事を検討。

（e）ベント配管

排気筒内にベントラインが別途設けられている。

(2) フィルタベントの運転

（a）緊急時

蒸気がフィルタで凝縮すると、水素濃度が高まることが考えられるため、ベントラインを利用するまでの 24 時間の間に、サンドフィルタを 140℃ まで温度を昇温させる。これは、

２個の手動止め弁の先から、ブロアによって空気を送り込む。ブロアの先に電気ヒーターが設置されており、電気ヒーターによって空気を昇温させ、これによりフィルタの温度も上げる。

（b）通常時

通常運転時は、ブロアは継続運転している。これは、フィルタに継続的に空気を送り込むことで、フィルタを乾燥させておくため。このときヒーターはつけていないので、空気のみを送り込む。

（3）その他事項

●電気が無いとベントラインは利用できない。（水素爆発の危険性があるため）

●ベントラインは地震を考慮していない。地震によってフィルタなどが損傷した場合は、止め弁を開けない事で、閉じ込めを達成する。

●フィルタでの除去性能はセシウム等に対して90%(1/10)である。希ガスは除去できない。

3.1.3　シビアアクシデントシナリオ

EDF で考慮している放射性物質放出シナリオとしては、以下の３種類である。

● S1 4 時間で格納容器から放出 Xe 80%, I 60%, Cs 40%

● S2 24 時間で格納容器から放出 Xe 75%, I 3%, Cs 5%

● S3 24 時間でフィルタ経由放出 Xe 75%, I 0.85%, Cs 0.3%

ここに至るアクシデントの展開シナリオは、以下の５種類を検討している。

●水蒸気爆発 α → S1 確率は十分に低い

●格納容器早期破損 β → S1 → U2 （格納容器スプレイ） → S3

●格納容器内水素爆発 γ → S1 → RAP

●格納容器過圧破損 δ → S2 → U5 （フィルタベントシステム） → S3

●格納容器内コンクリート燃料反応による加温破損 ε → S2 → U4 （非常用ガス処理系） → S3

●格納容器の早期破損 （β） については、格納容器スプレイ （U2） によって時間を稼ぎ、最終的には、フィルタを経由した放出へ

●水蒸気爆発 （γ） は、実質上起こさない

●水素爆発については、触媒型再結合機によりリスクを下げる

● PWR は格納容器が大きく、加圧破損を考慮するのは 24 時間後 （それまではスプレイで持たせる）

過圧破損防止 （δ） のために、フィルタベントシステム （U5） を用いて放出量を 90% 下げる

●過温破損 （ε） については、リークしてきた放射性物質を、非常用ガス処理系 （U4） で処理して、排気筒より排出する。（電気が必要）

　最初フィルタベントラインの話をしたときに、上記サンドベント以外に、この非常用ガス処理系もフィルタベントと分類していて少し話が伝わらなかった。

3.1.4　現場調査

- ●セキュリティーは厳しい
- ●つなぎに着替えて定期検査中１号機の格納容器内へ
- ●燃料交換作業中であり、炉には水が入っている。オペフロから水面が確認できる。
- ●格納容器内には、多数の触媒型水素再結合器が設置されている。水素再結合による発熱のため、自然循環型となっており、下側から気体を取り込んで上方から放出水は床に落ちる格好。大きさは、高さ2m 幅1m 奥行40cm 程度。なお、使用済燃料ピット（SFP）にも大量に設置されているとの事。
- ●格納容器スプレイは天井部と脇にリング状に設置
- ●格納容器最下部には、スプレイ水を再循環させてトップから再度スプレイするためのストレーナのついた吸入口が多数設置。２系統あり、循環ポンプは格納容器外にある
- ●サンドベントライン吸入部の金属フィルタ、圧力開放弁を見学
- ●圧力開放弁は錘がつけてあり、錘によって圧力が調整できる。このため、開放弁は網で囲ってあった。金属繊維フィルタ、圧力開放弁からのラインはすぐに合流し、８インチ程度の配管で格納容器外に導かれている。配管は熱伸びを考慮して、ヘアピンに曲げられている。
- ●格納容器は２重で、アニュラス部は1m 程度の幅がある。
- ●格納容器外側に、鍵の付いた小部屋があり、ここに止め弁２台（常時閉）をシリアルに設置。手動弁であり部屋の鍵がないと開けられない。なお、この止め弁までは、格納容器のバウンダリを構成しているため、耐震クラスは高い。止め弁以降は耐震を考えていない。
- ●この部屋の外側に、ブロア、ヒーター、逆止弁が設置されており、換気系から空気を吸い込み、定常的にサンドフィルタに空気を送り込む
- ●サンドフィルタは、屋上に設置。土台の上に設置されている。水漏れ防止のためか、土手が設置されている。
- ●放射線量計測建屋はフィルタの隣にコンクリート製で設置されている。

3.1.5　その他

（1）緊急時対策

　EDF では緊急時対策がまとめられている。24 時間後には、ヘリコプターなどで電源車、予備機などを輸送してくる。これらは、plug and play（接続するだけで使用できる）で繋ぎこめるように標準化されている。

（2）ストレステスト

　地震、洪水、SBO などについてのストレステストを提出済。地震は 0.31G と最大想定のさらに 1.5 倍に対して評価を実施し問題ないことを確認。洪水は、最大想定の 1.3 倍の流量

を想定して評価を実施し、5m 以上の余裕があることを確認。

（3）非常用発電機

　ディーゼル発電機は原子炉建屋の東西にある非常用発電機建屋に2台設置、予備のガスタービン発電機を1台少しはなれた建屋に設置（配置設計が考えられている）2基で合計5台の発電機がある。なお、EDF では、1基あたりのディーゼル発電機を3台とする事を決めて、数年掛けて増設する。ガスタービンはそのままなので、合計7台となる予定。

3.1.6　現地調査者の感想

　サンドベントシステムは、様々にあるシビアアクシデントシナリオの中で、比較的ゆっくりとした過圧破損を防止するために設置されている。24時間はスプレイによって格納容器を冷却する思想。電気があることを前提とし、よう素、セシウムなどの放射性物質放出を1桁下げることが目的である。ベントラインでの水素爆発を気にしており、蒸気凝縮によって水素濃度が上がらないような工夫を考えている。また、現在、サンドフィルタではなく MVSS（Multi Venturi Scrubber System）の様な水を使うパッシブなベントシステムも検討しているとのこと

　なお、いわゆる SGTS のような非常用ガス処理系が別途建屋内に設置されている。非常用ガス処理系は、放射性物質放出を大きく下げることが可能。但し、電気が要る。

　また、緊急時対策は、EDF によって、しっかりと地元対応を含めて準備されている。国の専門機関もあるが、電力会社が比較的主体的に関与している感が強い。ベルギー国境がすぐ近くであるが、地域対策とは切り離して国際対応部署が対応しているようである。

3.1.7　日本の PWR に対しての提言

　全体としてのリスク評価を実施し、ベントシステムが有効かどうかを再度評価する事が必要である。過去のリスク評価は内的事象のみを考慮していると考えられ、地震津波などの外的事象を考慮した場合のベントの有効性について至急検討する必要がある。

　なお、ライプシュタットは BWR であっても、大きな遮へい容器があり、PWR に考え方を応用する事も可能であろう。ライプシュタットの例を参考に、パッシブなベントのあり方について考えることが必要である。特に、電気が全て失われた場合にも、外部への放出を1/1000 に抑えることができるのは、有効ではないか。

3.1.8 参考文献

（1）OECD Nuclear Energy Agency（2014），"Status Report on Filtered Containment Venting"，NEA/CSNI/R（2014）7.　Figure A1.1 & Figure A.1.3

（2）日本機械学会 A-TS 08-08「原子力の安全規制の最適化に関する研究会」Chooz 原子力発電所訪問調査報告

3.2　スイス

　スイスでは 1990 年に規制の要求で FCVS を設置したが、福島事故までは休眠状態で、忘れられた存在であった。保全は行ってきたが、さらなる開発は行っておらず、注目もしていなかった。しかし、福島事故を受け、現状でも設備が運転可能であることを規制当局に示さなければならないため、CCI と協議し、技術文書を完全に整備することが重要となった。

　シビアアクシデント時の格納容器の雰囲気は、格納容器内に設置された熱や放射線によるケーブル被覆等の分解生成物によって、酸性側の傾向になる。従って、スクラバ溶液は、アルカリ側にしなければならないと考えている。スクラバ溶液は、ベースとなる溶液に $Na_2CO_3(pH10)$ を使っているが、これを $NaOH(pH12)$ に変えなければならない。

　スイスプラントの炉心損傷頻度は低いが、一般の人々に原子力プラントの安全性を信頼してもらうためには、FCVS 等により格納容器の安全性を強化することが重要である。

　福島事故後の対策で主要なものとしては FCVS について有機よう素除去のためのアリコートの採用が考えられている。また、一方で、設計基準地震動の変更にともなって FCVS に対する耐震の再評価が必要となっている。なお、ライプシュタット（Leibstadt）発電所では FCVS は原子炉建屋に沿って設置されており、FCVS の運用方法については今のところ変更はされていない。

　なお、フランスでは FCVS はサンドベッドフィルタで除染係数（DF）は大きくない。また、よう素についても対応できていない。地震に対して強くないことからこの点については改善が必要であると考えられる。ASN はサンドベッドフィルタの効果について高くないといっており、変更することになると考えられる。

3.2.1　ライプシュタット発電所（図 3.2-1）

（1）概要

　Mark III 型大型格納容器の 125 万 kW の BWR が 2 基稼働中である。

図 3.2−1　ライプシュタット発電所

（2）FCVS について

a. 目的

　シビアアクシデントのシナリオの中で、格納容器の過圧破損を防止するためのベントシステムで、ラプチャーディスク、または、電動弁・手動弁により放射性物質のよう素、セシウムをフィルタで濾過し、ベントする。これにより、格納容器破損に伴う放射性物質の飛散のリスクを 1/100 から 1/1000 に大幅低減する。

b. 系統

①吸入部

　格納容器内部には、ベントのための金属製の金網で目詰まりを防いだ２つの排気系の吸い込み部が設置されている。また、格納容器天井には複数のイグナイタが設置してあり、発生した水素を早期に酸素と反応させる配慮がされている。

②ベントバルブ

　ベントラインには、２個の電動弁（常時閉のバタフライ弁）がシリーズで付いている。このバルブは図 3.2-2 に示すとおり、現場に設置されたベント手順書に従い、事故時には離れたところから電動兼手動のハンドルを回すと数 m の長さのシャフトによりウエットウエルの熱で靴底が溶けることや、放射線の被曝をすることなく、安全に弁を開けることができる。この操作場所は格納容器の外側でベント系の配管からもコンクリート壁によって遮蔽された特別な部屋である（図 3.2-7）。弁ハンドルロック用の鍵はマネージャが管理している（鍵がないと弁は開けられない）。

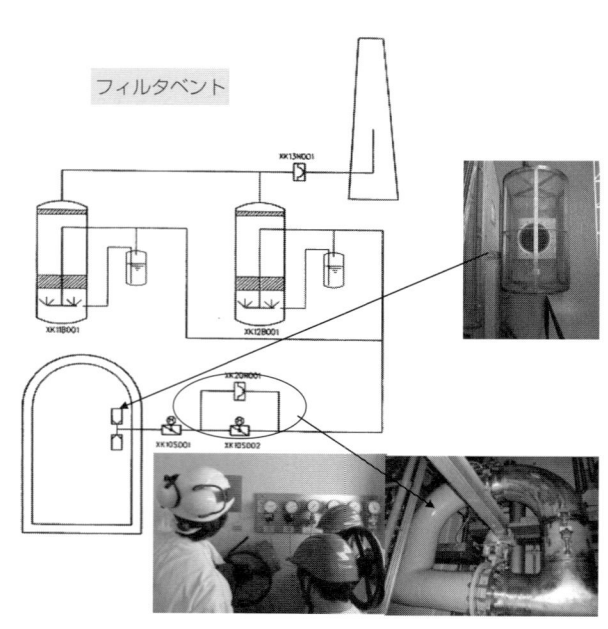

図 3.2－2　フィルタベントシステム

③フィルタ

　フィルタは、図3.2-3の系統図に示すとおり、直径4m、高さ8mの円筒形容器が2基あり、内部には水が充填され、事故時にはベント系の圧力上昇により水酸化ナトリウム（NaOH）が注入されてpH=10のアルカリ水溶液となる。これにより除染係数DFが50倍に上昇する。図3.2-5に示すように、容器の下部に配管でベントした蒸気、放射性物質（FP）、水素などの混合気体が導かれ、枝状のヘッダーに取り付けられた多数のノズルから、微細な気泡となって水中に吹き出す。気泡にしているのは気界面の面積を大きくするためであり、併せて上昇する気泡の撹拌効果によって水中に放射性物質を移行させる。なお、水に溶けにくいFPやFPが溶解して気中に飛散する液滴は、薄い波板に凹凸のエンボス加工をしたステンレス板を、隙間を開けて重ねたミストセパレータによって分離する。このミストセパレータは、フィルタベントの容器のほぼ中央の高さに設置してある。フィルタベントの開発は、ポールシェラー（PSI）研究所で実施した。

表3.2-1　福島第一発電所の格納容器破損状況とFCVSの目的

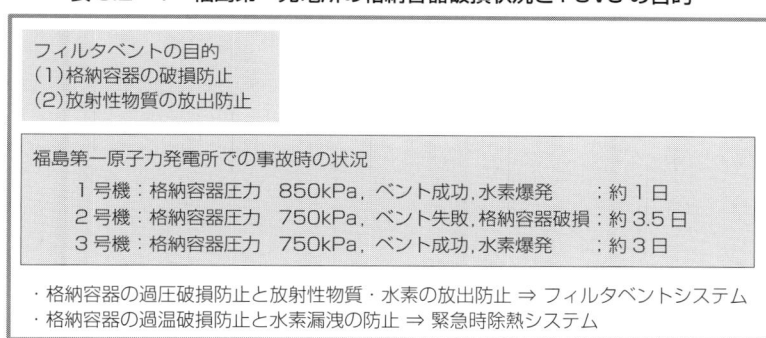

フィルタベントの目的
(1)格納容器の破損防止
(2)放射性物質の放出防止

福島第一原子力発電所での事故時の状況

　　1号機：格納容器圧力　850kPa，ベント成功,水素爆発　　　：約1日
　　2号機：格納容器圧力　750kPa，ベント失敗,格納容器破損：約3.5日
　　3号機：格納容器圧力　750kPa，ベント成功,水素爆発　　　：約3日

・格納容器の過圧破損防止と放射性物質・水素の放出防止 ⇒ フィルタベントシステム
・格納容器の過温破損防止と水素漏洩の防止 ⇒ 緊急時除熱システム

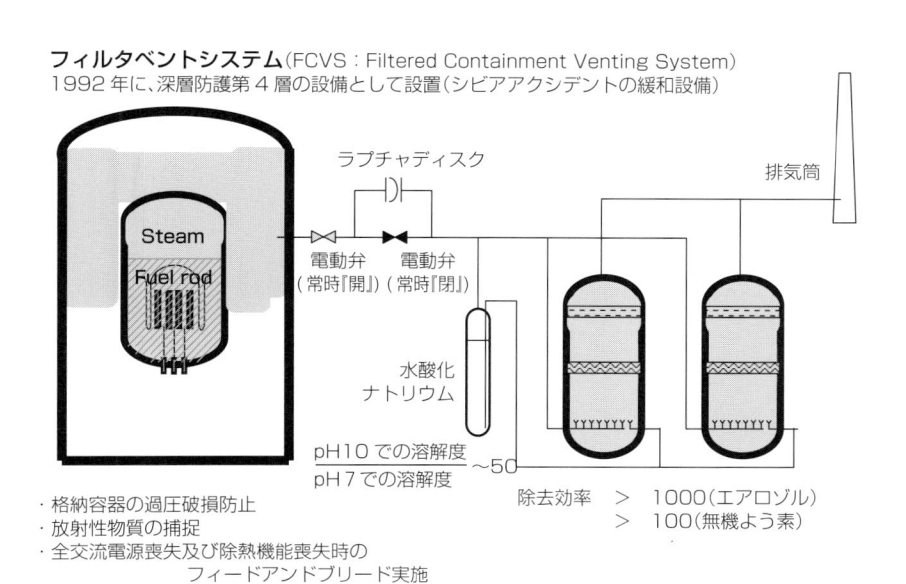

フィルタベントシステム（FCVS：Filtered Containment Venting System）
1992年に、深層防護第4層の設備として設置（シビアアクシデントの緩和設備）

ラプチャディスク

排気筒

Steam

Fuel rod

電動弁　　　電動弁
（常時『開』）（常時『閉』）

水酸化
ナトリウム

pH10での溶解度
pH7での溶解度

～50

除去効率　＞　1000（エアロゾル）
　　　　　＞　100（無機よう素）

・格納容器の過圧破損防止
・放射性物質の捕捉
・全交流電源喪失及び除熱機能喪失時の
　　フィードアンドブリード実施

図3.2-3　フィルタベントシステム（FCVS）の概略系統図

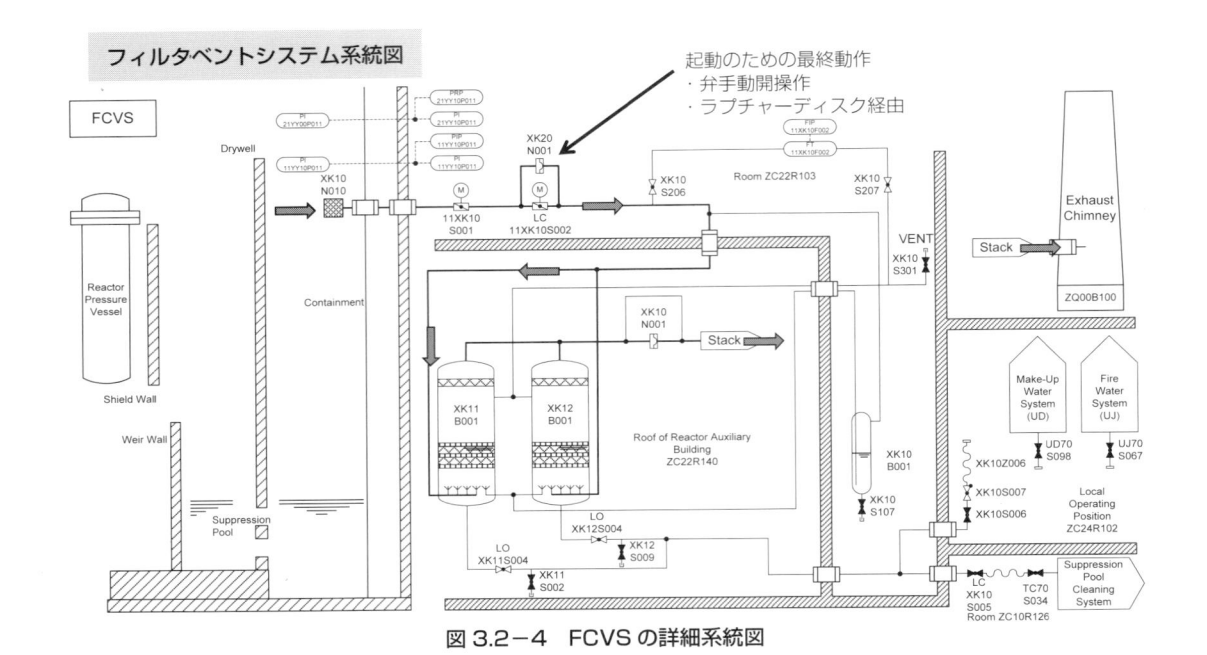

図 3.2−4　FCVS の詳細系統図

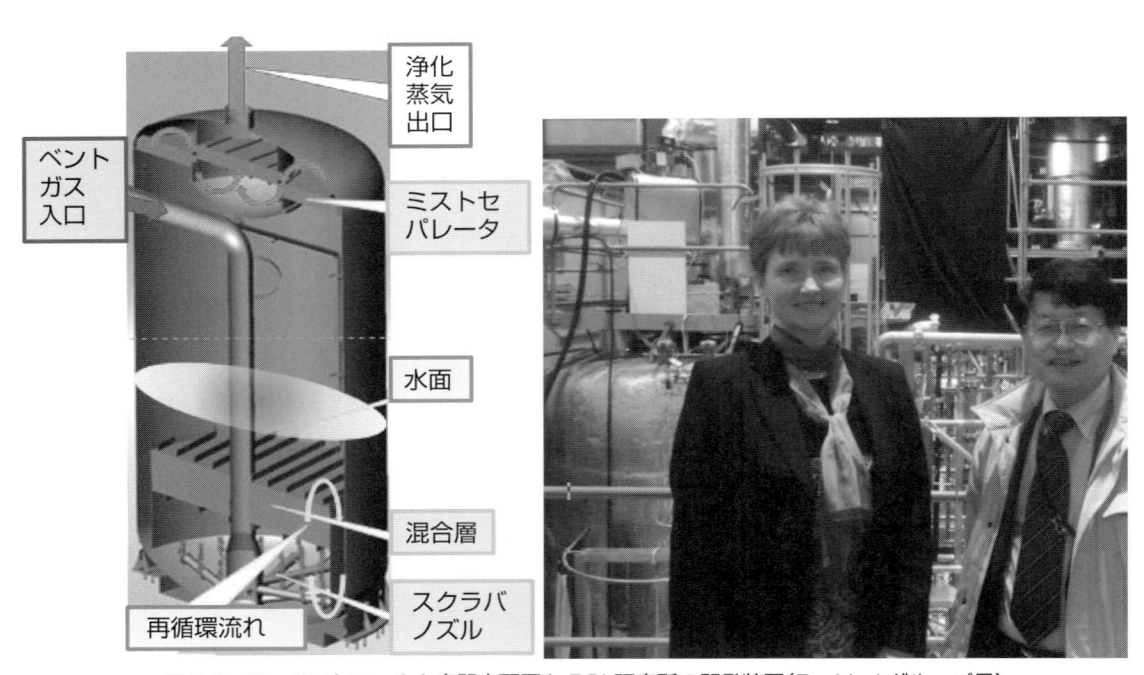

図 3.2−5　ベントフィルタ容器内配置と PSI 研究所の開発装置(Dr. Lind グループ長)

④ベント配管

　排気筒内にベントラインが独立して設けられている。ラプチャーディスクの手前の弁は常時開いているので、格納容器の圧力が設計圧力に達するとラプチャーディスクが破れて、ベントが自動的に実施される。所長の指示も総理の判断も不要である。非常用ガス処理系（SGTS）とのラインの共用も無いので、SGTS周りの空気作動弁を手動で閉める必要は無いし、換気空調系を逆流して、原子炉建屋内にFPや蒸気が逆流することも無い。

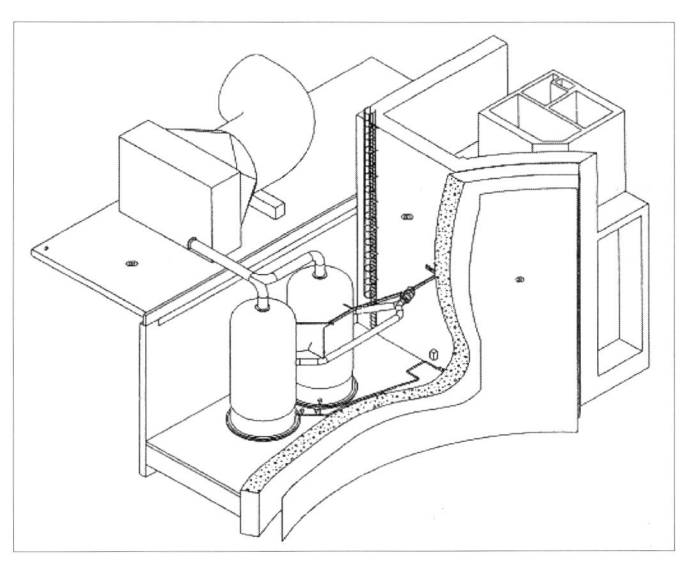

図3.2－6　FCVSの主要機器の設置状況

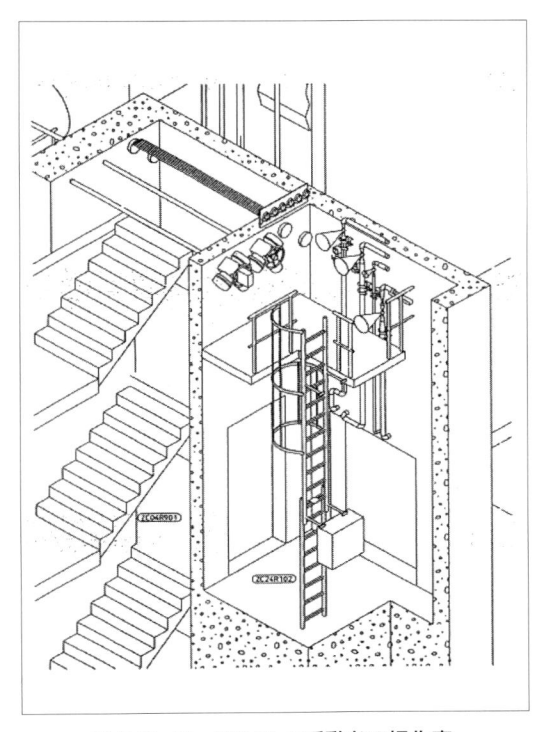

図3.2－7　FCVSの手動弁の操作室

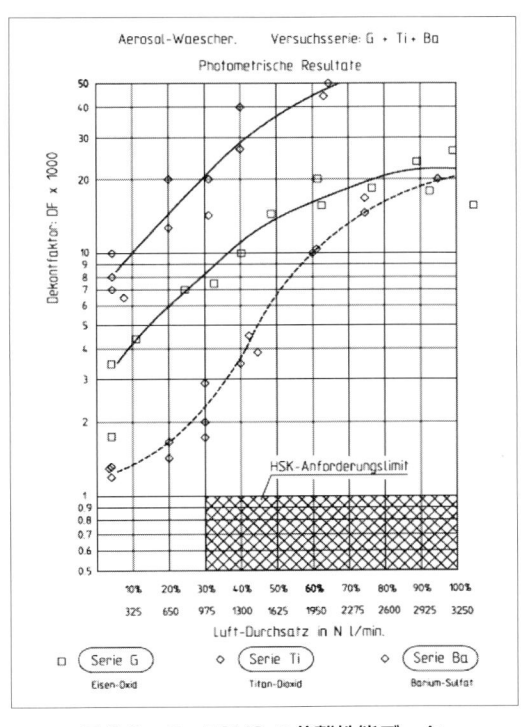

図3.2－8　FCVSの分離性能データ

c. 設置基準と起動クライテリア

FCVS の設計仕様を表 3.2-2 に示す。耐震設計は SSE（10^{-4}/y、310gal）、崩壊熱 1%（37.5MWth）、3.1BarAbs（0.31MPa）、134.7℃、FCVS の作動容量は 100% × 2 基で、最低蒸気流量は 17.36kg/s ある。1988 年に規制要求が出され、1992 年に規制要件（バックフィット）となった。

FCVS の起動は、極めてシンプルである。図 3.2-4 のように運転員が弁などを操作しなくても、ラプチャーディスク（破裂円盤）が格納容器の内圧上昇により設計圧力に達した段階で割れて、ベントフィルタ（スクラバ）により FP を濾過して、排気塔からベントする。

表 3.2−2　FCVS の設置目的と設計仕様

フィルタベントシステム：設置目的及び設計仕様
原則：設計想定を上回る事故（全 ECCS 機能喪失）における緩和措置 （長期全交流電源喪失及び除熱機能喪失）
主要設計仕様 ・最も高い耐震クラスに位置づける ・基準地震動に対して、裕度を持って機能維持が確保できる設計とする ・規制要求（崩壊熱の 1％分の蒸気（最小流量：17.36kg/s）を排出できること）を満たすこと

スイス規制当局により 1988 年に設置要求（1992 年にバックフィット）
供給メーカ：Suizer-CCI

深層防護第 4 層設備：設計想定を上回る事故における緩和措置 （全 ECCS 機能喪失における緩和措置（長期全交流電源喪失及び除熱機能喪失））
フィルタベントシステムに要求される安全機能は以下のとおり ・格納容器内の雰囲気を管理しながら排出することにより、事故時における格納容器の過圧破損を防止 ・格納容器からの放射性物質の放出量低減　（除染係数：エアロゾル＞1000、無機よう素＞100） ・全交流電源喪失及び除熱機能喪失時における「フィードアンドブリード」の継続 　（サプレッションプールから崩壊熱量の 1％分の崩壊熱を大気放出）

FCVS の起動基準（クライテリア）を図 3.2-10 に示す。スイス規制当局 HSK の定めた R-42 の基準により、①絶対圧力 2.25Bar（0.225MPa）以上、②絶対圧力 2.25Bar（0.225MPa）以下の圧力であっても格納容器内水素濃度 6% 以上でベントする。

フィルタベントの概略系統
格納容器→ラプチャーディスク→フィルタ／スクラバ→排気筒

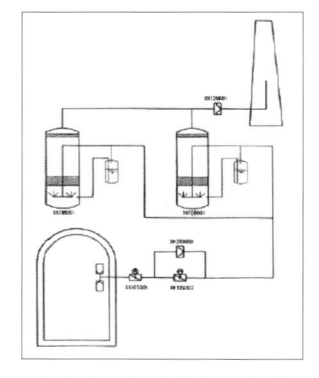

図 3.2−9　FCVS の起動

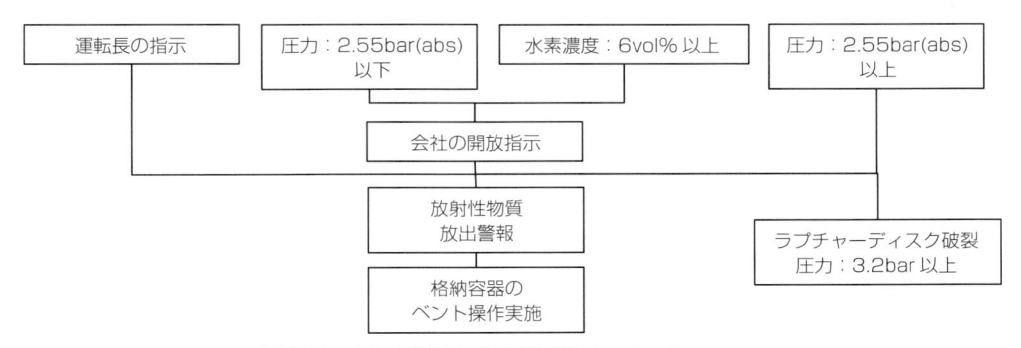

図3.2-10　FCVS の起動基準(クライテリア)

②の場合、ラプチャーディスクが破裂しないので、ラプチャーディスクに並列に入れた電動弁を開ける。SBO の場合で制御盤による遠隔操作や MO 弁を駆動する電源も喪失した場合は、延長シャフトによる手動ハンドル操作でベントする。

FCVS を設置する場合には、流動特性を詳細に把握しておく必要がある。

3.3　スウェーデン

3.3.1　オスカーシャム原子力発電所概要

オスカーシャム原子力発電所には3基の BWR タイプの原子炉があり、OKG AB（Oskarshamnsverkets Kraftgrupp Aktiebolag）により所有、運転されている。諸元は以下の通りである。

	原子炉	格納容器	電気出力	運　開
1号機	ASEAT 製 BWR/G1/ エクスターナル MCP	不活性化 MarkⅡタイプ	492MWe	1972
2号機	ASEATOM 製 BWR/G2/ エクスターナル MCP	不活性化 MarkⅡタイプ	661MWe	1974
3号機	ASEATOM 製 BWR/75 最新型 インターナル MCP	不活性化 改良型 MarkⅡタイプ	1450MWe	1985

各原子炉の安全系の構成は以下の通りである。

●オスカーシャム１号機及び２号機

電源系4トレインで、具体的には DG：100％ × 4 基（2号機は DG：100％ × 2 基、GT：100％ × 2 基）、高圧注入系（HPCI）：100％ × 2 系統、低圧炉心スプレイ（LPCS）：100％ × 2 系統、原子炉圧力容器残留熱除去系（RHR-RPV）：100％ × 2 系統、1 次格納容器残留熱除去系（RHR-PCV）：100％ × 2 系統である。

●オスカーシャム３号機

安全系４トレインとなっている。具体的には DG：100% × 4 基、高圧注入系（HPCI）：100% × 4 系統、低圧炉心スプレイ（LPCS）：100% × 4 系統、原子炉圧力容器残留熱除去系（RHR-RPV）：100% × 2 系統、1 次格納容器残留熱除去系（RHR-PCV）：100% × 4 系統である。

4 系統の機器の容量について設計は 50% であるが実力は（現実ベース）100% ある。4 系統は火災を考慮して 2000 年代初めに規制当局が規制に導入した。

1 号機の運転開始時期は古いが、最新化工事が 2002 年に完了している（2 号機も工事実施）。3 号機はスウェーデンで最新、最大の原子炉で 2005 年に最新化工事が始まり、2011 年に完了した。

3.3.2　スウェーデンの福島事故以前のシビアアクシデント対応

● 1979 年の TMI-2 事故を踏まえ、スウェーデン政府は放射性物質の管理されない環境への放出のリスクを下げるため、事故緩和措置の対応が必要であるとし、1980 年にまずバースベック発電所にフィルタベント（FCVS：FILTRA）を設置し、他プラントについても検討することを指示した。バースベックが優先された理由は立地がデンマークの近くにあり、人口密集地域に近接しているためである。

● 1986 年 2 月 27 日政府はその他プラント事業者に対し以下の対応をとることを要求した。
・深刻な放射線障害が生じないこと
・長期に地上の使用を妨げる汚染を生じないこと
・放射性物質の放出量に関する要求は場所、出力にかかわらずすべての炉に対して同一である。
・非常に低い確率の事象は考慮する必要がない。
以上の要求は 1800MW（バースベックの原子炉熱出力）の炉心から最大として 0.1% のセシウム 134 及び 137 が環境に放出されるとして考慮されている。

3.3.3.　オスカーシャム発電所の事故緩和方策（図 3.3-1）

オスカーシャム原子力発電所では上記の政府の指示を受けて以下の設備を設置した（最新化工事：バックフィッティングシステム）。

●フィルタベントシステム（FCVS）：不活性化した MVSS（マルチベンチュリー・スクラバシステム）を通した FCVS の設置（3 基とも）。除染係数（DF）は少なくとも 500。FCVS は 3 基とも設置されているが、1 号機及び 2 号機の FCVS は共用となっている。FCVS は緩和対策の主要機器で、上部ドライウェルに接続され、内部は窒素封入、消火水での冷却が実施され、水位制御を行う。ラプチャーディスク（セット 0.5MPa）により作動し完全な受動流量制御システムであるが、並列して手動弁（直列 2 個）も設置されている。FCVS のタンク部構造を図 3.3-2 にベンチュリー部を図 3.3-3 に示す。フィルタベント

は図 3.3-4 の円柱建屋内に設置されている。

●直接格納容器ベント（3基とも）：フィルタのないベントシステムで炉心損傷前の短期の格納容器圧力緩和に使用。

●独立ドライウェルスプレイ（3基とも）：SBO 時に火災防護系のディーゼル駆動ポンプを通常の格納容器スプレイ系に接続する。

●下部ドライウェルフラッディング（3号機のみ）：溶融炉心が原子炉容器を突き抜けて落下した場合の冷却のため、サプレッションチェンバーからドライウェルに水を移送

●ドライウェル床部の電気ペネ防護（3号機のみ）：格納容器床部に落下した溶融炉心から電気ペネを防護（図 3.3-5）

●ペデスタル周りの鋼柱防護（1号機のみ）

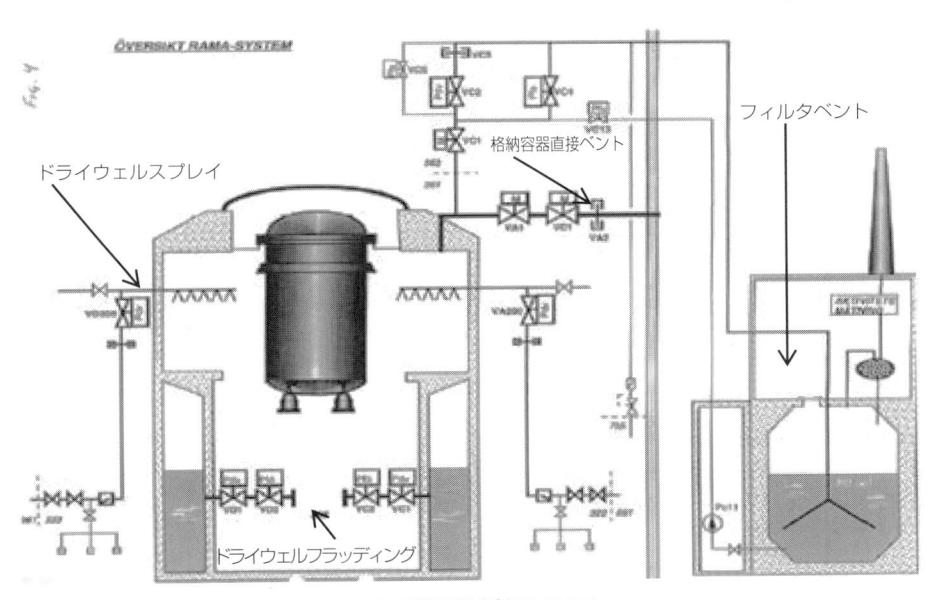

図 3.3-1　3号機事故緩和システム

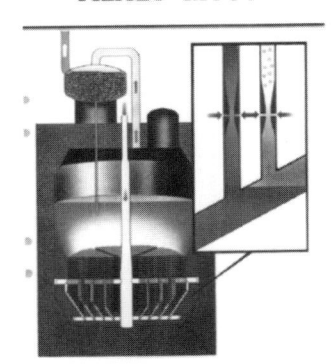

図 3.3-2　FCVS スクラバタンク構造

図 3.3-3　スクラバチューブ

●炉心損傷を評価するための格納容器内放射線モニター

●以上は地震においても健全性を維持する。（設計地震は 0.1G でマイルド）

● SAMG の作成も実施

図 3.3−4　FCVS 建屋・排気塔
（タンク及び関連機器が設置され、コンクリート壁で遮蔽している。）

図 3.3−5　ドライウェル床部電気ペネ防護

3.4　ドイツ

　ドイツには現在 8 サイト（ブロクドルフ Brokdorf［KBR］、エムスラント Emsland［KKE］、グラーフェンラインフェルト Grafenrheinfeld［KKG］、グローンデ Grohnde［KWG］、グンドレミンゲン Gundremmingen（BWR 2 基）［KRB B,C］、イーザル Isar［KKI2］、ネッカーヴェストハイム Neckarwestheim［GKN2］、フィリップスブルク Philippsburg［KKP2］）に 9 基（PWR：7 基、BWR Type72：2 基）の原子炉が存在し、ドイツ国内の 16％の電力を供給している。ドイツではすべての運転中の原子炉に FCVS が設置されている。表 3.4-1 および表 3.4-2 にドイツの BWR および PWR のシビアアクシデント対策の概要を示す。

表 3.4－1　BWR で実施されているシビアアクシデント対策
（網掛けは福島事故後稼動していないプラント）

Measure	KKB	KKI 1	KKP1	KKK	KRB B	KRB C
AM manual (NHB)	●	●/1991	●/1989	●/1988	●/1991	●/1991
Filtered containment venting (combined Venturi scrubber)	●/1988	●	●/1989	●/1988	●/1990	●/1990
Containment inertisation	●/1988	●	●/1988	●/1988	□	□
Containment dry-well inertisation	□	□	□	□	● /1990	● /1990
PAR in dry-well and wet-well	□	□	□	□	● /1999	● /2000
Supply-air filtering for the control room	●/1998	●	●/1989	●/1988	●/1990	●/1990
Sampling system in the containment	○	●/2007	●/2001	○	●/2009	●/2009

✓ design　　● realised through back fitting measures　　○ applied for　　□ not applicable

表 3.4－2　PWR で実施されているシビアアクシデント対策
（網掛けは福島事故後稼動していないプラント）

Measure	KWB A	GKN 1	KWB B	KKU	KKG	KWG	KKP 2	KBR	KKI 2	KKE	GKN 2
AM manual (NHB)	●/1990	●/1988	●/1990	●/1989	●/1993	●/1992	●/1990	●/1987	●/1991	●/1994	●/1988
Assured containment isolation	●/1991	●/1990	●/1991	●/1991	●/1991	✓	●/1990	●	●	✓	✓
Filtered containment venting (metal fibre filters and molecular sieve combinations) (combined venturi scrubbers)	●/2002	●/1992	●/2003	●/1992	●/1993	●/1993	●/1990	●/2003 ●/1991	●/1991	●/1990
Catalytic recombiners to limit hydrogen formation	●/2010	●/2001	●/2003	●/2000	●/2000	●/2000	●/2001	●/2003	●/2000	●/1999	●/1999
Supply-air filtering for the control room	●/1989	●/1991	●/1989	●/1989	●/1992	●/1990	●/1990	●/1998	●/1989	✓	●/1988
Sampling system in the containment	○	●/1999	●/2010	●/2001	●/2003	●/2000	●/2001	●/2007	●/2002	●/2000	●/2002

✓ design　　● realised through back fitting measures　　○ applied for　　□ not applicable

3.4.1　シビアアクシデント対策の概要

　ベント設備は全プラントに常設されており、大部分のフィルタベント装置はベンチュリスクラバと金属繊維フィルタのハイブリッド型である。それらはオリフィスをベンチュリスクラバ容器の下流側に設置したスライディングプレッシャーモードで運転される（大気圧運転とは異なる）。ベンチュリ部は一定の流速で運転されるため、エアロゾルや無機よう素の高い除去効果を得ることができる。ベンチュリスクラバ部の性能上、崩壊熱を安全に除去（蒸発による除熱）し、エアロゾル処理容量を確保することが重要であるため、RSK（ドイツの原子力安全委員会：German Reactor Safety Commission）により十分な崩壊熱を考慮することが定められている。スクラビング水には無機よう素を除去するために化学薬品（大部分は苛性ソーダ）が添加される。放射線負荷を最小化するために、入口配管側から放射性物質を含むスクラビング水の格納容器への排水が可能なように考慮されている。

　システムは原子炉出力の約 1% 相当のガスおよび水蒸気（ベント流）が飽和蒸気状態で流入する条件で設計されている。金属繊維フィルタは十分な厚さに設計されている。この設置目的はベンチュリスクラバ部で捕捉されなかった微小粒径のエアロゾルおよび再飛散した水滴を除去するためである。

　スライディングプレッシャー型フィルタベントシステムにより粒径約 $0.5\,\mu\mathrm{m}$ のエアロゾルに対して 99.99% 以上、無機よう素に対して 99.5% 以上の非常に高いエアロゾル捕集効果を得られ、RSK の求める性能（エアロゾル：99.9% 以上、無機よう素：90% 以上）を満足することができる。

　実機では、図 3.4-1 のようなフィルタベント装置（写真は実機を模擬した試験設備）が、

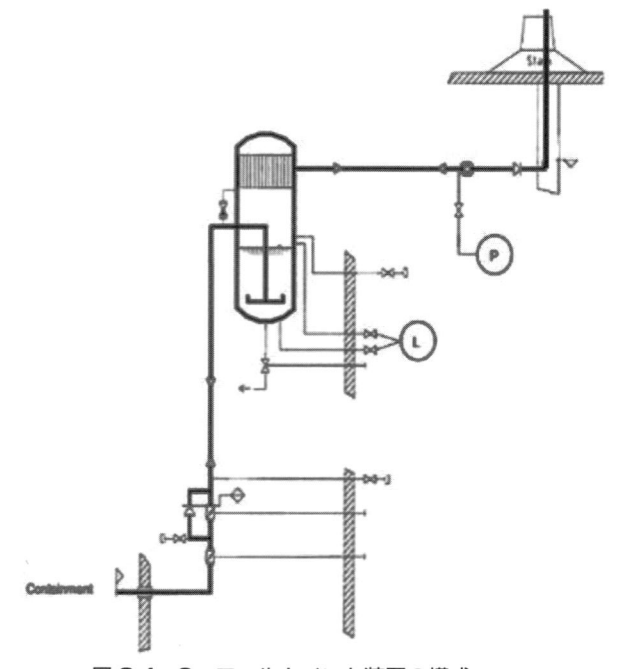

図 3.4－1　湿式フィルタベント試験装置(AREVA 製)

図 3.4－2　フィルタベント装置の構成(PWR)
（金属繊維フィルタを内蔵したスライディングプレッシャー型フィルタベントシステム）

図 3.4-2（PWR）、図 3.4-3（BWR）に示す構成で設置され、ベント設備を構成している。

　BWR ではこの設備はサプレッション・プールから、PWR では格納容器外周部から隔離弁を介して直接接続されている（図 3.4-2 〜 3.4-5 参照）。この廃棄ラインは複数の弁（遠隔弁および手動弁）により多重化されており予期しない誤開放をしないよう設計されている。ベントガスは制御された状態でベンチュリスクラバおよびフィルタを介して浄化され、大部分の場合、排気塔から放出される。排気塔には放射線モニタが設置され、連続的に放射能を測定する。また、格納容器サンプリングシステムでも放射能の測定を行い、これにより、格納容器ベント前に格納容器内雰囲気を分析し、放出されるソースタームを予測することができる。

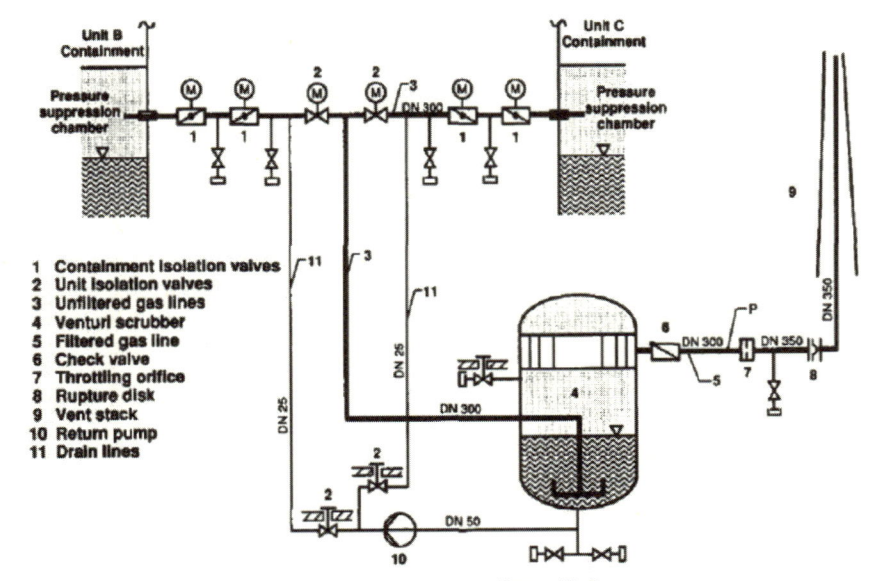

1　Containment isolation valves
2　Unit isolation valves
3　Unfiltered gas lines
4　Venturi scrubber
5　Filtered gas line
6　Check valve
7　Throttling orifice
8　Rupture disk
9　Vent stack
10　Return pump
11　Drain lines

図 3.4－3　フィルタベント装置の構成(BWR)
（金属繊維フィルタを内蔵したスライディングプレッシャー型フィルタベントシステム）

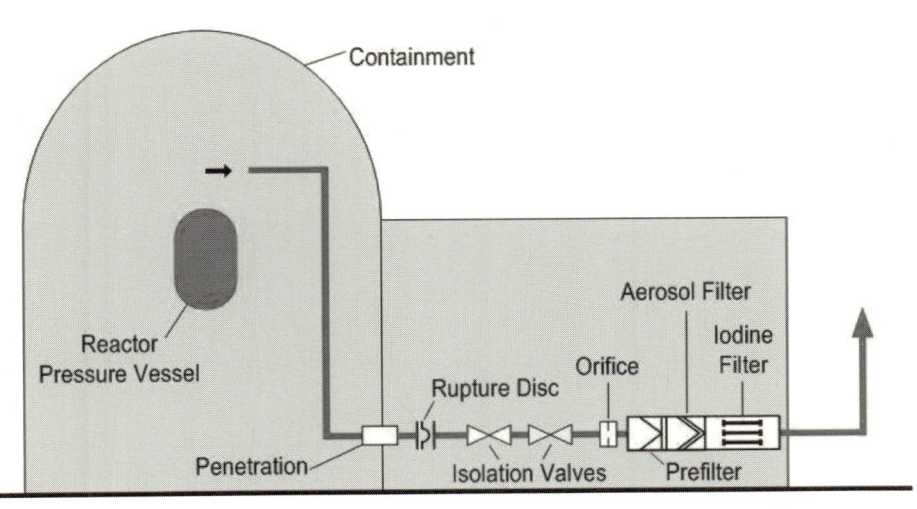

図 3.4－4　金属繊維フィルタとよう素吸着フィルタのハイブリッドシステムの概要

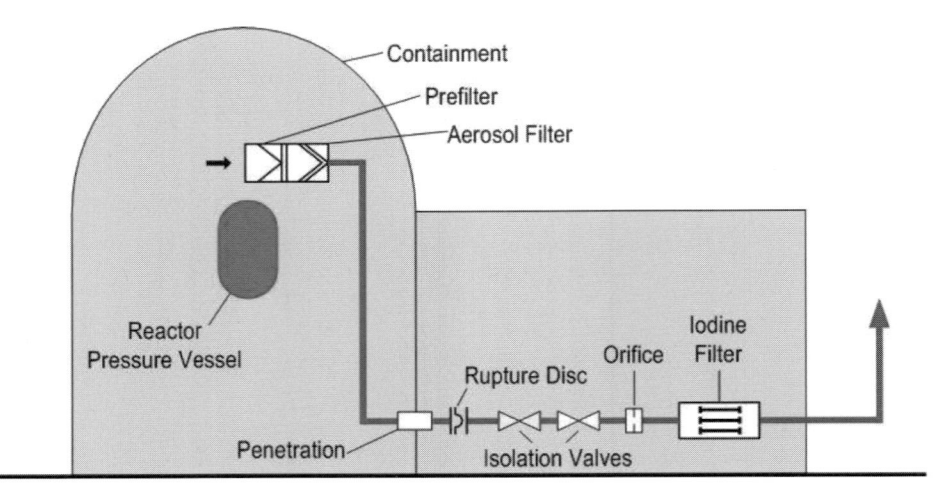

図3.4−5　金属繊維フィルタとよう素吸着フィルタのハイブリッドシステムの概要

　PWRではエアロゾル量が少なくフィルタで発生する崩壊熱が少ないため、いくつかのプラントでは他の手法、すなわち金属繊維フィルタとよう素吸着フィルタのハイブリッドシステムを設計し、設置している。それらのうち、2基は現在も運転中である。

　乾式フィルタ方式（DFM）はカールスルーエ原子力研究センターにて開発された。このシステムは現在東芝/Westinghouseの製品となっている。この2種類の系統設計が適用されている。その概要を図3.4-4および図3.4-5に示す。

3.4.2　参考文献

(1) NEA/CSNI/R（2014)7, "OECD/NEA/CSNI Status Report on Filtered Containment Venting", NUCLEAR ENERGY AGENCY　COMMITTEE ON THE SAFETY OF NUCLEAR INSTALLATIONS, 02-Jul-2014

(2) IAEA-TECDOC-1812 "Severe Accident Mitigation through Improvements in Filtered Containment Vent Systems and Containment Cooling Strategies for Water Cooled Reactors", Proceedings of a Technical Meeting on Severe Accident Mitigation through Improvements in Filtered Containment Venting for Water Cooled Reactors Held in Vienna, Austria, 31 August-3 September 2015

第 4 章

湿式フィルタベントの基礎研究

4.1 フィルタベント可視化試験

4.1.1 はじめに

　2011 年（平成 23 年）3 月 11 日に発生した東北地方太平洋沖地震による津波により、福島第一原子力発電所が炉心溶融を伴うシビアアクシデントを起こし、大量の放射性物質が飛散し周辺環境に甚大な影響を及ぼす事態となった。これを踏まえ、新規制基準では、国内全ての原子力発電所に格納容器フィルタベントシステム（FCVS）を設置することになったが、FCVS 関する公開文献は限られており詳細情報は公開されていない。またヨーロッパで導入されている既存の FCVS は有機よう素に対する除染係数（DF）が 50 程度と低く改善の余地がある。そこで北海道大学では、既存の FCVS の性能把握と更なる改良のため、可視化模擬実験・TRAC コードを用いた二相流解析を実施して FCVS に関する基礎的な特性を把握することと、更に有機よう素に対して高い DF を有する銀ゼオライト（AgX）を使用し、より高性能な FCVS の開発を実施した。本研究は科研費（基盤研究(B) 24360388）により実施した。

4.1.2 湿式フィルタベント基礎実験

　蒸気やフィルタの内部挙動を把握するためポリカーボネート製の可視化装置を用いて実験を行った。

　フィルタベント内部の現象を推測するためにポリカーボネート管に蒸気を流す可視化実験を行った。二相流の可視化テストセクションは、内径 φ 105mm、高さ 4m のポリカーボネート管を用いた。ボイラーから蒸気を供給し、蒸気・水二相流による可視化実験を実施した。実験装置に水を張り下部よりボイラーを使用して蒸気を流した。蒸気を流入させるためのノズルにはベンチュリノズルを使用した。試験装置の略図を図 4.1-1 に示す。装置稼働から定常状態に至るまでの内部挙動を観察した。観察の結果、ガイセリングや振動といった不安定

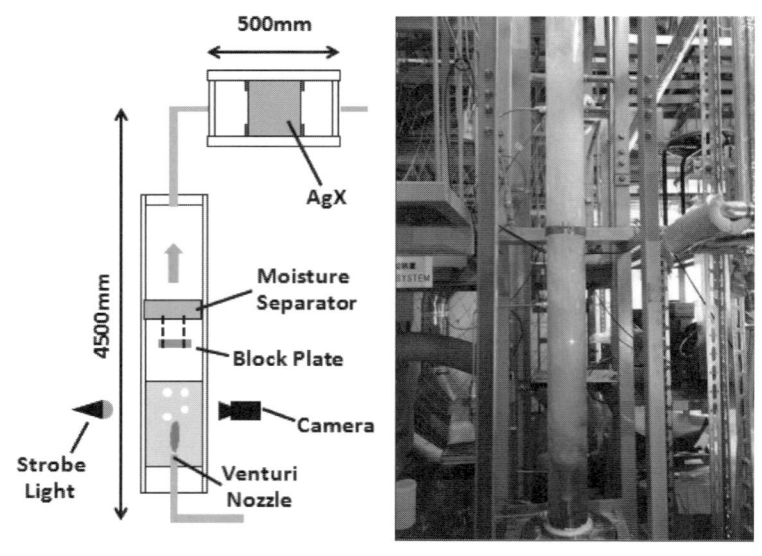

図 4.1-1　フィルタベント可視化試験装置

挙動や気液対向流制限（CCFL）などを確認した。また装置下部に取り付けたベンチュリノズルや多孔管ノズルから蒸気を水中に噴出させスクラビングさせた。生成される気泡をストロボとカメラを使用し撮影した。

　ベンチュリノズルに関しては、絞り比や吸口断面を変えたものを複数用意し比較した。撮影した画像より気泡径を測定し、各ノズルにより生成される気泡径の分布を求め検証した。その結果の一部を図4.1-2と図4.1-3に示す。ベンチュリノズル、多孔管ノズルにより生成された気泡を比較した結果、ベンチュリノズル(絞り比 β =0.6)によって生成された気泡の径は、定常状態時ノズル出口近傍で直径0.2mm～0.3mmの気泡が最も頻度が高く、最大気泡径が約4mmであるのに対し、多孔管ノズルによって生成された気泡径の0.3～0.4mmものが多いが、最大気泡径は9mmまで分布している。エアロゾル粒子を水中に移行させるには気液二相流の界面積を大きくする必要があり、気泡を微細化するか、微細な水滴を生成する必要がある。実験からは、ベンチュリノズルによる蒸気噴流中への微細液滴混入方式の方が有利であった。

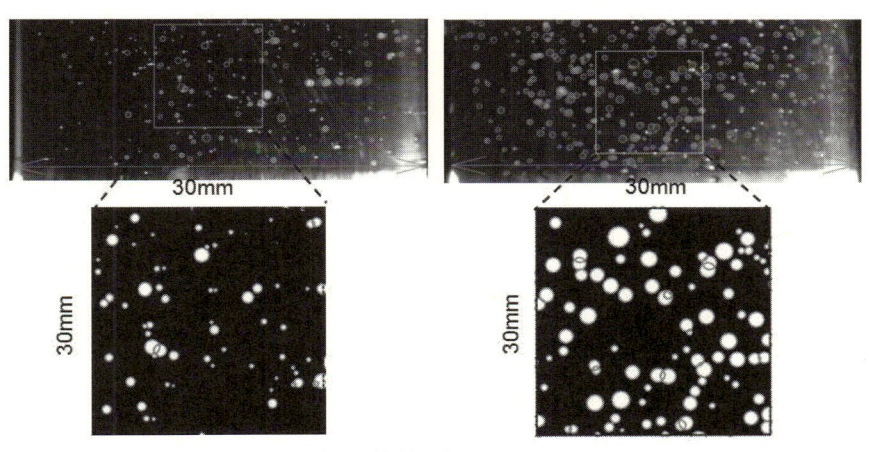

図4.1－2　気泡発生状況の比較写真(左：ベンチュリノズル、右：多孔管)

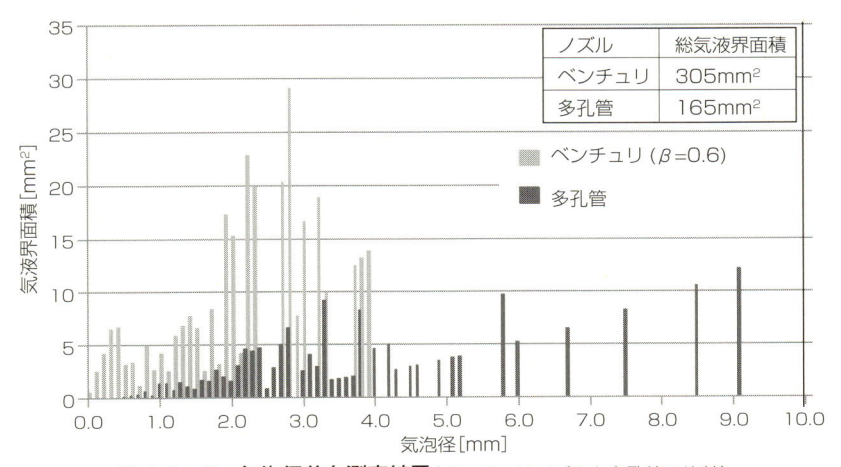

図4.1－3　気泡径分布測定結果(ベンチュリノズルと多孔管の比較)

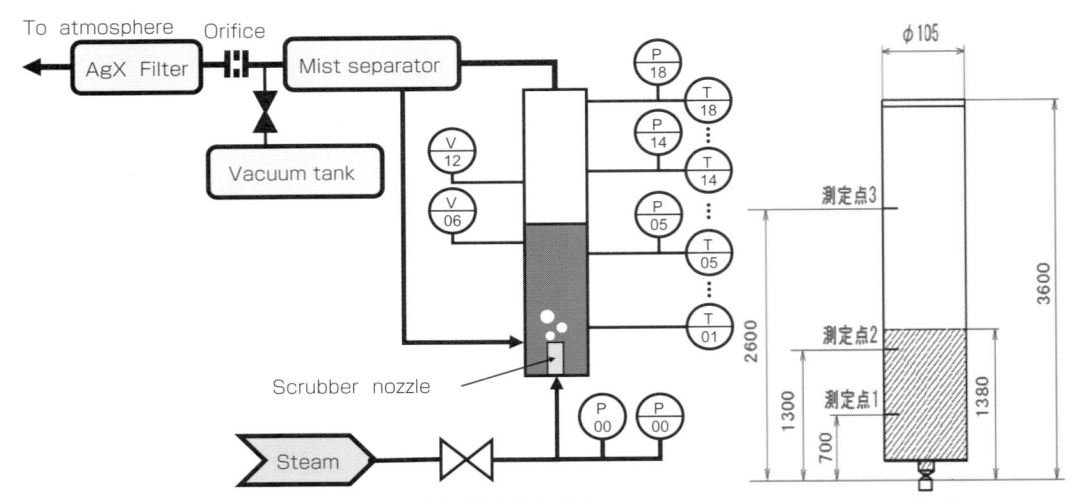

図4.1-4　フィルタベント可視化試験装置系統図(ミストセパレータと加圧オリフィス含む)

　次に AgX の耐久性を検証するため、図 4.1-4 に示すようにボイラーから蒸気を供給し、ベンチュリスクラバからスクラビングプールに蒸気を噴出し、ほぼ大気圧 0.10MPa の蒸気を生成し、これを AgX に累積 10 時間流し、1 時間毎にサンプリングした。走査型電子顕微鏡（SEM）を使用しサンプリングした AgX の表面観察を行った。観察結果の一部を図 4.1-5 に示す。観察の結果、事故時に想定されるベント実施期間において AgX は耐久性を有することを確認した。

図4.1-5　AgX 粒子の蒸気中劣化試験結果(10 時間)

4.1.3　改良スクラバノズル可視化試験

　改良スクラバノズルと金属繊維フィルタの基本メカニズムを確認するために図 4.1-6 に示す可視化試験を実施した。ディフレクター付き蒸気インジェクタスクラバは、ミキシング効果が大きく、しかも水面が安定している。また、水平方向に吹き出す多孔管も水面は安定している。水面が安定化することで飛沫（エントレイメント）も減少する。

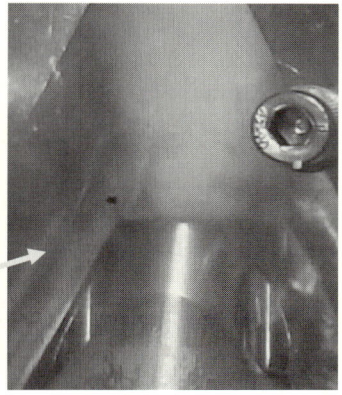

（a)ディフレクター付き蒸気インジェクタスクラバ　　　　（b)多孔管ノズル

図4.1－6　ディフレクター付き蒸気インジェクタスクラバおよび多孔管スクラバの可視化試験結果

図4.1－7　フィルタベント可視化試験装置による二相流不安定現象の観察

4.1.4　二相流安定化実験

　図 4.1-4 に示したフィルタベント実験装置に、ボイラーから 0.3MPa の飽和蒸気をノズルからプール内に噴射し、装置内部の各点の温度、圧力、ボイド率を測定した。プール内のボイド率の測定結果の比較を図 4.1-8 に示す。蒸気注入を開始すると、レベルスウェルにより、

測定点 3 のボイド率は一度低下する。同図右に示すように、160s から 165s の時間の温度と圧力の時間変化を重ねると、圧力が上昇してから温度が上昇し、次いで、圧力が降下してから温度が降下するというように、温度の位相が若干遅れていることが分かる。これは、下部から注入される蒸気により水が加熱されて飽和温度になると、水頭圧により下部の飽和温度が高いため、下部まで飽和温度に達すると、蒸気凝縮が終了して、蒸気の吹上げにより水塊が上昇するガイセリング現象が発生するためである。水頭の低下により更に蒸気の減圧沸騰が促進され、水塊が落下すると圧力が先に上昇して圧力と温度に時間差を生ずる。図 4.1-4 に示したオリフィスの口径を絞ると系統が加圧され、図 4.1-9 に示すように、ボイド率の変動が小さくなり、ガイセリングが抑制されることが分かる。ガイセリングにより FP を含む水滴が吹き上げるとフィルタベントの除染係数 DF を低下させるため、オリフィスによる系統の加圧による二相流の安定化は重要である。

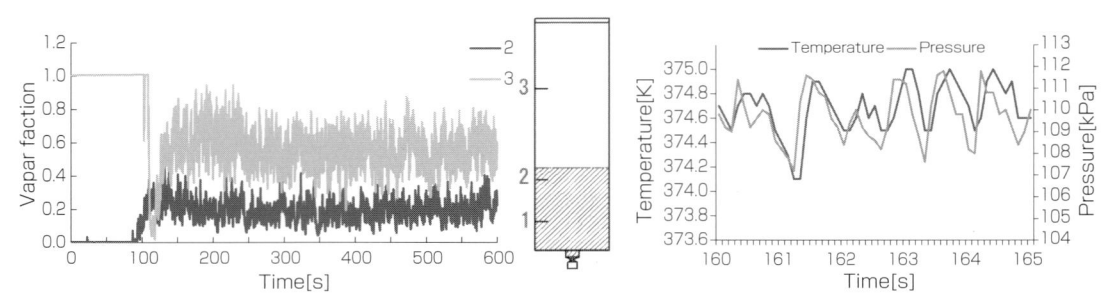

図 4.1-8　スクラビングプール内ボイド率の測定結果と 160s〜165s の温度と圧力変化

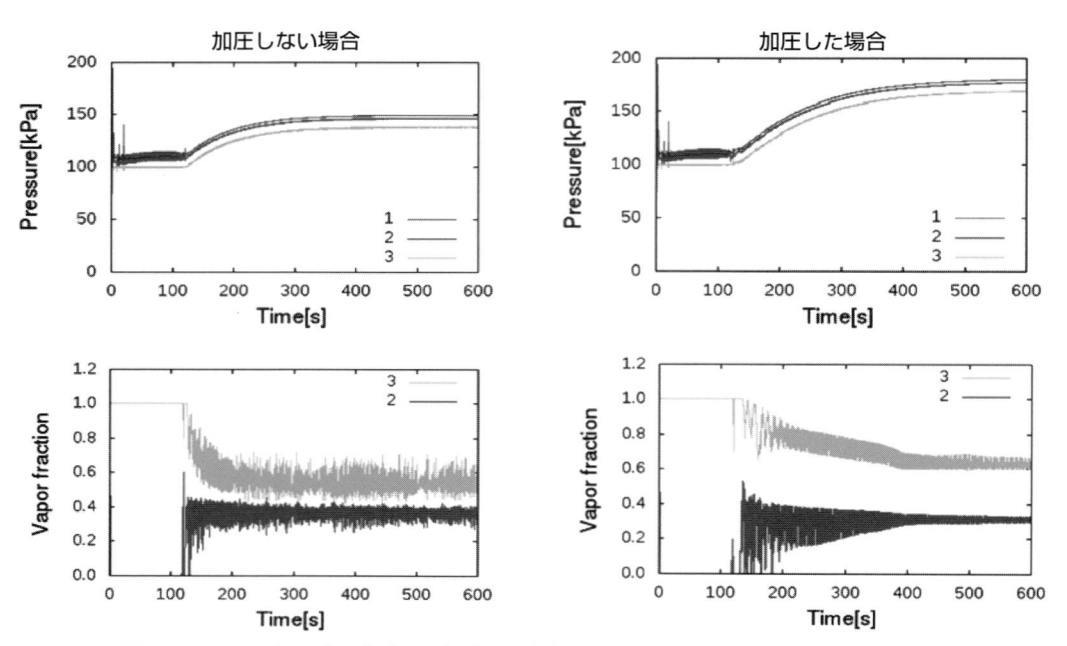

図 4.1-9　スクラビングプール内ボイド率変動のオリフィスによる加圧による安定化

4.1.5　金属繊維フィルタ目詰まり試験

　金属繊維フィルタのロバスト性を確認するために平均粒径 $0.6\mu m$ の硫酸バリウム粒子を空気に混入して目詰まり試験を実施した。25gずつ、計1kgの硫酸バリウムを投入したが、圧力と風速計の測定結果からは目詰まりの傾向はみられなかった（図4.1-10）。しかし、フィルタ上流側のパンチングメタルには硫酸バリウムが付着している（図4.1-11）、このように、

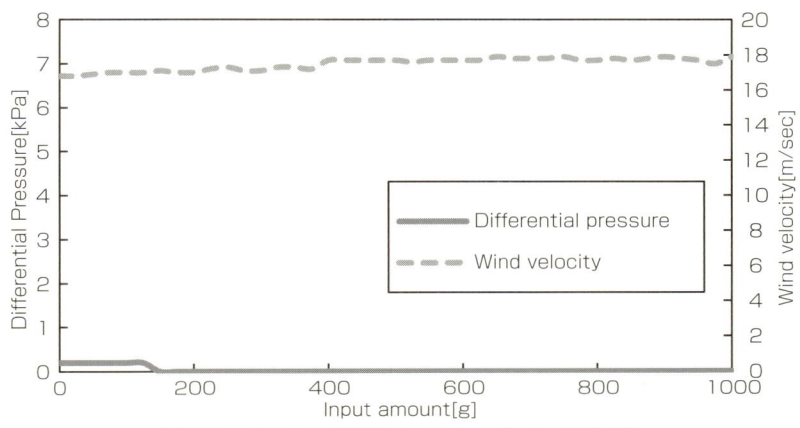

図4.1－10　金属繊維フィルタ目詰まり試験結果

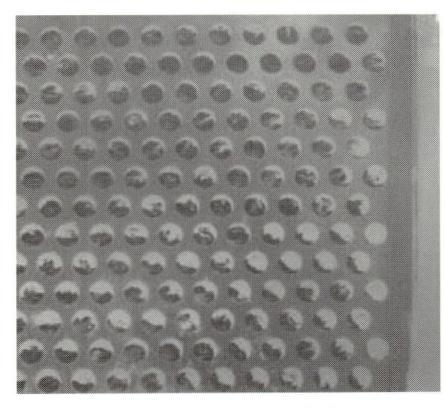

図4.1－11　金属繊維フィルタ目詰まり試験後のフィルタの写真

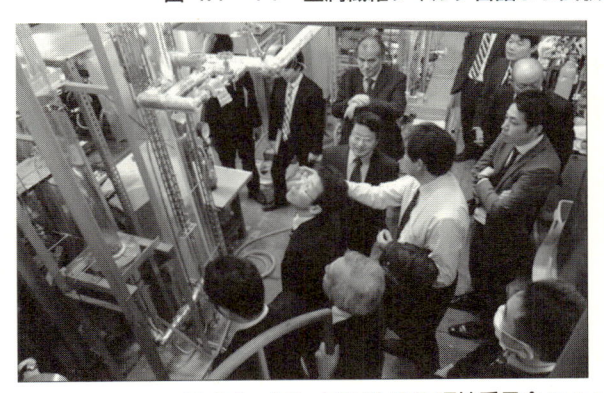

図4.1－12　FCVS-WG 現地委員会（於北大 MHD 実験室）[10]

フィルタ部の差圧はほとんど上昇せず、目詰まりは発生しなかった。しかし、フィルタ入口のパンチングメタル手前に硫酸バリウムが落下・蓄積する事象が発生した。実機ではエアロゾルは崩壊熱で自己発熱するため、蓄積しないようにして冷却できる構造が必要となる。

フィルタベント可視化試験と金属繊維フィルタ目詰まり試験の作動実演を FCVS-WG 現地委員会開催時に実施し、知見を共有した（図 4.1-12）。

4.1.6　参考文献

(1) 奈良林直, 杉山憲一郎,「東日本大震災に伴う原子力発電所の事故と災害　福島第一原子力発電所の事故の要因分析と教訓」原子力学会誌, vol.53, No.6,（2011）, PP.387-400.

(2) 奈良林ら, 2011 秋の大会 L15

(3) 同, 2012 春の年会 G40

(4) 奈良林 直, 藤井 康弘, 佐藤 修彰, 辻 雅司, 千葉 豪, ゼオライトを用いた高除染性フィルタードベントシステムの開発(4)格納容器の FP 保持機能を活かしたフィルタードベントシステム, 北海道大学, 東北大学, 日本原子力学会 2013 年秋の大会 H49,（2013）

(5) 原子力安全・保安院「東京電力株式会社福島第一原子力発電所事故の技術的知見について」（別紙 2）,（2012.3）

(6) T. Narabayashi, "Lessons learned from the Fukushima Daiichi Nuclear Power Plant Accident", Turbulence, Heat and Mass Transfer 7, Begell House, Inc.pp.51-62,（2012）

(7) 奈良林ら, 第 19 回動力エネルギーシンポ, B231,（2014）

(8) 奈良林直, 佐藤修彰,「銀ゼオライトを用いた高除染性フィルタベントシステムの開発と可視化実験」、エネルギーレビュー（2014,11）

(9) 東京電力,「福島第一原子力発電所 1 ～ 3 号機の炉心・格納容器の状態の推定と未解明問題に関する検討」（第 2 回進捗報告）（2014.8.6）

(10) 石川迪夫,「考証・福島原子力事故」（2014.3）

(11) T. Narabayashi, "Fukushima Nuclear Power Plant Accident and Thereafter", *Energy Technology Roadmaps of Japan*, Springer,（2016）, PP.57-106.

4.2　ゼオライトを用いた放射性有機よう素除去試験

4.2.1　はじめに

福島第一原子力発電所事故では周辺環境に大量の放射性物質が飛散した。格納容器のベントにおいて放射性物質を除去するフィルタベントシステム（FCVS）による放射性物質閉じ込め機能があれば、周辺環境に甚大な影響は及ぼさなかったと考えられる[1]。従って事故後すべての原子炉に FCVS の設置が義務付けられた。わが国の沸騰水型原子炉（BWR）においては AREVA 社製の FCVS の設置が進められており、ベントガス中における有機よう素(主に CH_3I) の 98% 以上を吸着可能とされている[2]。新規制基準で定められた吸着率については 98% 以上が検討されており[3]、FCVS の稼働実績が十分でないため様々な事象を考慮し

たより高効率の吸着材が必要であると考えられる。そこでゼオライト等無機吸着材による放射性核種の吸着が注目を集めている。特によう素に対しては銀添加ゼオライト（AgX）が効果的である。AgX を吸着材として使用した場合、ベントガス中の CH_3I を 99.99% 以上吸着させることが可能であるという結果が報告されている[4]。しかし CH_3I に対する AgX のデータは限られており、吸着性能については放射性よう素の挙動を詳しく調べていく必要がある。ここでは非放射性 CH_3I とともに I-125 でラベル化した放射性 CH_3I(I-125) を用いて種々の条件下における AgX への吸着実験を行い、その吸着性能について評価した。

4.2.2　実験

　吸着実験に使用する放射性よう化メチル（CH_3I(I-125)）は安定よう素（I）を用いたよう化メチル（CH_3I）とトレーサーとして用いた放射性よう化ナトリウム（NaI(I-125)）との同位体交換反応によって調製した。銀ゼオライトによるよう素吸着実験装置の概略図を図 4.2-1 に示す。吸着実験には粒子状の AgX（ラサ工業株式会社製）を使用し、キャリアガスとしてアルゴンガス、未吸着 CH_3I の回収材としてエタノール溶液と 50wt% エタノール溶液を用いた。放射性 CH_3I の放射能計測には NaI シンチレーションカウンタを用いて I-125（35.5keV、半減期 59.4d）の γ 線計測を行い、AgX への I の吸着率の変化を評価した。また非放射性 CH_3I での吸着実験も行い、ICP-AES（高周波誘導結合プラズマ発光分光分析装置）を用いて回収管内のエタノール溶液中の I 濃度分析を行った。さらに吸着実験前後の AgX について XRD（X 線回折）解析を行い、I 吸着による AgX の相変化について考察を行った。吸着実験の結果から AgX への I の吸着率の変化を算出し、CH_3I(I-125) と CH_3I の吸着挙動の違いを評価した。また、一定量の CH_3I を用いた破過実験を行い、単位質量当たりの吸着量を算出して、見かけの飽和吸着量を求めその吸着挙動について評価を行った。

　さらにサーキュレータを用いて投入部の温度を変化させて CH_3I の揮発量を制御し、キャリアガス中の CH_3I 濃度変化による吸着量の変化についても調べた。

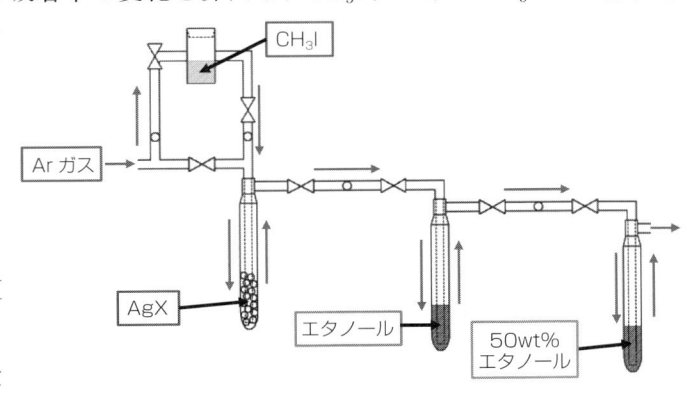

図 4.2－1　よう素吸着実験装置外略図

4.2.3　放射性有機よう素の調製と評価

　放射性よう化メチル（CH_3I(I-125)）の調製は放射性よう化ナトリウム（NaI(I-125)）と非放射性よう化メチル（CH_3I）との同位体交換反応　$NaI(I\text{-}125) + CH_3I \rightarrow CH_3I(I\text{-}125) + NaI$ によって行った。遮光条件において非放射性の CH_3I を NaI（I-125）の 0.1M NaOH 溶液と混合し、振盪により接触させて交換反応を行わせた。I-125 を取り込んだ放射性 CH_3I を分離して、NaI シンチレーションカウンタにより放射能を測定した。図 4.2-2 には接触時間に対

する置換率の変化を示す。この図を見ると、接触時間の増加とともに置換率が増加していることが分かる。このことから、同位体交換反応により放射性 CH_3I を合成する場合、接触時間を変えることにより放射性 CH_3I の比放射能を調製できることが分かった。

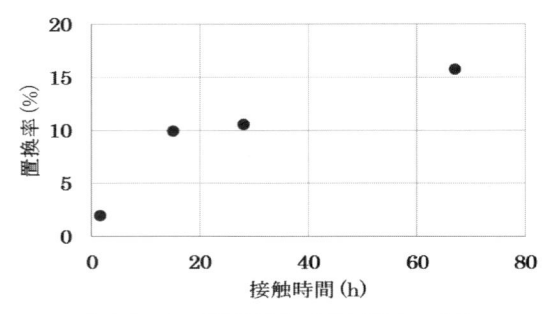

図 4.2−2　接触時間による置換率の変化

4.2.4　AgX ゼオライトによるよう素吸着試験

　まず、非放射性 CH_3I を用いて AgX ゼオライトへのよう素吸着試験を行った。CH_3I 1 ml を装填部へ投入後、Ar ガスを毎分 20ml で送気して CH_3I を AgX 部へ導入し、室温にて吸着させた。試験後には AgX 樹脂表面が黄変していた。試験前後におけるゼオライト試料の XRD 解析の結果を図 4.2-3 に示す。この図において(c)は試験前の樹脂の回折結果を、(b)は試験後の白色部分の、(a)は黄変部分の回折結果を示す。この図をみると、出発試料と白色部分とは同じパターンであり、吸着は起きていない。一方、黄変部分についての結果(c)では AgI に相当するピークが確認され、AgX に I が吸着されたということが分かる。

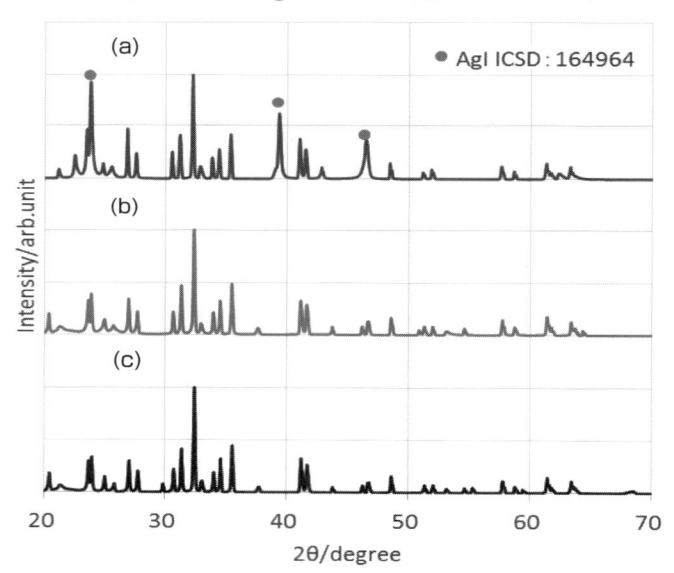

図 4.2−3　吸着実験前後の AgX ゼオライトの XRD 結果
(a) 実験後の黄変部分、(b) 実験後の白色部分、(c) 実験前試料

　次に非放射性 CH_3I を用いて AgX の装填量に対する吸着量の変化を調べた。結果を図 4.2-4 の● (Cold) で示す。この結果から、AgX の装填量の増加に伴い吸着率が増加することがわかる。比較のために放射性 CH_3I を用いた試験結果を■ (Hot) で示してあるが、非放射性 CH_3I と同様の吸着曲線を示し AgX 吸着挙動に対する両者の違いは確認されなかった。さらに、放射性 CH_3I 1.0ml に対して AgX が 10g 以上で 99.9% 以上の吸着率を示した。

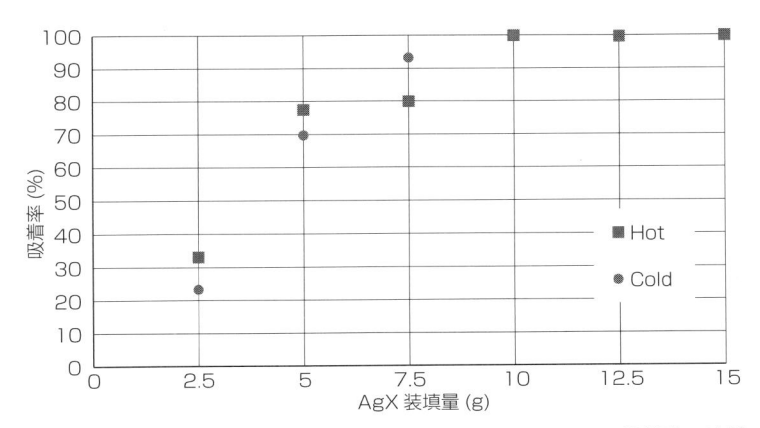

図 4.2−4　放射性 CH_3I と非放射性 CH_3I の AgX への吸着挙動の比較

　図 4.2-5 では、非放射性 CH_3I 1 ml を用いて得られた AgX 単位質量あたりのよう素吸着量を示す。AgX 量の増加とともに吸着量は増加し、5g 以降では 0.25g/gAgX に収束した。このことは、AgX によるよう素吸着が飽和していることになり、FCVS の性能において考慮する必要がある。

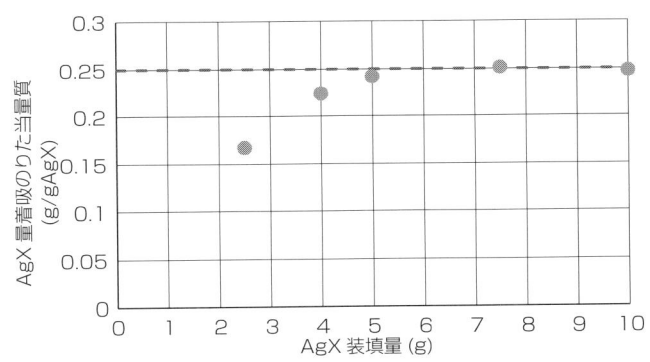

図 4.2−5　AgX 質量あたりの吸着量の変化

4.2.5　まとめ
　本試験により得られた結果をまとめると以下のようになる。
- 同位体交換反応により放射性 CH_3I を合成する場合、接触時間を変えることにより放射性 CH_3I の比放射能を調製できた。
- CH_3I 吸着実験後の AgX 樹脂表面には AgI の生成による黄変が確認され、AgX に I が吸着された。
- AgX の装填量の増加に伴い吸着率が増加し、CH_3I(I-125) 1.0ml に対して AgX が 10g 以上で 99.9% 以上の吸着率を示した。
- CH_3I(I-125) と CH_3I には吸着挙動の違いは確認されなかった。
- 常温（24℃）での吸着試験ではよう素吸着量が 0.25g ／ g（AgX）で飽和した。

4.2.6 参考文献

(1) 奈良林 直, 藤井 康弘, 佐藤 修彰, 辻 雅司, 千葉 豪, ゼオライトを用いた高除染性フィルタードベントシステムの開発 (4)格納容器の FP 保持機能を活かしたフィルタードベントシステム, 北海道大学, 東北大学, 日本原子力学会 2013 年秋の大会 H49, (2013)

(2) 鳥取県の原子力防災, 第 12 回原子力防災専門家会議会議録, 鳥取県危機管理局 原子力安全対策課, p10, (2014)

(3) 東北電力株式会社, 女川原子力発電所 2 号炉 原子炉格納容器圧力逃がし装置 (原子炉格納容器フィルタベント系) について, p5, (2014)

(4) Rasa Industries, Ltd., Radioiodine Adsorbent for Nuclear Power Plants Silver Zeolite (AgX), p2, July, (2014)

4.3 AgX および AgR の性能試験と TUV 認証

4.3.1 はじめに

　湿式フィルタベントで使われる、スクラバタイプの排気ガス吸収設備では、粒子状の物質と吸収液の水に吸収される排気物は除去されるが、水への溶解性が低く、揮発性の高い物質は除去されないで通過する。シビアアクシデント時に発生する放射性物質の中で、この様な性質のある物質として、有機よう素が最も多く発生し、その除去が大きな課題となっている。その対策として、湿式フィルタの後段にこの様な物質を吸着する吸着剤をフィルタとして設置する対策が採られている。有機よう素の中でも、よう化メチルがその代表と考えられ、その除去の手段として、よう素と化学的に反応する銀を保持した吸着剤が考えられ、その候補として各種の吸着剤が研究されている。これらの候補の中で、ラサ工業で開発した AgX および AgR のよう化メチルの吸着性能と外部の認証としてドイツの認証機関 TUV (TUV-SUD) での試験結果について解説する。なお、AgX および AgR は湿式フィルタベント向けのフィルタだけでなく、乾式フィルタベントと呼ばれる、ベントガスを金属繊維フィルタ等でろ過する乾式フィルタとして利用した設備にも使用可能である。

　よう素と化学反応を起こす銀を含有した吸着剤としては、アルミナやシリカを保持物質とした物もあるが、ラサ工業の AgX および AgR はゼオライトを保持物質とした吸着剤 (銀ゼオライト) である。アルミナやシリカを保持物質とした吸着剤は、銀を硝酸銀の様な形態で保持する。一方、銀ゼオライトは、ゼオライト中のナトリウムイオンと銀イオンがイオン交換した状態で保持されるので、銀イオンや硝酸イオンが水に溶出する性質がないという特徴があり、高湿度下で保管されても腐食性の心配がない材料である。この銀ゼオライトにもいろいろなタイプが提案されているが、その吸着性能は使用条件で大きく影響され、ベントガスのように高温、高湿度、高圧などの非常に厳しい条件では使用できる物は極限られたものになる。

　よう化メチルとの吸着剤としての吸着性能は、ガスの温度、湿度に影響されるが、フィルタとしての吸着性能は、通過するガスの吸着剤との滞留時間に大きく影響される。滞留時間

は吸着剤の厚みとガス流速で決まり、ベントのガス流速が決まると、吸着剤の厚みを大きくする事で、吸着率は上がる。ただし、厚みを大きくすると、差圧が大きく発生するので、ベントの排気配管の差圧の許容範囲で最大厚みを制限する必要がある。また、最小厚みも50mm程度以上の厚みが均一なガス流に必要と考えられている。

4.3.2　実験及び評価結果

4.3.2.1　ゼオライトと銀イオン

　吸着剤として使われるゼオライトには多くの種類が知られているが、基本的な構成物質はアルミナとシリカで出来た物が多く、ケイ素とアルミと酸素で基本骨格を作っている。アルミがⅢ族であるため、骨格はそのアルミの付近でマイナスの電荷を帯び、これを中和する為に、各種のカチオン（金属イオン）が骨格内に分布して存在する。銀イオンもその一つだが、その濃度、骨格内での位置で性質が大きく変わり、また共存するカチオンや水分でも性質がかわり、単純に銀濃度と使用するゼオライトの種類だけでは性質が定まらず、その吸着特性も異なる。図4.3-1に代表的なゼオライトの基本骨格、図4.3-2にその骨格を組み合わせて出来たゼオライトの結晶構造と銀の位置を示す。

　今回、各種のゼオライトからよう化メチルの吸着性能が非常に良好な物を選定し、銀を特定の位置に配置し、銀濃度を最適化し、製造条件も最適化する事で、吸着性能が非常に良好なラサ工業のAgXおよびAgR（以下、両者を指す時は、単に銀ゼオライトと言う）を開発し、各種の吸着条件で、よう化メチルの吸着性能を調べた。

　ラサ工業のAgXとAgRの違いは、AgXはよう化メチルの吸着性能が特に良い材料だが、

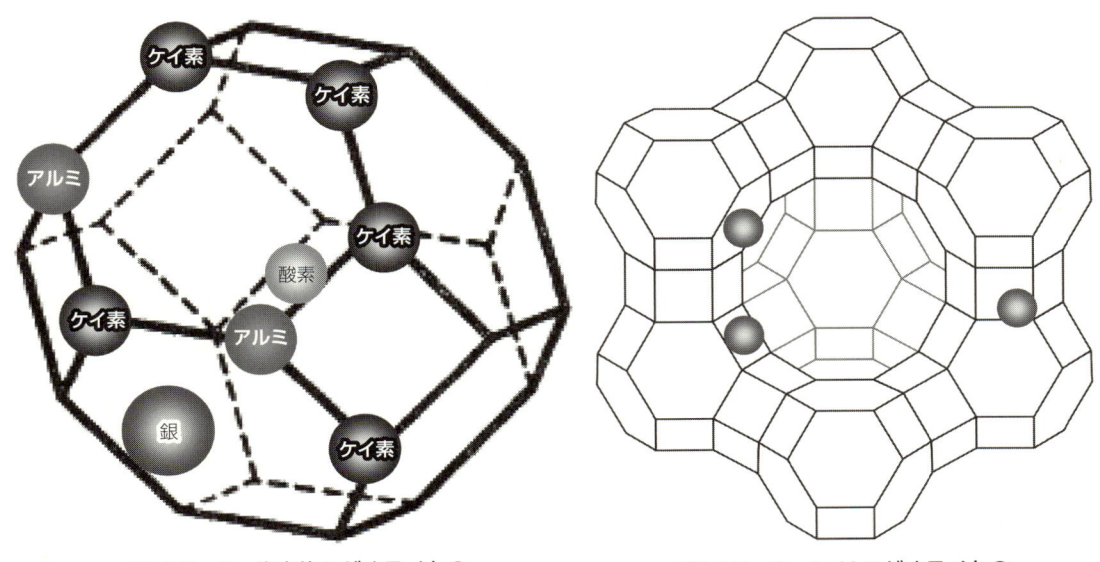

図4.3-1　代表的なゼオライトの
基本骨格と原子の位置

図4.3-2　AgXのゼオライトの
結晶構造と銀の位置
（結晶内部に分子サイズの空孔があり、
その空孔表面に銀が顔を出している）

水素との反応性（水素が酸素と反応して水を作る反応）が強く、水素除去の目的にも応用可能だが、反応温度の上昇を伴うので、BWR タイプの様な窒素雰囲気での使用が適している。一方、AgR は水素との反応性が弱く、水素濃度が濃い時でも使用可能で、PWR の条件が推奨される。なお、AgR は含まれる銀イオンの濃度が AgX の 1/3 程度と少ない事も特徴である。

4.3.2.2　放射性よう素を使用した銀ゼオライトの吸収試験

　銀ゼオライトのよう化メチル吸着特性について、さまざまなガス条件（温度、圧力、流量、組成）、露点温度差（Dew Point Distance: DPD）、銀ゼオライトの厚さ、および滞留時間で評価した。有機よう素の吸着材としての機能は、置かれている環境、特に湿度の影響が大きいことが知られている。吸着材の吸着効率は高湿度または低露点温度差（DPD の値が小さい）で悪くなる。ゼオライトの結晶構造には、図 4.3-2 に示した様に、分子サイズの空孔（Pore）がある。湿度が高い時、水分子はゼオライトの空孔（Pore）に吸収されるが、水分子を収容した空孔には、スペース的な制約があるために、空孔中の水分子は Ag イオンへの有機よう素の接近を阻害する。このため、Ag イオンとよう素との反応ができなくなり、銀ゼオライトのよう素の吸着効率が低下する。この場合、銀ゼオライトの中の Ag イオン含有量が十分に高く、なおかつ、適切な位置に銀イオンが居なければ吸着率が直ちに悪くなる。

　これまでの他の吸着材は湿度が非常に高い、もしくは DPD がゼロに近い条件では、十分な機能の発揮ができないことがわかっている。ベント開始時は、ガスの圧力が高く、ガス配管中に設置するオリフィスによる断熱膨張作用で、大きな DPD を確保できるが、ベント後半はガス圧も小さくなり、小さな DPD での排気となる。また、ベントガス中の有機よう素発生の時間経過は不明な点も多く、ベント後半の DPD が小さい条件においても、有機よう素の高い吸着性能が求められる。

　この評価試験でよう化メチルのよう素の一部には、放射性物質である I-131 を使用した。この評価試験はドイツの認証機関 TUV（TUV-SUD）で行い結果を表 4.3-1 に示す。

　AgX は滞留時間が 0.16 秒と短くても、DPD がゼロ K において吸着率は 99.860%、2K で

表 4.3-1　低 DPD におけるよう化メチルの吸着率

銀ゼオライト	滞留時間（秒）	よう化メチル吸着率(%)			
		99 ℃ (DPD 0 K)	101 ℃ (DPD 2 K)	104 ℃ (DPD 5 K)	109 ℃ (DPD 10 K)
AgX	0.16	99.860	99.922	99.913	99.964
	0.24	99.988	99.995	99.974	99.990
	0.32	99.997	99.999	99.989	99.999
AgR	0.16	97.68	99.21	99.45	99.83
	0.24	99.54	99.89	99.934	99.979
	0.32	99.924	99.985	99.994	99.998

その他の条件　線速度 (LV) = 32 cm/sec、　放射性よう素：CH_3I（I－131）：
　　　　　　　ガス成分：スチーム / 空気 = 95/5(過熱蒸気)；圧力 P=0.98 bar。

も 99.922%の吸着率となり、湿度が非常に高くても吸着率の劣化が非常に小さい事がわかる。

AgR も滞留時間が 0.24 秒で、DPD がゼロ K において吸着率は 99.54%、2K では 0.16 秒で 99.21%の吸着率となり、湿度が非常に高くても吸着率の劣化が非常に小さい事がわかる。

ドイツの認証機関 TUV（TUV-SUD）はいろいろな方面で認証を行っている機関であり、よう化メチルの吸着率の試験は、ドイツ、マンハイムにある試験所で実施した。ここでは、活性炭へのよう化メチルの吸着試験も実施しているが、シビアアクシデントの環境に近い条件での試験は、特別な評価設備で実施した。試験で使用される吸着剤は、直径1インチ、幅1インチの容器（ベッド）に入れられ、それを6ヶ直列に接続して、所定のガスを流し、各ベッドに吸着された放射性の I-131 から放出される放射線をカウントし、吸着率の計算をする濃度として使用した。全てのベッドから出た放射線のカウントの合計を100として、各ベッドのカウントから除する事で、有効数字として5桁におよぶ数値が得られる。流すよう化メチルの濃度は、数 ppm 程度だが、その内、放射性の I-131 は、一千万分の1程度と非常に微量な量で計測している。また、ガス配管とベッドを全て一つの恒温槽に入れる事で、温度均一性の優れた評価が可能となっている。

表 4.3-2 は、399kPa（Abs.）、相対湿度95%の高圧、高湿度の雰囲気でのよう化メチルの吸着率について、滞留時間と温度の関係で示す。評価はアメリカの評価機関（NUCON International Inc.）で実施した。これもよう化メチルのよう素の一部に放射性 I-131 を使用した。399kPa での相対湿度（RH）95%は、DPD では約2度（2K）の露点温度差に相当する。これらの結果から銀ゼオライトは高温、高圧および高湿度の厳しい条件でも、放射性有機よう素の優れた吸着性能を有することがわかった。

表4.3-2　高温、高圧、高湿度下でのよう化メチルの吸着率

T=110〜130℃; RH=95% ; P=399kPa

銀ゼオライト	滞留時間（秒）	よう化メチル吸着率(%)		
		110 ℃	120 ℃	130 ℃
AgX	0.125	99.748	99.005	99.673
	0.187	99.978	99.869	99.843
	0.250	>99.999	>99.999	99.974
AgR	0.125	99.569	99.351	98.998
	0.187	99.994	99.944	99.912
	0.250	>99.999	>99.999	>99.999

その他の条件　線速度(LV) = 40 cm/sec.　放射性よう素：CH_3I（I−131）。

4.3.2.3　よう化メチル吸着率の評価

銀ゼオライトのよう化メチルの吸着率に関して、各種の条件で評価できる設備を導入して評価した。次の表 4.3-3 に AgX のラサ工業の評価結果とほぼ同じ条件でドイツの認証機関 TUV（TUV-SUD）の結果を示す。

露点温度差9K における吸着率だが、ラサ工業の結果は TUV の結果から予想される吸着

表 4.3−3　ラサ工業と TUV でよう化メチルの吸着率を測定

試験機関	滞留時間(秒)	よう化メチル吸着率(%)
TUV の結果	0.08	99.37
ラサ工業の結果	0.12	99.8
TUV の結果	0.16	99.982

DPD 9K (108℃)

率にほぼ近い値となる。なお、非放射性のよう化メチルの入った標準ガスを過熱水蒸気中に混合したあと、銀ゼオライトカラムに導入し、出てきたガス中のよう化メチルの濃度をGCMS（ガスクロマトグラフ質量分析）で測定した。

4.3.2.4　ベント開始時を想定した銀ゼオライトの吸収率評価

　これまでの評価はガス雰囲気が一定な条件、つまり評価中にガス条件が変化しない状態で行った。しかし、実際のベントでは、開始直後にベントガスの温度や組成は急激に変化する。そこで、ベント開始初期の銀ゼオライトの吸着性能について、特別な評価設備を社内に設置し評価した。この評価設備では、一旦、バイパス側でベントのガスを調整し、ガス配管のバルブを銀ゼオライト側に切り替える事で、それまでバイパス側に流れていた高温、高湿度の試験ガスを室温の銀ゼオライトに一気に流す事で、ベント開始の状況を再現した。

　図 4.3-3 では、最初バイパス側に 150℃の過熱蒸気を流したが、Vent　start と記載した時点で、150℃のガスを室温の AgX に流し、その際の AgX 側のガス温度と AgX 内部およびベッド外周の温度の変化を示す。

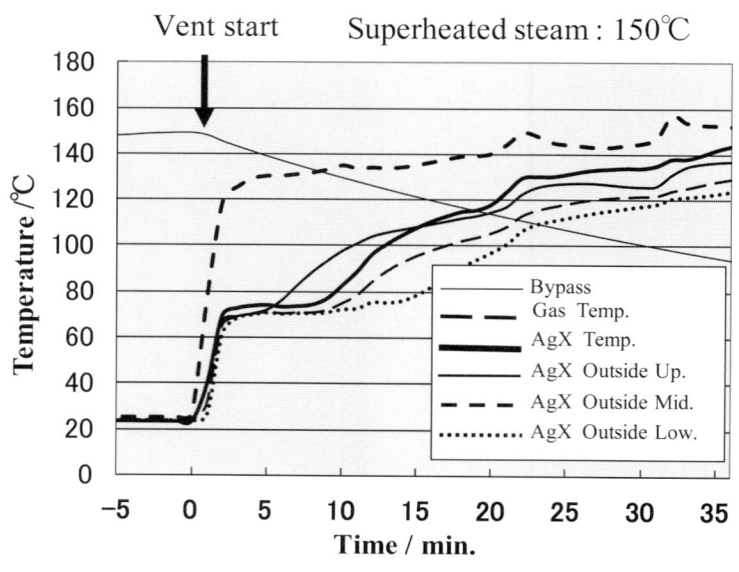

図 4.3−3　室温の AgX に高温ガスを流した際の温度変化

　表 4.3-4 にその際のガス組成の変化を示す。ガスにはベントガス中の存在が想定される水素も共存させた。この様に、AgX の内部温度は、ガス中の水分が凝縮する事による潜熱の放出で、そのガスの露点温度まで一気に上昇する。その後、AgX の温度は、この凝縮した水分が蒸発するまで、露点温度で一定になる。全ての水分が蒸発しきった所で、AgX の温度は高温のガス温度まで上昇を開始する。ガスの上流側が先に乾くので、ベッドの上流側つまり上側から温度上昇を開始する。

表 4.3－4　ガス組成を随時変化させた時のよう化メチルの吸着率
（ベント開始直後を想定し、ガスを室温の AgX に一気に流した。
このガス組成は BWR タイプのベント開始組成を想定）

時間(分)	ガス成分(体積%)			AgX 温度 (℃)	吸着率(%)*
	H_2	N_2	Steam		
0 － 3	23	45	32	22 － 70	> 99.6
3 － 6	23	45	32	70 － 75	> 99.6
6 － 9	283	45	32	75 － 75	> 99.6
15 － 18	23	53	24	105 － 115	> 99.6
35 － 38	5	12	83	140 － 145	> 99.8

＊定量下限。他の条件。ガス温度＝150℃；滞留時間＝0.18 － 0.21 sec.

　このように AgX 温度およびガス組成が変化する中での、AgX のよう化メチルの吸着挙動を調べた。評価結果を表 4.3-4 に示す。ベント開始直後は、外気温の吸着剤にベントガス中の水蒸気が凝縮するが、その様な条件でも、AgX のよう化メチルの吸着率はベント開始直後から、ガス中のよう化メチルの定量限界の 99.6% 以上であることがわかった。なお、このガスの条件は BWR タイプの原子炉からのフィルタベント開始の条件を想定した。

　図 4.3-4 に、同様に室温の AgR にいきなり 120℃のガスを流した時のガス温度と AgR 内部およびベッド外周の温度の変化を示す。表 4.3-5 にはその際のよう化メチルの吸着率を示す。ガスは PWR の空気雰囲気ベースの組成とし、さらに水素ガスを 10%共存させた。こ

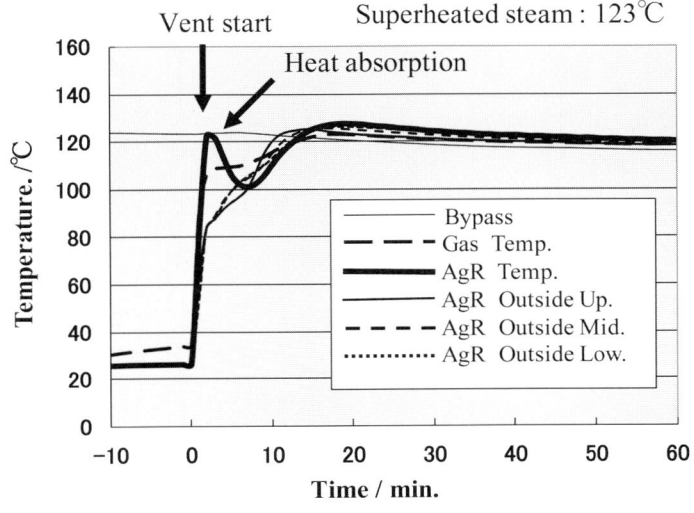

図 4.3－4　室温の AgR に高温ガスを流した際の温度変化

表 4.3−5　AgR 温度とよう化メチルの吸着率

（ベント開始直後を想定し、ガスを室温の AgR に一気に流した時。このガス組成は PWR タイプの
ベント開始組成を想定。PWR は格納容器堆積が大きいので、組成の変化が少ない）

時間(分)	ガス組成	AgR 温度 (℃)	吸着率(%)
0−2	Steam : 53% Air : 24% H_2 : 10% N_2 : 13%	26−122	99.9
7−9		101−105	>99.9
15−17		126	>99.9
30−32		124	>99.9
60−62		120	>99.9

＊N_2 は CO、CO_2 ガスの替わりに入れた。他の条件。ガス温度 120℃；滞留時間 0.15sec。

の様に、AgR は、高濃度の水素ガス共存下でも、よう化メチル吸着率は、ベント開始直後からガス中のよう化メチルの定量限界の 99.9% であることがわかった。

4.3.3　銀ゼオライトの保管安定性と耐水性

　フィルタベントの実際の稼動は、極稀な動作であり、実際は何年もの間に渡り、銀ゼオライトはフィルタ内で保持される。一方、動作時は、ベントガス中の水分凝縮などで水との接触が予想され、長期保管性と耐水性を評価する事が重要である。そこで、銀ゼオライトを高湿度下で長期保管した際のよう化メチル吸着率と銀ゼオライトを水に漬けた際の銀の残存率とよう化メチル吸着率を調べた。

　表 4.3-6 に水の張った密閉容器中に銀ゼオライトを水と直接触れない状態で保管（空調の無い倉庫内で保管）し、その後乾燥させた銀ゼオライトのよう化メチル吸着率を示す。このように、湿度 100% の条件で長期間保管されても劣化は見られなかった。

表 4.3−6　銀ゼオライトの長期保管性

銀ゼオライト	保管期間	よう化メチル吸着率(%)	
		105℃ (DPD 5K)	115℃ (DPD 15K)
AgX	開始時	>99.95	>99.95
	1 年間	>99.95	>99.95
	2 年間	>99.95	>99.95
AgR	開始時	99.94	>99.95
	1 年間	99.85	>99.90
	2 年間	99.94	>99.95

その他の条件　滞留時間：0.20 秒、ガス成分：スチーム 100%（過熱蒸気）

　表 4.3-7 に銀ゼオライトを約 1.5 倍量の純水に漬けて一晩放置し、その後、乾燥させた銀ゼオライトのよう化メチル吸着率を示す。また、銀ゼオライトを漬けた水中の銀濃度を測定し、銀の溶出量から、銀ゼオライト中の銀の残量率を測定した。その結果、銀の残存率は、共に 99.5% 以上となり、よう化メチルの吸着率の劣化もなかった。

表4.3－7　銀ゼオライトの耐水性試験

銀ゼオライト	水に漬けた後の銀ゼオライトの特性		
AgX	よう化メチル吸着率(%)	105℃ (DPD 5K)	> 99.9
		115℃ (DPD 15K)	> 99.9
	銀の残存率(%)		99.91
AgR	よう化メチル吸着率(%)	105℃ (DPD 5K)	99.8
		115℃ (DPD 15K)	> 99.9
	銀の残存率(%)		99.68

その他の条件　滞留時間：0.19秒、ガス成分：スチーム100%(過熱蒸気)

4.3.4　シビアアクシデント対策としてのAgXの応用

　銀ゼオライト中のよう素は銀と化学的に反応して吸着していると推定されている。つまり、化学反応を伴う吸着機構のため、その温度依存性は、室温より高温の方が良く反応し、吸着率としては良い方向へ推移すると想定される。ベント雰囲気は温度的には吸着剤にとって良い条件だが、高湿度であり滞留時間が短いという点で、非常に過酷な条件である。AgXはこの様な条件で良い吸着特性を示したが、一方で、通常雰囲気の条件での、吸着特性も調べた。表4.3-8に結果を示す。本結果はアメリカの評価機関（NUCON International Inc.）で実施した。この様に、AgXは室温から100℃付近でも良い吸着性能を示す。無機よう素の吸着率も測定し、よう化メチルより良好な吸着率となった。この傾向は、銀ゼオライトへのよう素吸着の特性として知られている。

表4.3－8　室温から90℃までの高湿度下における吸着率

滞留時間(秒)	よう素吸着率(%)	よう化メチル吸着率(%)			
		RH 95%			RH 70%
	30℃ RH 95%	30℃	60℃	90℃	66℃
0.250	99.995	98.738	99.685	99.970	> 99.999
0.375	> 99.999	99.850	99.950	99.983	> 99.999
0.500	> 99.999	99.960	99.987	99.995	> 99.999

他の条件　放射性よう素：CH_3I(I－131)：圧力＝103 kPa。RH：相対湿度

　現在、原子力発電所ではベント設備以外にも、中央制御室、緊急対策室などの各施設に対する放射性よう素および有機よう素対策の強化が求められている。特に外気取り入れの空気清浄化装置では、マイナス温度域でも吸着可能であれば、外気取り入れヒーターを設置しない装置が可能である。そこで、AgXのマイナス温度域でのよう化メチル吸着性能を調べた結果、マイナス40℃でも、滞留時間0.40秒で99.9%以上の吸着特性があった。また、マイナス5℃では、よう化メチルが化学吸着している事もわかり、低温で吸着したよう素がその後に遊離しない事が期待される。活性炭と違い、難燃性のAgXを利用した設備により、装置のコンパクト化や軽量化がはかられ、移動式の装置にも応用可能である。

4.3.5 まとめ

ラサ工業で開発した AgX および AgR はシビアアクシデントを想定した、高温、高湿度、高圧下でもよう化メチルの吸着率が良く、また、フィルタベント開始時の水分凝縮が起こった状態から、さらに実際のガス組成と温度変化を想定した状態から、安定領域までの広い条件で、その有機よう素の吸着性能が発揮される事、実際のベント雰囲気で優れた吸着特性がある。また、AgX は、マイナス 40℃でも使用可能である。

4.4 格納容器内 FP 除去効果に関する試験

放射性物質の環境影響低減策に関して、格納容器内での FP の除去効率については、共同研究等において試験等が実施されており、以下に示す効果が確認されている。

4.4.1 サプレッション・プールにおけるスクラビング効果

BWR のシビアアクシデントでは、損傷炉心から放出された放射性エアロゾルはサプレッション・プールのスクラビング効果により除去される。プールスクラビング効果については電力共研を実施しており、その成果が対外発表されている[1]。ここでは電力共研で纏められた報告から 1992 年の "22nd Nuclear Air Cleaning & Treatment Conference" にて発表された文献等を元にその概要をまとめる[2][3]。

炉心損傷時において、原子炉圧力容器から主蒸気逃がし安全弁を介してサプレッション・プールに流入するよう化セシウム（CsI）に対して、スクラビング効果による除去性能に対する影響因子を把握するため、影響因子として考えられる試験パラメータを変えた試験を実施している。

試験装置は直径約 1m、高さ約 5m の円筒状容器で、スクラビング効果のスクラビング理論の検討結果にしたがい、主要 8 種のパラメータに対して試験を行い、エアロゾル除染係数（DF）を測定した。また、その際のスクラビング中の気泡形状についても測定を行った。

これらの試験結果をスクラビング理論と比較し、プールスクラビングによる DF について単純化したモデルを開発した。この簡略化モデルは 5 つのパラメータに対するプールスクラビングによる DF の依存性を予想できるものであり、ここで設定されたエアロゾル除去係数による DF 計算は、測定誤差の範囲内で、試験で測定された DF とよく一致した。

4.4.1-1 試験装置および試験条件

表 4.4-1 に主要な試験条件を示す。試験粒子は単分散粒径で密度がほぼ 1 のポリスチレン LATEX 粒子を用いている。また、模擬 FP として CsI 粒子の試験も実施した。図 4.4-1 に試験装置の概要を示す。スクラビング試験

表 4.4-1 試験条件 [2]

Parameter	Standard value	Range
Nozzle dia. (cm)	15	1,5,10,15
Scrubbing depth (meters)	2.7	0 - 3.8
Water temperature (°C)	80	20 - 110
Gas temperature (°C)	150	20 - 300
Steam fraction (vol.%)	50	0 - 80
Gas flow rate (l/min)	47	28 - 15000
Gas pressure (kg/cm²g)	2.0	0.4 - 5.0
Particle dia. (micron)	0.2,0.3, 0.5,1.1	0.1 - 2.0
Particle material	LATEX	LATEX (0.5 - 1.9*) CsI

*) Aerodynamic Mass Median Diameter (AMMD).
Geometric standard deviation was 1.5 - 2.3.

装置は直径約 1m、高さ約 5m の円筒形状をしており、5箇所に観測窓が設置し、ビデオ撮影が可能となっている。

　LATEX 粒子はレーザー散乱エアロゾル分析器にて光学的粒径、個数密度を測定する。CsI 粒子はアンダーセンインパクタにて空気力学的中央径（AMMD）および質量密度を測定する。試験は3種類のベントノズルタイプを対象に実施した。ひとつはベント管を模擬したノズル（直径 5cm、10cm、15cm）、二つ目は BWR の SRV クエンチャを模擬して 1cm の穴を 22 個削孔したノズル、そして直径 1cm の単孔である。

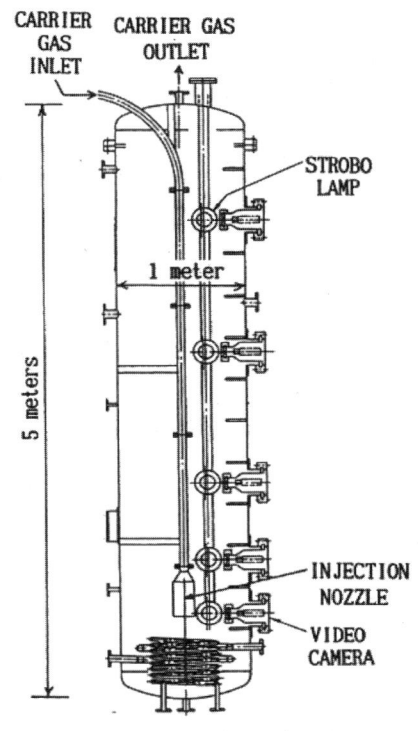

図 4.4－1　試験装置の概要[(2)]

4.4.1-2　簡略化モデル

　SPARC（サプレッション・プールでの FP 捕集解析用の計算コード）に適用されているプールスクラビングによるエアロゾル除去の理論モデルに基づき、エアロゾル粒径、スクラビング水深、流体のガス／蒸気割合、気泡直径、気泡上昇速度の各パラメータ依存性を考慮した簡略モデルを開発した。そして、試験結果に基づき各パラメータが試験結果と一致するように係数を求め、プールスクラビングによる DF を以下の式で示すこととした。

$$DF = DFs(S.P.Tp.Hs) \cdot \exp(0.19Dp^2) \cdot \exp\{(0.88+0.52Dp^2) \cdot Hs\}$$

4.4.1-3　試験結果と簡略化モデルの比較

　図 4.4-2 から図 4.4-7 に試験結果と簡略化モデルを比較した図を示す。図 4.4-2 はエアロゾル粒径依存性、図 4.4-3 はプール水深依存性、図 4.4-4 は沸騰水（飽和水）まで考慮した水深依存性、図 4.4-5 はガス／水蒸気割合依存性、図 4.4-6 はプール水温依存性、図 4.4-7 はプール水面の圧力依存性である。

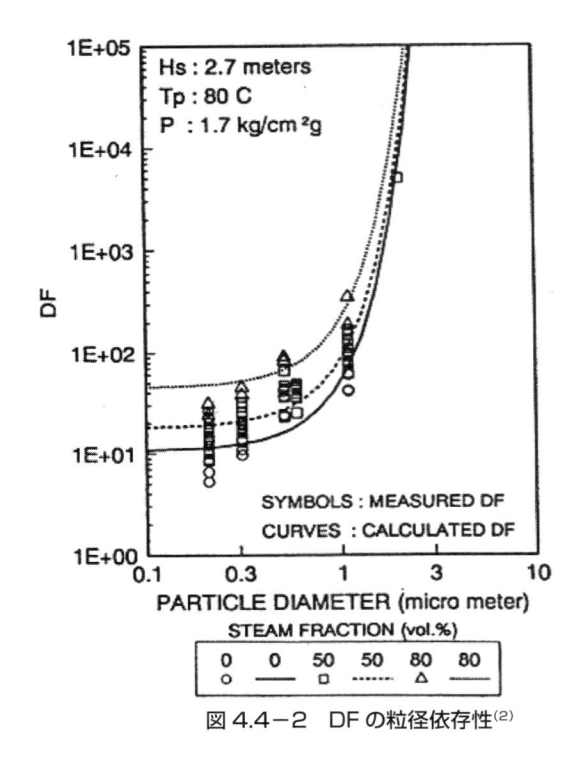

図 4.4-2　DF の粒径依存性[2]

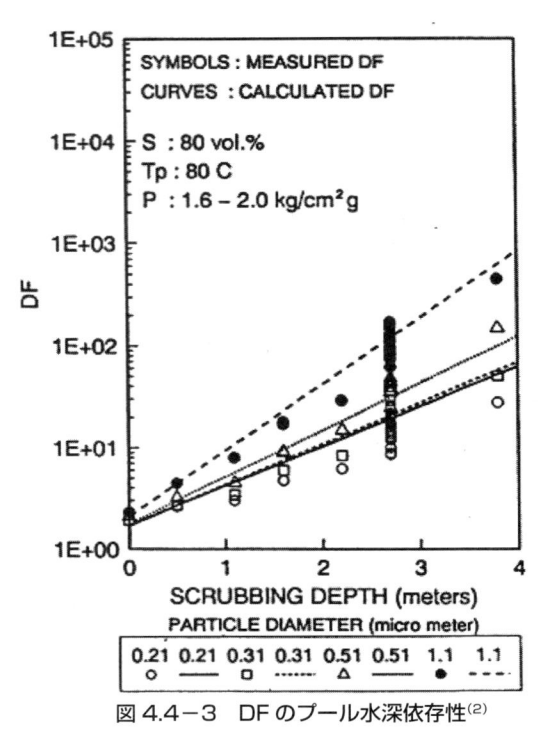

図 4.4-3　DF のプール水深依存性[2]

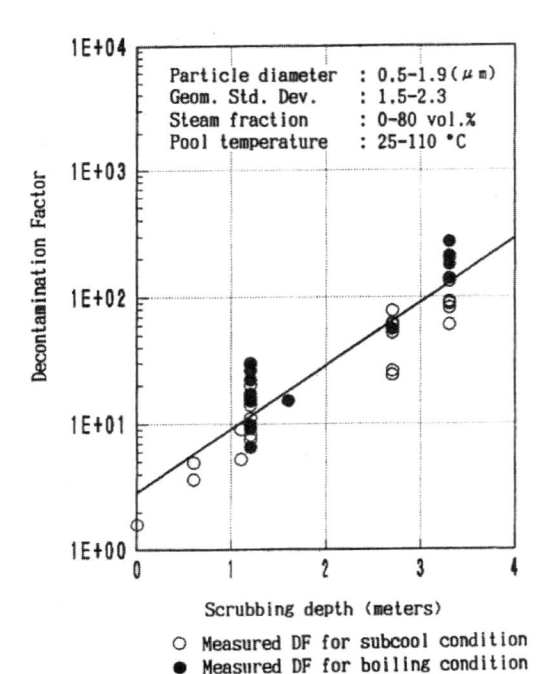

図 4.4-4　DF の水深依存性（沸騰水）[3]

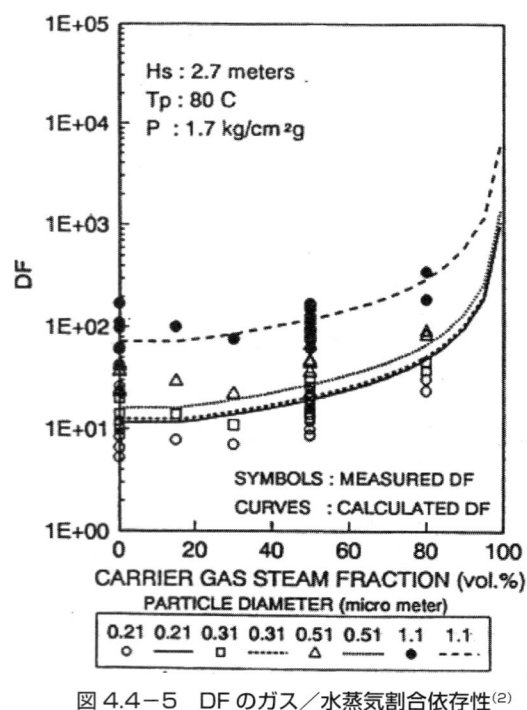

図 4.4-5　DF のガス／水蒸気割合依存性[2]

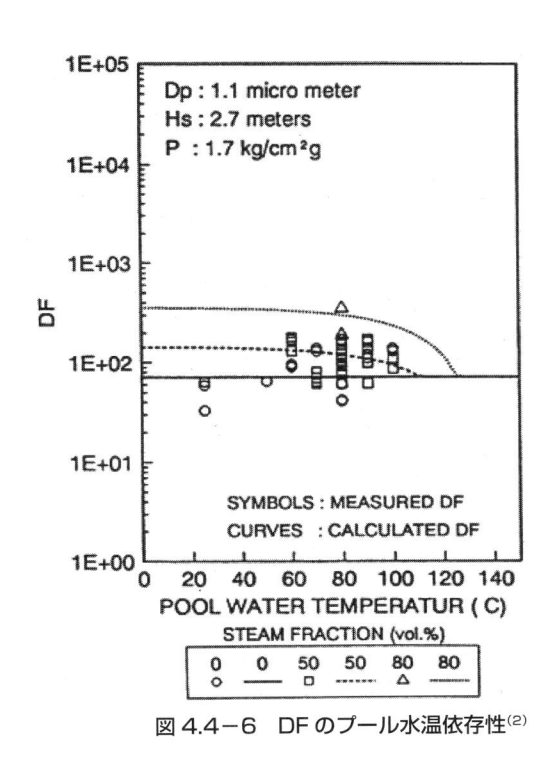

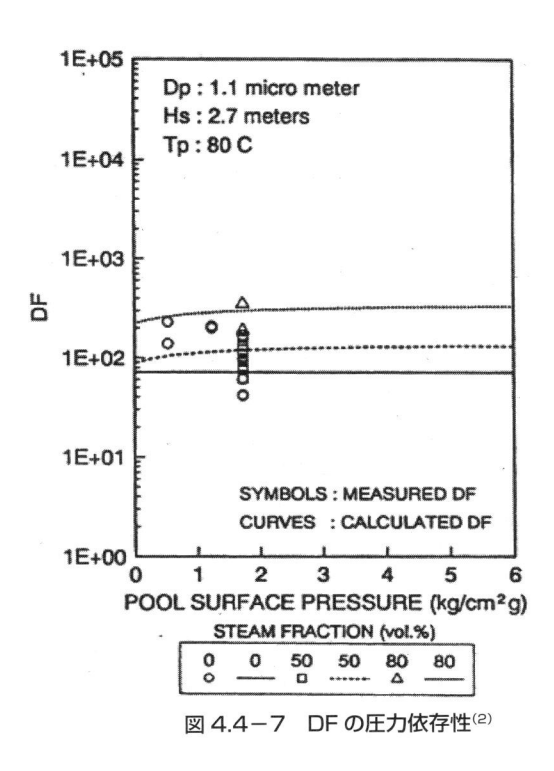

図 4.4－6　DF のプール水温依存性[2]　　　　　図 4.4－7　DF の圧力依存性[2]

4.4.1-4　スクラビング効果のまとめ

　本研究により、プールスクラビングによる DF を系統だてて測定することができた。その結果、DF は主要な 3 つのパラメータに大きく依存することがわかった。それはスクラビング水深、エアロゾル粒径、そして気体のガス／水蒸気割合である。SPARC モデルおよびその試験結果に基づき簡略化モデルを開発した。

　その簡略化モデルは試験条件範囲内の各パラメータに対して評価可能であることがわかった。

　この簡略化モデルは各粒径のエアロゾルに対して評価可能であることから、多分散エアロゾルに対しても計算可能である。

　なお、これらの試験は実機を想定した範囲で条件設定したものとなっており、例えば、プール水深をパラメータとしてプール水の沸騰状態を模擬した試験では、実機で想定される約 3m 程度の比較的浅い水深条件を設定して DF 測定を実施し、100 以上の DF が得られている。

4.4.2　ドライウェルスプレイによるエアロゾル除去効果

　ドライウェルスプレイによるエアロゾル除去効率を検証するため、原子力発電技術機構において模擬の格納容器、サプレッション・プール、圧力容器等からなる実験装置を用いて、スプレイによる除去効果に関する実験を実施している[4]。

【実験方法】

●水蒸気をキャリアとして一定濃度のエアロゾルをドライウェル底部へ供給。

●スプレイ水を 3 l/min（約 130t/h の 1/720 スケール）の流量でドライウェル頂部から連続的に散水。

●エアロゾル濃度の時間変化と高さ方向分布を求めるため、定期的にエアロゾルを含む雰囲気ガスの一部をドライウェル内 3 つの高さ（上部、中部、下部）からサンプリングし、光学的粒子測定器へ導き測定。

【装置概要】

●模擬格納容器の体積：12.2m^3

（体積スケール比は 1,100,000kWe 級の BWR-5（Mark-Ⅱ改良型）の約 1/720）

●スプレイノズル：1/720 のスケール比を勘案しスプレイノズルを 2 個設置（実機では約 1400 個）

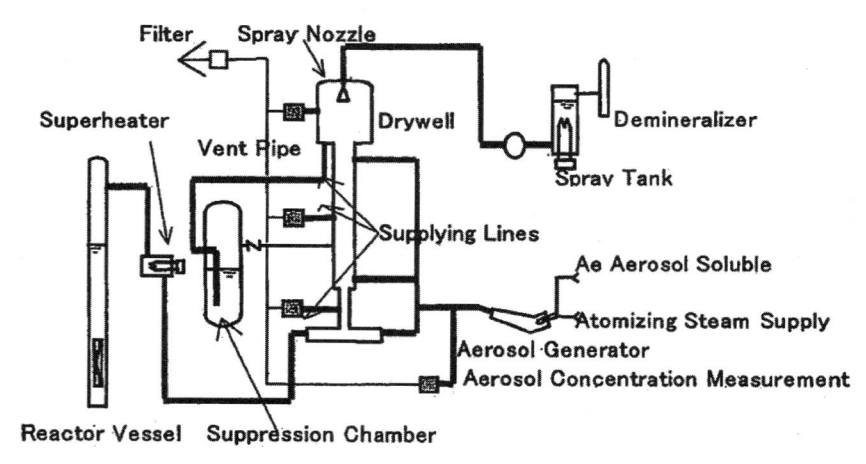

図4.4−8　ドライウェルスプレイ試験装置の概要

【実験結果】

　エアロゾルをドライウェルに浮遊させた状態からスプレイを行い、図4.4-9 に示すように、ドライウェル内各空間（上部、中部、下部）でのエアロゾル濃度の時間変化を容器高さ方向3点で測定した結果、ドライウェル頂部では、エアロゾル濃度はスプレイ散水直後から30分以内に初期濃度の約 1/5 に急速に減少した結果が得られた。

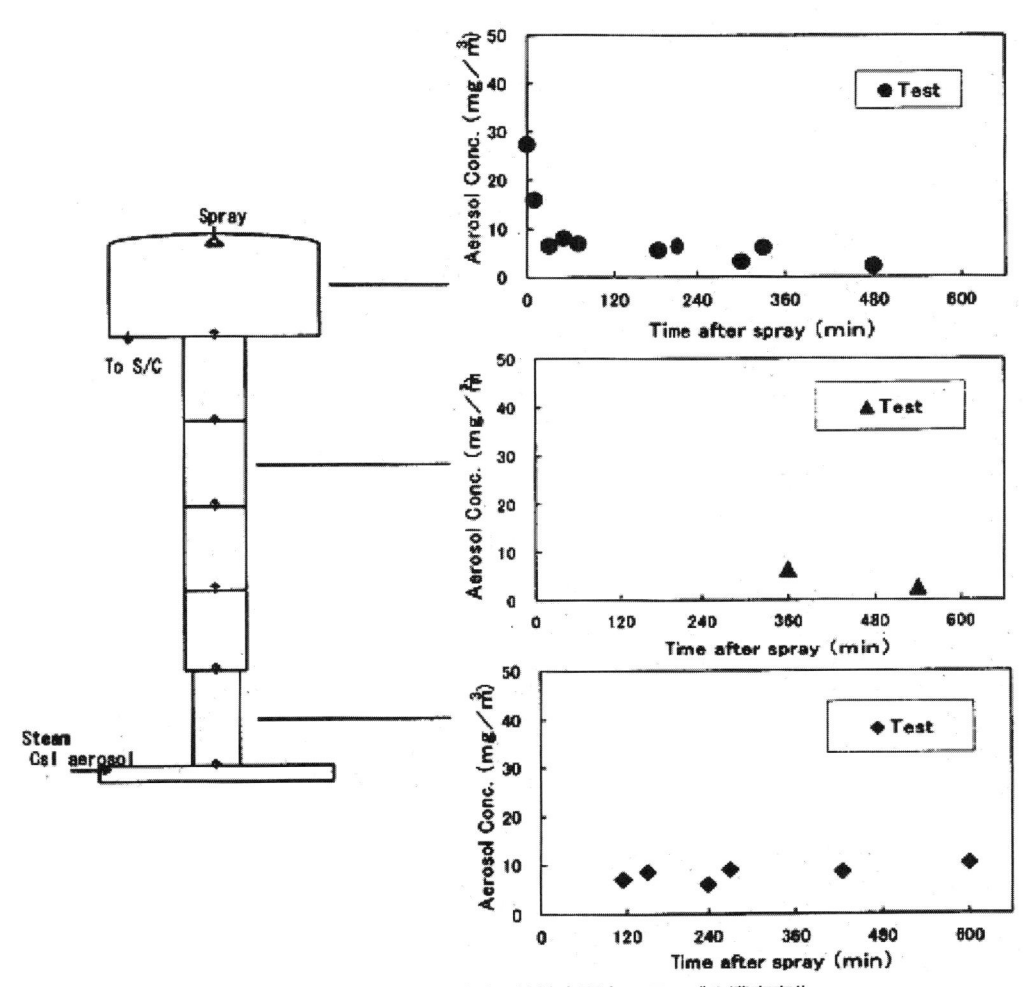

図 4.4－9 BWR 模擬試験の格納容器内エアロゾル濃度変化

4.4.3 pH 管理による無機よう素の生成抑制

　サプレッション・プール水の pH 管理による効果については、アメリカの規制ガイド（NUREG-1465[5]）において、pH 管理しない場合は全放出よう素の 91％が無機よう素となる評価としているが、pH7 以上の pH 管理をした場合では無機よう素が全放出よう素の 4.85％となると評価しており、その効果が定量的に示されている。

4.4.4 参考文献

(1) 共同研究報告書「放射能放出低減装置に関する研究開発」(Phase 2)，平成４年度下半期(最終報告書，平成５年３月

(2) 22nd Nuclear Air Cleaning & Treatment Conference, "Experimental Study on Aerosol Removal Effect by Pool Scrubbing", DOE/NRC, 1992 年 8 月 24 ～ 27 日，アメリカ，デンバー

(3) 2nd Workshop on LWR Severe Accident Research at JAERI, "Experimental Study on Aerosol Removal Effect by Pool Scrubbing", 日本原子力研究所, 1991年11月25〜27日, 日本, 虎ノ門パストラル

(4) 原子力発電技術機構「重要構造物安全評価（原子炉格納容器信頼性実証試験事業）に関する総括報告書（平成 15 年 3 月）」

(5) L.Soffer, S.B.Burson, C.M.Ferrell, R.Y.Lee, and J.Rightly, "Accident Source Terms for Light-Water-Nuclear Power Plants", NUREG-1465, U.S. Nuclear Regulatory Commission, Washington, D.C., June 1992

第 5 章

湿式フィルタベントの
実機開発と設置

5.1 AREVA 製格納容器フィルタベントシステム（FCVS）
日本の BWR 及び PWR 向け基本設計・性能・検証試験

（1）はじめに

　2011 年 3 月 11 日に発生した大地震とそれに続く津波により、福島第一原子力発電所においてシビアアクシデントが発生した。このシビアアクシデントによって炉心及び格納容器の破損が発生し、大量の放射性物質が放出された。安全にかつ信頼性高く、さらにフィルタリングを行いつつ減圧を行うために、シビアアクシデント管理の一環として、さらには格納容器破損に対する緩和策として、格納容器フィルタベントシステム（FCVS）が日本の原子力発電所に導入されようとしている。ここでは、日本の BWR 及び PWR 向け AREVA 製 FCVS に関する技術とその適用、並びに認証の背景や許認可対応について説明する。

（2）AREVA 製 FCVS 技術

　AREVA 製 FCVS は、以下の 3 つのフィルタステージにより構成される。
　●第 1 ステージ：高速ベンチュリノズルによる湿式スクラバ部
　●第 2 ステージ：金属繊維フィルタ（MFF）による乾式フィルタ部
　●第 3 ステージ：ゼオライトによる吸着剤部
　AREVA 製 FCVS の重要な技術は、高流速でのベンチュリノズルを利用した捕捉原理と、主に等エンタルピースロットリングによる吸着剤ステージの過熱である。スロットリングオリフィスを MFF の下流側に配置することにより、格納容器の圧力に依存せずにベンチュリノズル及び MFF を通過する体積流量を広い範囲で一定に保つことができる（図 5.1-5）。スロットリングオリフィスの下流では過熱状態が生成され、吸着剤ステージにおける有機よう素の高い捕捉効果を確保する。この 3 ステージによる AREVA 製 FCVS プロセスには、以下の利点がある。

　●あらゆる種類のエアロゾルに対する高い捕捉効果。
　●エアロゾル及び無機よう素に対する高い捕捉効果により、大多数の核種及びその崩壊熱を湿式スクラバ部に安全に移送することが可能。
　●湿式スクラバ部の高流速ベンチュリと MFF との組合せにより、幅広い径のエアロゾルを除去することが可能（図 5.1-1）。
　●上流側にベンチュリを配置することで、下流側の MFF では目詰りの恐れがなく、また崩壊熱による影響も最小化が可能。
　●ゼオライトでは、上流側ステージで処理されたガスのみを処理。
　●ガスの等エンタルピー膨張により、第 2 ステージ下流側での過熱状態を確保。
　●FCVS 容器（ベッセル）がコンパクトな寸法で分割も可能なため、柔軟な配置検討が可能。

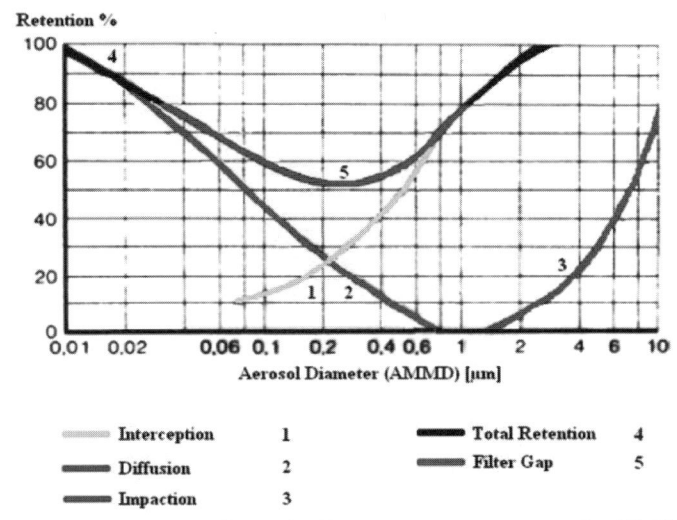

図 5.1－1　フィルタギャップ－単一フィルタによるエアロゾル捕捉効率

図 5.1-2 に AREVA 製 FCVS の概念図を示す。

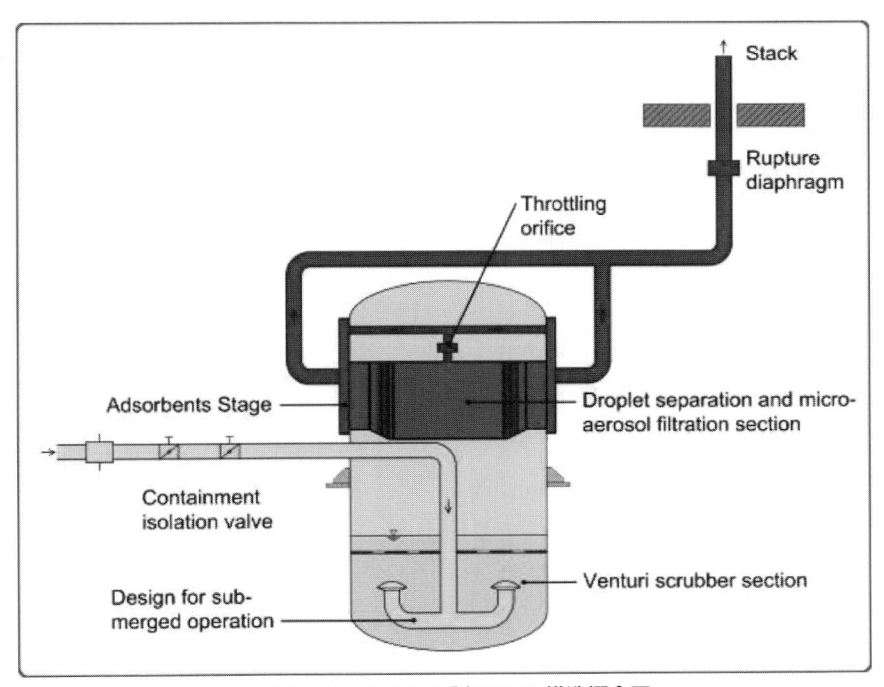

図 5.1－2　AREVA 製 FCVS 構造概念図

　ベンチュリスクラバ部は、格納容器圧力に近い圧力で運転される。スクラバに流入するベントガスは、複数の水没した短いベンチュリノズルを通過してスクラバプール水に流入する（図 5.1-3）。

図5.1−3　AREVA 製 FCVS ベンチュリノズル

　エアロゾルの粒径とベンチュリノズルのスロートの大きさの違いにより、ベンチュリノズルの目詰まりは発生しない。

　ベントガスがベンチュリノズルのスロートを通過する際に発生する吸引力により、スクラビング水がベントガスに取り込まれる。その際のスクラビング水の水粒子とベントガスとの大きな流速差により、エアロゾルの大部分がスクラビング水に捕捉される。係る大きな速度差により、スクラビングプールにおいて99%以上のエアロゾルが捕捉される。その際、小径粒子エアロゾル（0.5μm以下）も高い効率で捕捉される。同時に、ベンチュリノズルのスロート部では、エアロゾルが捕捉されたスクラビング水によって大きな接触面積が形成され、よう素の捕捉が効果的に行われる。

　特に無機よう素の最適な捕捉については、スクラビング水に添加する水酸化ナトリウム及び他の薬剤の調整により達成される。スクラビング水から出てくるガスには、少量の捕捉しがたいエアロゾル及び液滴が含まれており、長期運転において高い捕捉率を確保するため、高効率の液滴分離装置及び微細エアロゾルフィルタ（金属繊維フィルタ）が第２ステージとして配置される（図5.1-4）。

図5.1−4　AREVA 製 FCVS MFF

　高速の湿式スクラビング技術及び高効率の乾式フィルタとの組合せにより、信頼性の高い中長期運転が可能となる。極低流量の場合においても、ベンチュリノズルの捕捉率の低下はMFFにて補償される。両者の組合せにより、エアロゾルに対して捕捉率99.99%以上を達成することができる。

　この捕捉能力は0.5μm以下の微細エアロゾルに対しても有効であり、エアロゾル流径分布の違いによる捕捉効率の低下をもたらさない。種々の状況における無機よう素の捕捉に関しては、要求される捕捉効率である99.5%以上であることがスクラバ部で証明されており、第３ステージで更に増加する。

　第３ステージはゼオライトによる吸着剤部であり、これは定圧モードにて運転され、有機

よう素及び再揮発あるいは残存した無機よう素を高効率で捕捉するものである。

スライディング圧力運転と定圧運転の違いは、得られる体積流量にある。吸着部における定圧運転では、FCVS入口圧力の減少に伴い流量も下がる一方、第1ステージ及び第2ステージでの体積流量は一定となる（図5.1-5）。

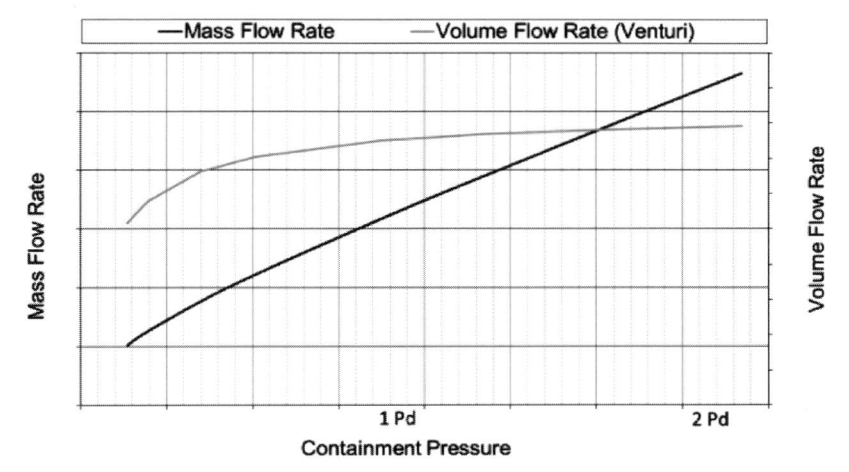

図5.1－5　JAVA PLUS 試験－異なる圧力ベントシナリオにおける質量流量と体積流量

（3）AREVA製FCVSの認証
（a）概要

AREVA製FCVSは、大規模スケール試験並びに第三者機関による国際試験によって認証されている。

大規模スケール試験装置による性能検証は、シビアアクシデント緩和のための装置信頼性確認の最新手法に基づいており、以下の事項によって試験の信頼性を高めている。

●現実的な条件でプロセス検証が可能。
●FCVSのような複雑なプロセスにおいては、スケールアップモデルやスケール比の誤差の影響を受けやすい。
●大規模スケール試験によってスケール比の影響が最小化され、結果への信頼性が高い。

AREVA製FCVSの認証は、JAVA試験装置及びJAVA PLUS試験装置を用いた大規模スケール試験に基づいている。ここでPLUSとは有機よう素捕捉試験を示す。機能試験は、代表的条件のもとスケール比1：5までで行い、実物大の構成部材を使用した。

国際的なACE（Advanced Containment Experiments）プログラムの枠組の中で、規制当局、種々の研究機関、フィルタ専門家によって適切な要求事項に対する議論が行われた。その結果、包括的に標準化された試験条件が参加したFCVSメーカによって策定された。

（b）JAVA －よう素及びエアロゾル試験装置

実機スケールのJAVA試験装置は、エアロゾル捕捉効率及びよう素捕捉効率（第1及び第2ステージ）を、特に大気圧以上の圧力範囲で試験するための装置である。

エアロゾル捕捉試験は、質量平均粒径（MMD）が 0.5 ～ 1.0μm の範囲である溶解性ウラニン、並びに非溶解性 $BaSO_4$ 及び SnO_2 を用いて実施した。

ベンチュリノズルと MFF との組合せにより、圧力範囲 1 ～ 10bar において、全流量及び低流量領域におけるエアロゾル捕捉効率は > 99.99% となった。低流量領域での高い捕捉効率は、第 2 ステージによるものと考えられる（表 5.1-1 参照）。

表 5.1-1　ウラニンを用いた微細エアロゾルに対する JAVA 試験結果の一例

Pressure (bar)	Temp. (℃)	Gas Flow (m³/h)	Medium	Contaminated Gas Concentration (mg/m³)	Total Removal Efficiency (%)
2.4	99	1000	Air	0.795	99.999
2	98	600	Air	0.875	99.999
6	119	600	Air	1.265	99.999
6	107	1350	Air	0.086	99.999
6	116	1000	Air	0.254	99.999
2	99	1000	Air	0.451	99.999
3	105	1220	Air	0.332	99.997

スクラビング水による全よう素の捕捉効率について、短期及び長期試験を行った。無機よう素の捕捉効率は、第 1 及び第 2 ステージの JAVA 試験装置で一貫して要求効率 99.5% を上回った。これらの結果は、以下のような不利な運転条件においても得られている。

●高い運転圧力の場合

●ベンチュリノズルでの流速が小さい場合

●中性よりも酸性の場合

よう素の再揮発試験の結果は、運転時間 24 時間及びベントガス中空気量 10vol% で再揮発量 0.1% 未満であった。[1]

(c)　ACE 試験プログラム Phase A −フィルタ試験プログラム

シビアアクシデント時の条件を勘案したベントシステム装置に対する試験及び認証に関する国際専門家の勧告に基づき、広範囲の試験が行われた。当該試験には、事故時の代表的核種である Cs や I 等を用いた試験、加えてミクロン以下の粒子範囲を網羅するための標準的なフタル酸ジオクチル（DOP）を用いた試験、また再浮遊による影響を調べる試験等が含まれていた。このアメリカの ACE Phase A フィルタ試験プログラムにより、各メーカのフィルタ装置に対して、除去効率、負荷容量、再浮遊の影響等が評価された。

当該試験は、国際的独立第三者機関（規制当局）監督の下、国際フィルタ比較試験として Battelle Northwest に於いて行われた。大気圧下での標準化された試験条件で以下のエアロゾルを用いた試験が行われ、また再浮遊の測定も行われた。

使用した試験エアロゾルは、プラズマトーチによる混合エアロゾル（混合容器内に Cs, Mn, I を注入し、異なる化学種の形成、またエアロゾルの成長・凝集を図ったもの）及び

マイクロエアロゾル（エアロゾルの成長・凝集を避けるために直接 DOP を注入したもの）である。

AREVA 製の組合せ型ベンチュリスクラバフィルタの混合エアロゾルを用いた場合の除染係数（DF）を表 5.1-2 に示す。

再浮遊に関しては、連続的な長期運転時のよう素並びにエアロゾルの除去効果に対して

表 5.1−2　AREVA 製 FCVS の ACE 試験結果

エアロゾル	DF
Cs	1,400,000
Mn	> 1,000,000
I	300,000

大きな影響があるとされた。そのため、ACE 試験では（微小な再浮遊量を評価するために）非常に高感度な試験が行われた。

公式な ACE 試験の報告では、捕捉効率及び再浮遊に関して、AREVA 製の組合せ型ベンチュリスクラバフィルタは以下のようにまとめられている。

●エアロゾル充填中に圧損の上昇がみられず、したがって閉塞の恐れがない。

●エアロゾルに対して負荷容量が高い。

●大粒子及び微細粒子に対して、捕捉効率が高い。

●フィルタのプロセスが頑強である。

●装置がコンパクトである。

また、「…DF 値が総じて高く、10^6 のオーダーである。これは、優秀なエアロゾル捕捉効率を示している」と記載されている。[2]

(d)　有機よう素捕捉効率向上への取組み

　1）技術の選定及び開発

　　有機よう素の捕捉に関しては、ゼオライトの使用が最も良い選定であると考えられる。ゼオライトの不燃性及び水に対する不溶性により、FCVS 固有の運転条件下においても使用することができる。特に銀を主とするコーティングを施したゼオライト吸着剤は、有機よう素に対して露点温度近くであっても高い親和性を持つ。よう素の捕捉は、不可逆的性質を持つ化学的吸着に基づいている。これは、銀のよう素に対する親和性が、炉心溶融等の事象で放出される他のハロゲン物質や揮発性物質の親和性に対してはるかに高いためである。選定したゼオライトは高い負荷特性を持つため、炉心溶融事故時にもゼオライトの交換あるいは再生成を必要としない十分なよう素の「保持能力」を提供する。

　2）吸着剤の厳しい環境条件下での認証

　　AREVA は独立第三者機関である TUEV（独立したドイツの技術管理機関）と協力し、吸着剤の捕捉実験を行った。この実験室スケールでの性能試験を数多く実施し、設定した条件の下でゼオライトの有機よう素捕捉に関する効率について検討した。異なる過熱条件の空気／水蒸気の混合流体に対して CH_3I をゼオライトに連続注入した試験を行った。さらに、一時的な凝縮条件、長期試験（100 時間以上の連続運転）、熱的ストレス及び放射能影響等の試験を行い、ゼオライトが有機よう素の捕捉に影響ないことを検証した。

最適なゼオライト選定のため、異なる吸着材料を用いた性能試験も行った。さらに大規模スケール試験装置である JAVA PLUS 試験装置に適用するためのサイジング検討も行った。

一般に、化学産業界では実験室レベルの試験結果から実機にスケールアップする際に 1:10 程度のプロトタイプでの試験を中間ステップとして行う。

化学的プロセスのスケーリングに関しては、現象が十分に理解されていて数学的に正しく表現されていることが、正しいスケールアップを行う上で必要であることが知られている。

ミクロプロセス及びマクロプロセスの複雑な関係がある場合、中間ステップを用いたプロトタイプによる性能試験を行う方が、直接理論的数値を用いたスケールアップを実機に適用するよりも信頼性が高く、費用対効果も高いと考えられる。[4]

この手法は、有機よう素とゼオライトの反応のような2相間の反応においては非常に重要である。実験室スケールで求めた DF は大規模スケール試験のそれよりも非常に高い。したがって、実験室試験のみを基に設計した FCVS では、サイトに設置する FCVS の捕捉性能に対する要求事項を満足することができないと考えられる。

それ故、AREVA では次節に述べる JAVA PLUS 施設を用いた大規模スケール試験に多くの労力を費やしてきた。

3) JAVA PLUS −有機よう素捕捉確認のための大規模性能試験

JAVA 試験装置を改造して JAVA PLUS 試験装置とし（図 5.1-6 参照）、有機よう素捕捉性能確認のための大規模スケール試験を行った。

実施した大規模スケール試験は、格納容器圧力及びガス組成等異なるベントシナリオを模擬して実施した。

特に過熱状態及びガスの滞留時間を、ゼオライトの捕捉効果の主要パラメータとして注目した。図 5.1-7 に JAVA PLUS 試験で得られた関係図を示す。FCVS PLUS 入口圧力の減少と共に捕捉時間が増える一方、過熱は減少している。

代表的な有機よう素種としてよう化メチ

図 5.1−6　AREVA 製 JAVA PLUS 試験装置

ル（CH_3I）を選定し、試験を行った。よう化メチルは非常に揮発性が高く、量的にもっとも卓越した有機よう素種であると考えられる。さらに、よう化メチルは揮発性が高いこと及びサイズが小さいことにより捕捉が難しい。それ故、よう化メチルを用いた試験は保守的と考えられる。

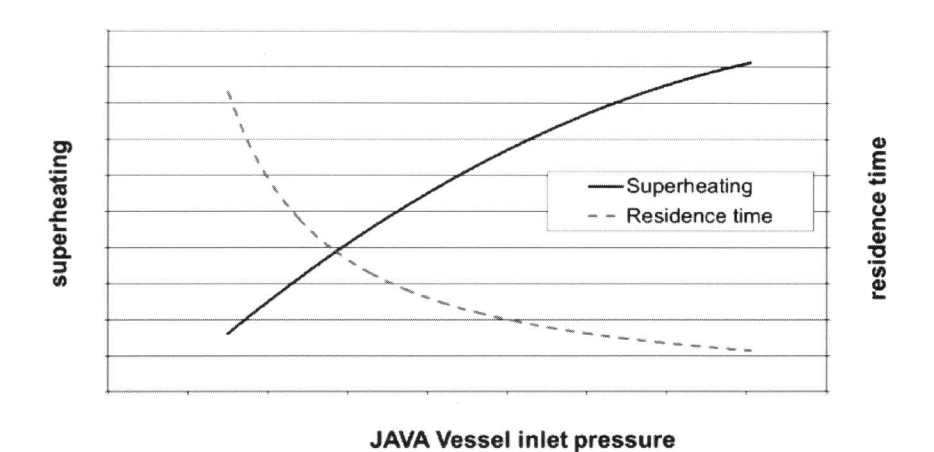

JAVA Vessel inlet pressure

図5.1－7　JAVA PLUS－ゼオライトに関する過熱及び捕捉時間

（e）ACE、JAVA、JAVA PLUS 試験結果の総括

　表5.1-3 に AREVA 製 FCVS と FCVS PLUS に関する大規模性能試験の概要を示す。これにより高い信頼性のあることがわかる。

表5.1－3　ACE、JAVA、JAVA PLUS 試験における AREVA 製 FCVS
及び PLUS の大規模性能試験概要

Large Scale Test	Period [year]	Materials tested	Conditions Tested			Measured retention Efficiency %
			P [bar abs]	T [°C]	Gas composition [% steam]	
JAVA	1989-1990	BaSO₄	1.6-10	75-192	0-100	99.992 - 99.999
		SnO₂	1.8-6.1	90-200	0-100	99.997 - 99.999
		Uranine	2-6	98-119	0	99.997 - 99.999
		gaseous Iodine	1.6-10	140-160	30-100	99.0 (x) to 99.9
ACE	1989-1990	Cs	1.4	145	42	99.9999
		Mn	1.4	145	42	99.9997
		Total iodine (particles and gaseous)	1.4	145	42	99.9997
		DOP	1.2-1.7	ambient	0	99.978 to 99.992
JAVA PLUS [applicable for FCVS PLUS only]	2012-2013	Gaseous organic iodine	1.5-8	80->170	50-95	> 98

(x)過酷環境条件にて計測：非アルカリ性 pH 値、ベンチュリノズルは水没させていない。
　　通常運転時を代表するものではない。

空媒放射能に対する高い捕捉性能が実証されたことに加え、AREVA 製 FCVS PLUS は格納容器減圧に対する安全性能を満たすことが認証された。すなわち、これら 3 段階のステージにより、フィルタの閉塞等による圧力緩和機能の喪失を完全に排除させることができる。

(f) 実験室試験と大規模スケール試験との比較
　実験室試験は通常、大規模スケール試験による検証や FCVS の設計上での DF 性能の最終決定に用いることはできないと考えられる。
　第 3 ステージとしてのゼオライト認証のための手法を図 5.1-8 に示す。

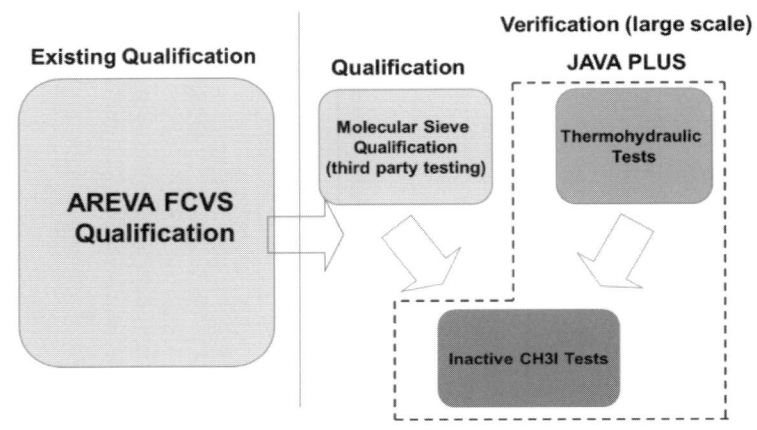

図 5.1-8　AREVA 製 FCVS PLUS の認証

　FCVS の第 3 ステージとしての有機よう素除去効率は、一貫して 98% 以上であった。この除去効率は、以下のような不利な運転条件でも得られている。
- ●ゼオライトが冷えた状態でのスタートアップ時
- ●過熱度が低い場合
- ●滞留時間が短い場合

　この除去効率 98% 以上というのは最小値であり、大規模スケール試験では、種々のプロセス条件下において 99% 以上が測定されている。[3]

　通常、この吸着剤部は、顧客あるいは国固有の要求事項によって定められた目標 DF に対応してカスタマイズされる。

　大規模スケール認証試験と性能の検証は、例えば FCVS のような複雑な熱水力的化学プロセス機能においても適用可能な最新の手法である。したがって、AREVA では顧客や国固有の要求事項を満たすためのプラント固有 FCVS について、大規模スケール試験での DF を適用している。

　AREVA による大規模スケール手法を以下に要約し、合わせて図 5.1-9 に示す。
- ●産業用サイズでの試験装置による性能検証
- ●実機スケールでの部位により、スケールの影響を最小化

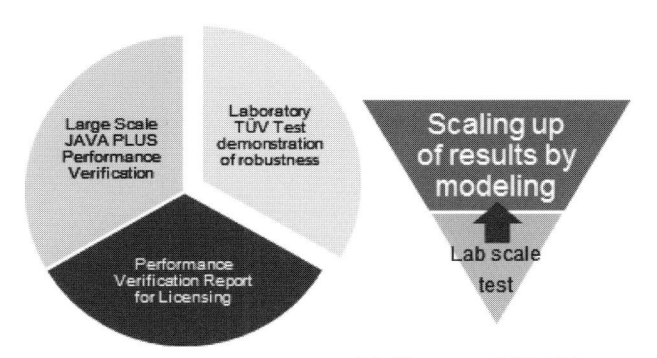

図5.1－9　AREVA による大規模スケール試験手法

●要求流量に関連する要素に基づいて部位の数を調整することで、実機スケールへのスケールアップを簡素化

(4)　日本における AREVA 製 FCVS

　AREVA は、高効率で頑強性の高いプロセス、広範なプロセス認証データ、また継続したプロジェクト実施による高い専門性を提供し、常に技術開発・製品向上へと繋げている。

(a)　日本国内 BWR に対する AREVA 製 FCVS

　日本の BWR 各電力は、AREVA 製 FCVS の採用を決定した。実施に当たり、AREVA は日立 GE・東芝と協力して進めている。

　BWR 向け FCVS に対する基本要求事項は以下の通りである。
●熱出力の 1% が PCV より排出される。
●ウェットウェルからの排出を基本としながらも、ドライウェルからの排出についても考慮する。
●耐震要求事項を満足する。
●エアロゾル及び（無機及び有機）よう素を高効率で捕捉する。
●遅延ベントの場合の負荷容量として、PCV 設計圧力の2倍でのベントにおいても、フィルタ効率を維持できるようにする。

(b)　日本国内 PWR に対する AREVA 製 FCVS

　日本の PWR 電力も AREVA 製 FCVS 設置のための設計調査を委託している。実施に当たり、AREVA は MHI と協力して進めている。

　以下のように、PWR 向け FCVS に対する要求事項は（例えば2つのベントラインといった BWR に固有な点を除き）BWR に対するそれとほぼ同じである。
●格納容器圧力を抑えるのに十分な流量を確保する。
●高い崩壊熱除去容量を備えている。
●耐震要求事項を満足する。

●エアロゾル及び（無機及び有機）よう素を高効率で捕捉する。

●遅延ベントの場合の負荷容量として、PCV 設計圧力の 2 倍でのベントにおいても、フィルタ効率を維持できるようにする。

（5）カスタマイズされた AREVA 製 FCVS の設置事例

AREVA 製 FCVS は柔軟な設計を実現でき、あらゆるサイトの要求を満たすことが可能である。

既設プラントの屋内外で設置が可能である。屋内設置に関しては、設置面積と許容荷重に対する制約があることから FCVS 寸法の適用性が課題となる。

5.1（2）で述べたように、AREVA 製 FCVS の技術は 3 段階のステージに基づく。これら 3 つのステージを 1 つの容器内に組み込むことも可能であり、また分割設計にすることも可能である。分割設計とは、全てのステージを独立した別々の容器に入れるか、または湿式ステージであるベンチュリスクラバと MFF を 1 つの容器に入れる一方、ゼオライトを別の容器（I-catch）に入れることを指す。

AREVA による分割設計は実証された技術であり、認証試験や大規模スケール試験に完全準拠する。図 5.1-10 に分割設計の例を示す。

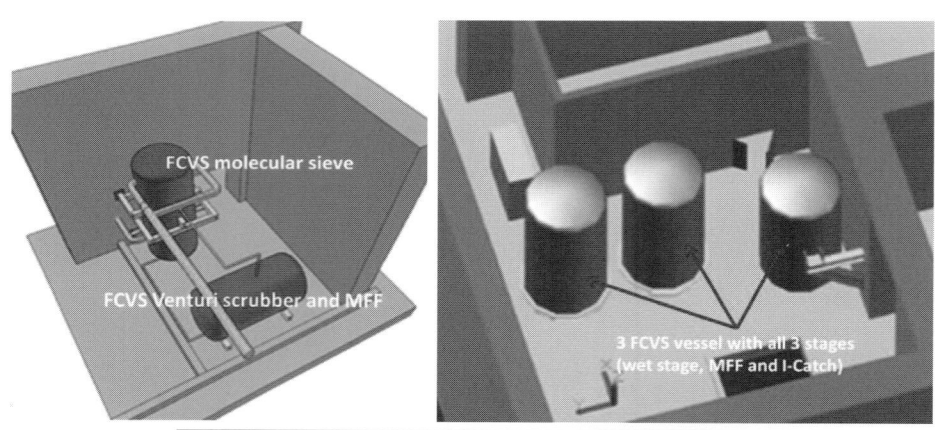

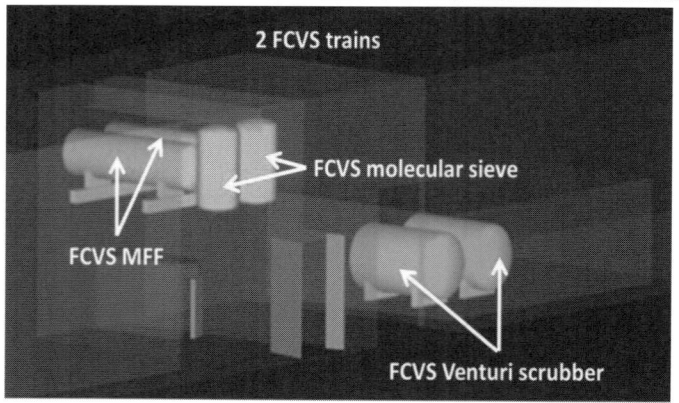

図 5.1－10　屋内設置に関する AREVA 製 FCVS 分割設計の例

（6）まとめ

　AREVA 製 FCVS は実証済みの設計であり、全世界に設置されている。AREVA 製 FCVS は PWR、BWR、VVER 及び PHWR において実績がある（図 5.1-12 参照）。

　FCVS に対する AREVA の実績は既に 25 年以上である。図 5.1-11 に、その手法の全体像と主要な設計開発についてまとめる。

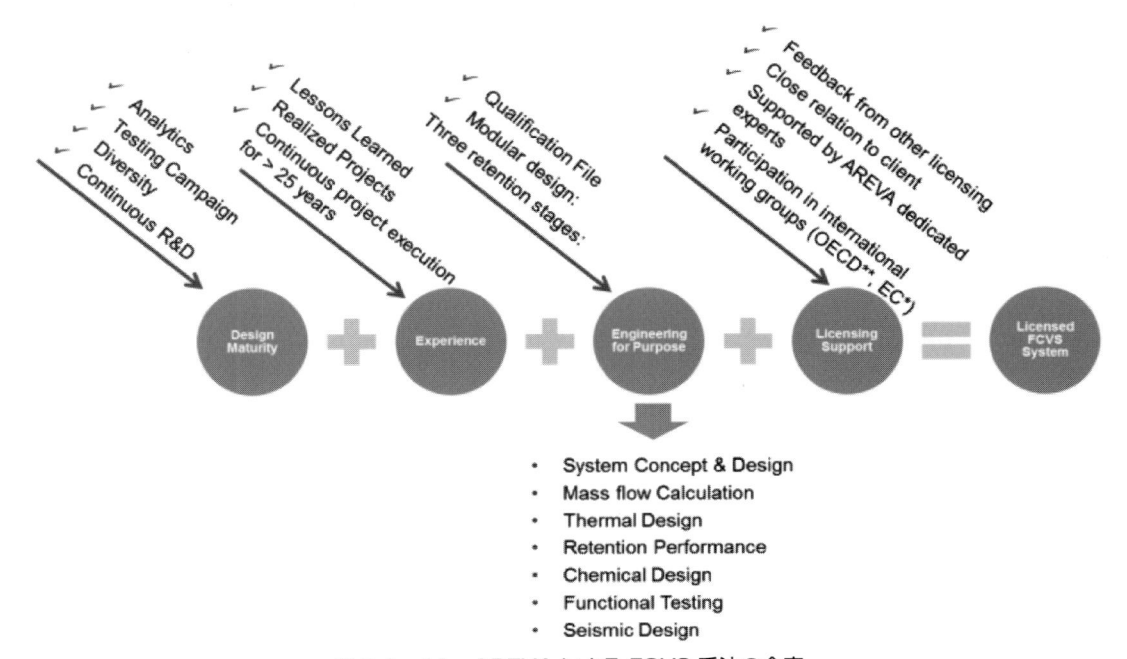

図 5.1－11　AREVA による FCVS 手法の全容

　AREVA では既設建屋内への設置についても実績がある。ゼオライト付き FCVS は、ブルガリアのコズロドュイ 3/4 号機（VVER 型）に設置済みである。日本においても現在、BWR 及び PWR に対して複数の AREVA 製 FCVS が建設中であり、これにはゼオライト付きが含まれる。2015 年 5 月現在、中国電力島根 2 号機及び中部電力浜岡 4 号機については、FCVS がサイトに納品されている。

　3 ステージ構成による AREVA 製 FCVS プロセス設計は、以下の問題を解決する。

●湿式あるいは乾式のみのフィルタシステムの問題点を解決。

●広範囲のエアロゾルに対するフィルタギャップ（捕捉効率の小さい範囲）を解消。

●特許取得済みの技術により、湿式スクラバ部での微細エアロゾルに対しても最高の捕捉効率を確保し、さらにゼオライトにて形成される過熱状態による効率的な有機よう素捕捉を達成。

　AREVA 製 FCVS の認証及び性能試験は全て大規模スケール試験及び第三者国際機関試験に基づいており、そのため、

●スケール依存性が低い

● FCVS プロセスの信頼性が高い

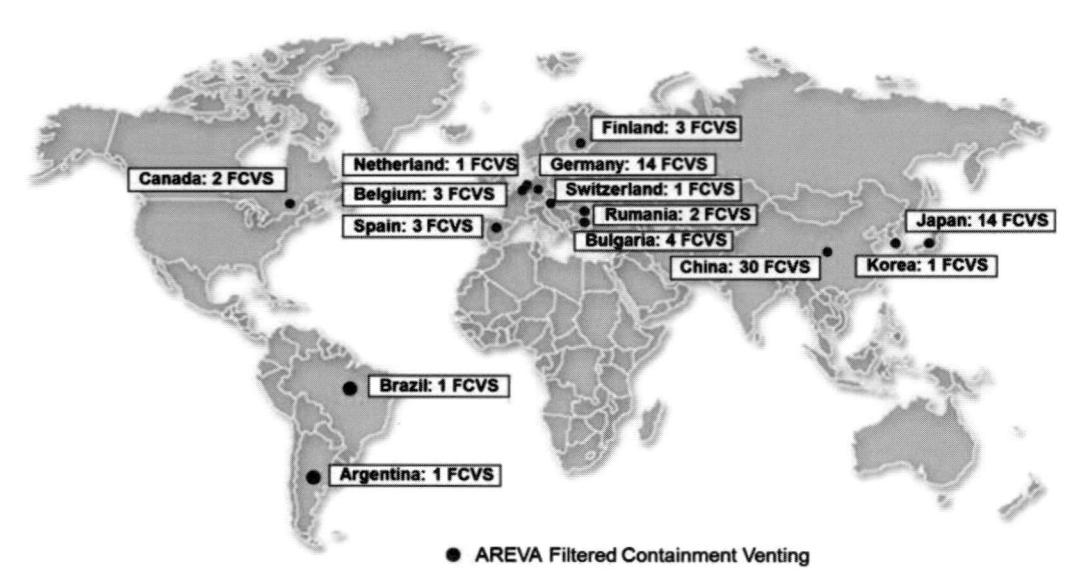

図5.1−12 AREVA 製 FCVS−設置済みまたは建設及び計画中の実績(2015年5月現在)

という利点をもたらしている。

　AREVA では屋内設置を可能にするために分割容器設計に関する適用性調査を実施している。

（7）参考文献

（1）"Process for Retention of Iodine and Aerosols during Containment Venting", Report BMFT 1500 760/3（Translation ; Offenbach, Siemens KWU（now AREVA), October, 1990

（2）McCormack, J.D., Dickinson, D.R., Allemann, R.T., 1990, "Experimental results of ACE vent filtration: Siemens combined venture scrubber tests", ACE-TR-A12

（3）39. Reunión Anual de la SOCIEDAD NUCLEAR ESPAÑOLA; Reus, 25-27 Septiembre 2013; "High Speed Sliding Pressure Venting Plus（AREVA's FCVS with enhanced organic iodine retention)- Design Principles and Qualification of Severe Accident Equipment"; Sebastian Buhlmann, Christian Hutterer, Norbert Losch

（4）Catalysis Today 34（1997）; "Scale up of chemical reactors"; Gianni Donati

5.1.1　重大事故時等対処施設　格納容器フィルタベント設備の設計方針

　フィルタベント設備を導入、設置するにあたっては、福島第一原子力発電所事故の教訓及び新規制基準の要求事項等を踏まえ、想定される重大事故等時に確実に操作可能なシステムとすること、また、ベント操作実施の際には可能な限り、放射性物質の放出を低減すること等を設計の基本方針とする。

　沸騰水型原子炉（BWR）の例として主要な設計方針を以下に示す。

(1) 原子炉格納容器の過圧破損を防止するため、原子炉格納容器内に内包するガス（水素ガスを含む）を排気できるよう、以下の設計とする。

　(a) 排気容量

　　想定するベント圧力に対して設計流量が確実に排気できるように、排気経路の圧力損失を考慮した設計とする。

　(b) 冗長性

　　原子炉格納容器からの排気経路は、ウェットウェルからの排気が確実に実施できるように、長期的にも溶融炉心及び水没の悪影響を受けにくいサプレッションチェンバ頂部から排気するとともに、万一、ウェットウェルから排気できない場合においても、本設備の機能が維持できるよう、ドライウェル高所からも排気できる設計とする。

　(c) 閉塞防止

　　排出経路における閉塞を防止するため、配管内における蒸気凝縮によるドレン水が系統内に滞留しない設計とする。また、ベントフィルタ部における閉塞を防止するため、ベントフィルタ容量は想定するエアロゾル量が移行した場合においても、排気できる設計とする。

(2) 排気中に含まれる放射性物質を低減できるよう、以下の設計とする。

　(a) ベンチュリスクラバにおける放射性物質の捕集及び保持性能

　　ベンチュリスクラバは、想定する運転範囲（ベントガス圧力・温度・流量等）において、ベントガス圧力と大気圧との圧力差で通気することにより、排気ガス（ベントガス）中に含まれる放射性物質を低減できる設計とする。また、捕集した放射性物質の崩壊熱等によるスクラビング水の蒸発を考慮し、24時間以上、運転員等による補給操作が不要となるスクラビング水を有するとともに、スクラビング水が減少した場合においても、外部から補給できる設計とする。

　(b) 金属繊維フィルタにおける放射性物質の捕集及び保持性能

　　金属繊維フィルタは、想定する運転範囲（ベントガス圧力・温度・流量等）において、ベントガス圧力と大気圧との圧力差で通気することにより、ベンチュリスクラバを通過した排気ガス（ベントガス）中に含まれる放射性物質を低減できる設計とするとともに、捕集した放射性物質を金属繊維フィルタ内に保持できる容量を有する設計とする。

　(c) 放射性よう素除去フィルタにおける放射性物質の捕集及び保持性能

　　事故後短期の被ばく量を抑えるために設置する放射性よう素除去フィルタは、想定する運転範囲（ベントガス圧力・温度・流量等）において、ベントガス圧力と大気圧との圧力差で通気することにより、金属繊維フィルタを通過した排気ガス（ベントガス）中に含まれる放射性よう素を低減できる設計とするとともに、捕集した放射性よう素を吸着材に保持できる容量を有する設計とする。

(3) 想定される重大事故等が発生した場合において、確実に操作できるよう、以下の設計とする。

（a）操作の確実性

中央制御室制御盤の制御盤から遠隔操作が可能な設計とし、運転員の操作性を考慮した設計とする。また、隔離弁等については、現場において、人力により操作できる設計とする。

（b）放射線防護

作業員の被ばくを低減するため、人力による弁操作は放射線量が高くなるおそれが少ない二次格納施設（遮へい壁）外から操作が可能な設計とする。また、スクラビング水の補給等、屋外作業を実施する際、ベント後に高線量となるベントフィルタからの被ばくを低減するため、ベントフィルタ格納槽は必要な遮へい厚さを設けた設計とする。

(4) 他号炉の格納容器フィルタベント設備に対して悪影響を及ぼさないよう、他号炉と共用しない設計とする。また、他の系統・機器に悪影響を及ぼさないよう、接続する系統と隔離する設計とする。

(5) 共通要因によって最終ヒートシンクへ熱を移送するための設計基準事故対処設備の安全機能と同時にその機能が損なわれることがないよう、設計基準事故対処設備に対して多重性又は多様性及び独立性を有し、位置的分散を図る設計とする。

(6) 可燃性ガスの爆発を防止できるよう、以下の設計とする。
（a）不活性化

本設備内は、待機中、窒素置換による不活性化によって、水素爆発を防止できる設計とする。なお、排気配管には、排気の妨げとならない微正圧で作動する圧力開放板を設け、大気と隔離する。

（b）希釈・掃気

排気配管は原則上り勾配とし、ベント中に水素ガスが滞留する箇所を設けない設計とする。また、ベント停止操作により、水素ガスが滞留する可能性がある箇所については、可搬型窒素ガス発生設備からの窒素供給により可燃限界を超えることがないよう希釈、掃気できる設計とする。

(7) 排出経路において水素及び放射性物質濃度を監視できるよう、水素濃度計及び放射線モニタを有する設計とする。

(8) 本設備の電源は、全交流電源喪失時においても、必要な電源の供給が可能な設計とする。

(9) 本設備は、基準地震動 Ss による地震力が作用した場合においても当該施設を十分に支持することができる地盤に設置するとともに、基準地震動 Ss による地震力に対して、重大事故等に対処するために必要な機能が損なわれるおそれがないよう、健全性を確保する設計とする。

（10）本設備を設置するベントフィルタ格納槽等は、基準津波に対して重大事故等に対処するために必要な機能が損なわれるおそれがない設計とする。

（11）本設備は、火災に対して重大事故等に対処するために必要な機能が損なわれるおそれがないよう、火災の発生を防止することができ、かつ、火災感知設備及び消火設備を有する設計とする。

（12）本設備は、健全性及び能力を確認するため原子炉の運転中又は停止中に試験又は検査ができる設計とする。

5.1.2　分割型フィルタベント

　島根原子力発電所では、福島第一原子力発電所の事故（以下、「福島第一事故」という）を踏まえ、同様の事故を決して起こさないという強い決意のもと、電源や冷却機能の確保、浸水防止対策等、原子炉や使用済燃料の損傷を防止するための緊急安全対策等を直ちに実施した。さらに、重大事故発生を防止するための設備強化や重大事故の進展防止のための重大事故等対処設備の設置等、様々な安全対策を鋭意実施しているところである。

　本節では、2013 年 12 月 25 日に新規制基準への適合性確認審査のための申請を行った島根原子力発電所 2 号機（以下、「島根 2 号機」という）の安全対策の概要と、安全対策の中でも重大事故の進展防止対策として重要な役割を担うものの一つで、国内で初めて導入することとなるフィルタベント設備（分割型フィルタベント）の設計概要、設置状況等について紹介する。

5.1.2.1　安全対策の概要

　島根 2 号機では福島第一事故の教訓および新規制基準の要求事項等を踏まえ、重大事故等の発生防止のための設備強化（耐震性能の確保、電源の信頼性強化等）に加え、万一、重大事故等が発生した場合においても炉心損傷を防ぐために注水を継続し、除熱機能の確保を図り、さらに、炉心損傷に至った場合であっても格納容器の破損および大規模な放射性物質の放出を防止するため、①炉心損傷防止、②除熱機能確保、③格納容器破損防止、④電源等の共通サポート機能維持の観点から、新規設備の設置や従来設備（基本設計設備、アクシデントマネジメント設備）の強化といった形でさらなる安全対策に取り組んできている。

　想定する重大事故等時において、炉心への注水継続、残留熱除去系による除熱機能確保により、炉心の著しい損傷に至ることなく収束できることを確認しているが、残留熱除去系による除熱機能が喪失した場合であっても、大気を最終ヒートシンクとした代替除熱手段としてフィルタベント設備を機能させて、炉心への注水との組み合わせによるフィードアンドブリードにより、炉心の著しい損傷を防止する。

　また、炉心損傷に至った場合にも、格納容器の過圧破損等を防止する手段としてフィルタベント設備を機能させて、原子炉格納容器内の圧力及び温度を低下させるとともに、環境へ

の放射性エアロゾル等の放出量を低減することができる。

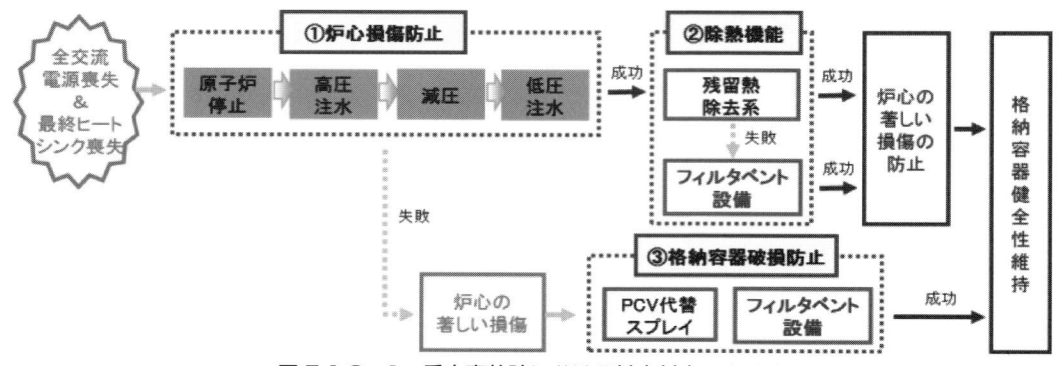

図5.1.2-1　重大事故時における基本対応シナリオ

5.1.2.2　フィルタベント設備の設計仕様

　島根2号機において考慮したフィルタベント設備の系統及び機器設計仕様について、以下説明する。

（1）系統設計仕様

　島根2号機のフィルタベント設備の系統は、従来のアクシデントマネジメント設備である耐圧強化ベントラインから分岐した配管を、ベント弁を介して原子炉建物外の地下格納槽内に設置したフィルタ装置まで敷設・接続し、ベント時の放射性物質の拡散を期待するために、フィルタ装置出口配管を原子炉建物に沿って屋上レベルまで立ち上げている。

　フィルタベント設備の系統概略構成を図5.1.2-2 に、系統設計における主な考慮事項を以下に示す。

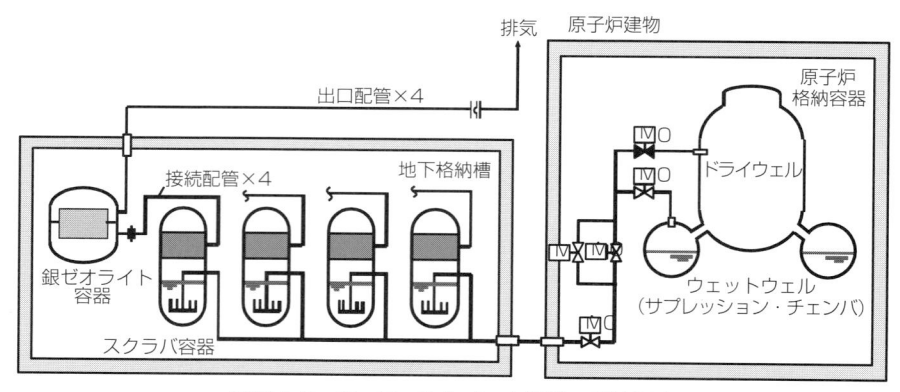

図5.1.2-2　フィルタベント設備の系統概略

●原子炉格納容器ベントをする際には、サプレッション・チェンバからのウェットウェルベントを系統設計の基本とするが、ウェットウェルベントが使用できない状況も考慮し、ドライウェルからのベントも可能な設計とする。

●格納容器からフィルタ装置までの他系統との取り合いは、隔離弁を2重に設置することで隔離機能の信頼性向上を図る設計とする。また、2つの隔離弁は、通常時「閉」とするとともに、第1隔離弁については空気作動弁を採用し、重大事故等時に想定される弁の駆動源喪失時においても自動的に隔離できるよう、フェイル・クローズの設計とする。

●ベント弁は原子炉棟外（二次格納施設外）から現場操作可能とし、運転員の放射線防護を考慮した設計とする。

●ベント運転時のベントガスには水素ガスが含まれる可能性があることから、フィルタベント設備の排出経路にガスが滞留しないようにして水素爆発防止を図るとともに、出口配管に圧力開放板を設置して待機中の系統内を窒素雰囲気に維持する。

(2) 機器設計仕様　フィルタ装置

　島根2号機では、規制要件に基づく放射性エアロゾルの除去および被ばく評価の観点から無機／有機よう素の除去をフィルタ装置の性能に係る機器仕様要件とし、3つのセクション（①ベンチュリスクラバ、②金属繊維フィルタ、③よう素吸着フィルタ）の装置構成で要件を達成する AREVA 社（ドイツ）のフィルタを選定した。

表 5.1.2－1　フィルタ装置の設計仕様

	スクラバ容器	銀ゼオライト容器
フィルタセクション	①ベンチュリスクラバ ②金属繊維フィルタ	③よう素吸着フィルタ
容器寸法	直径：約2.2m 高さ：約8m	直径：約3m 高さ：約5m
基数	4基	1基
容器材質	SUS316L	
除去効率	放射性エアロゾル：99.9%以上 無機よう素：99%以上 有機よう素：98%以上	
最高使用圧力	853kPa	
最高使用温度	200℃	
機器クラス	重大事故等クラス2容器	
耐震性能	基準地震動にて機能維持	

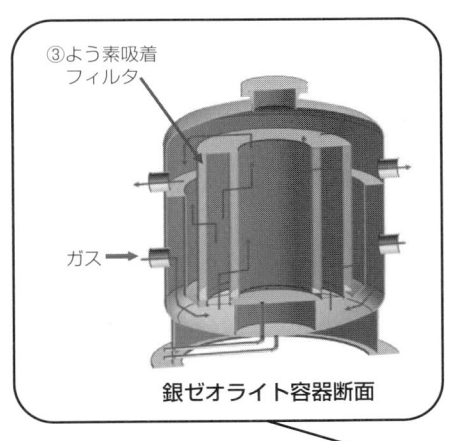

銀ゼオライト容器断面

銀ゼオライト容器

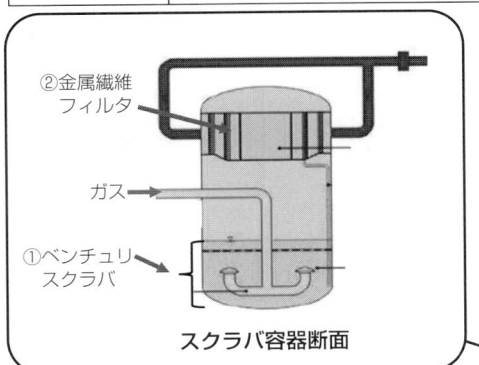

スクラバ容器断面

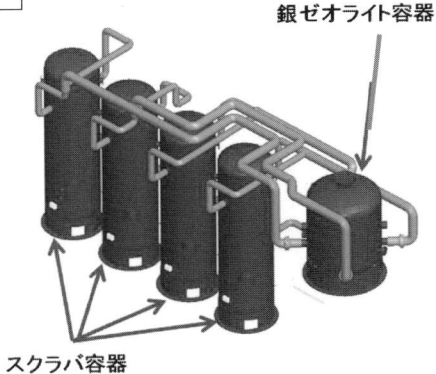

スクラバ容器

図 5.1.2－3　フィルタ装置の概略

ベントガスは、①ベンチュリスクラバでまず処理され、ベントガスに含まれる放射性エアロゾルおよび無機よう素の大部分は、スクラビング水中への保持により除去される。さらに、②金属繊維フィルタでは、ベンチュリスクラバでは除去しきれなかった微小粒径の放射性エアロゾル等を除去する。また、③よう素吸着フィルタでは、主に有機よう素を除去する。①②はスクラバ容器内に設置し、③は銀ゼオライト容器内に設置して、スクラバ容器の後段に配置される。本フィルタ装置の性能に関しては、AREVA 社で実施した実証試験結果により仕様要件を満たすことを確認している。

　フィルタ装置の仕様を表 5.1.2-1、構成概略を図 5.1.2-3 に示す。

（3）配管および弁類

　配管および弁類の主な仕様を以下に示す。

●フィルタベント設備の配管は原子炉定格熱出力の 1% 相当の蒸気を排出可能とし、フィルタ装置入口配管を 1 ライン、フィルタ装置出口配管を 4 ラインとしている。

●フィルタベント設備の運転に必要なベント弁は電動駆動弁としている。これら電動駆動弁は電源を喪失した場合においても、二次格納施設外から遠隔操作により手動にてベント弁を開閉できる機構を有している。

5.1.2.3　フィルタ装置の製作

　フィルタ装置に要求される設計方針および設計仕様に基づき、技術基準規則にしたがってクラス 2 機器と同様の原子力の高い品質で、ベンチュリスクラバおよび金属繊維フィルタを格納したスクラバ容器と、よう素吸着フィルタを格納した銀ゼオライト容器の製作を行った。

上部胴＋下部胴
スクラバ容器

上部胴

下部胴

銀ゼオライト容器

図 5.1.2-4　スクラバ容器の製作時状況

　現在、スクラバ容器と銀ゼオライト容器は現地搬入され、格納槽内に設置された。スクラバ容器及び銀ゼオライト容器の製作時の状況を図5.1.2-4に示す。

5.1.2.4　現地工事

　フィルタベント設備の現地工事は2013年5月に着工し、フィルタ装置を設置する地下格納槽の工事を進め、完成を目指している。

　地下格納槽は、原子炉建物近傍の岩盤上に鉄筋コンクリート製で設置し、基準地震動に対する頑健性やフィルタ装置に捕集した放射性物質からの放射線に対する遮蔽を考慮した設計としている。現地工事状況例を図5.1.2-5に示す。

格納槽の建設
（2013年12月）

スクラバ容器搬入
スクラバ容器着座
（2014年8月）

地下格納槽

銀ゼオライト容器搬入
（2015年4月）

図5.1.2-5　現地工事の状況

5.1.2.5　まとめ

　島根原子力発電所では、福島第一事故以降さまざまな安全対策を講じてきており、フィルタベント設備についても、新規制基準施行以前から、その設置をいち早く決定し、重要な対策の一つとして工事を進めてきた。

　現在、フィルタベント設備について、新規制基準への適合性確認審査を受けているところであるが、これからも島根原子力発電所ではより一層の安全性向上に努めていく。

5.1.3　一体型フィルタベント

　福島第一原子力発電所の事故を踏まえ、浜岡原子力発電所では、2011年7月に津波対策を公表して以来、防波壁の嵩上げをはじめとする津波対策の強化や格納容器フィルタベント設備の設置等の重大事故対策等、浜岡原子力発電所の安全性をより一層高める取り組みを着実に進めている。

　本節では、2014年2月14日に新規制基準への適合性確認審査のための申請を行った浜岡原子力発電所4号機（以降「浜岡4号機」という）の重大事故等対処施設の中でも重大事故の進展防止対策として重要な役割を担うものの一つで、国内BWRにおいて初めて導入する格納容器フィルタベント設備（一体型フィルタベント）の設計概要、設置状況等について紹介する。

5.1.3.1　安全対策の概要

　浜岡4号機では福島第一原子力発電所事故の教訓及び新規制基準の要求事項等を踏まえ、万一、多重に設けられた設計基準対処設備の機能が喪失したとしても、多段階にわたる防護措置を講じ、重大事故への進展と事故の拡大防止のため、①炉心損傷防止対策、②格納容器破損防止対策、③放射性物質の拡散抑制対策、④電源設備等の共通の対策に取り組んでいる。浜岡4号機における重大事故等対処施設の概要を図5.1.3.1-1に示す。

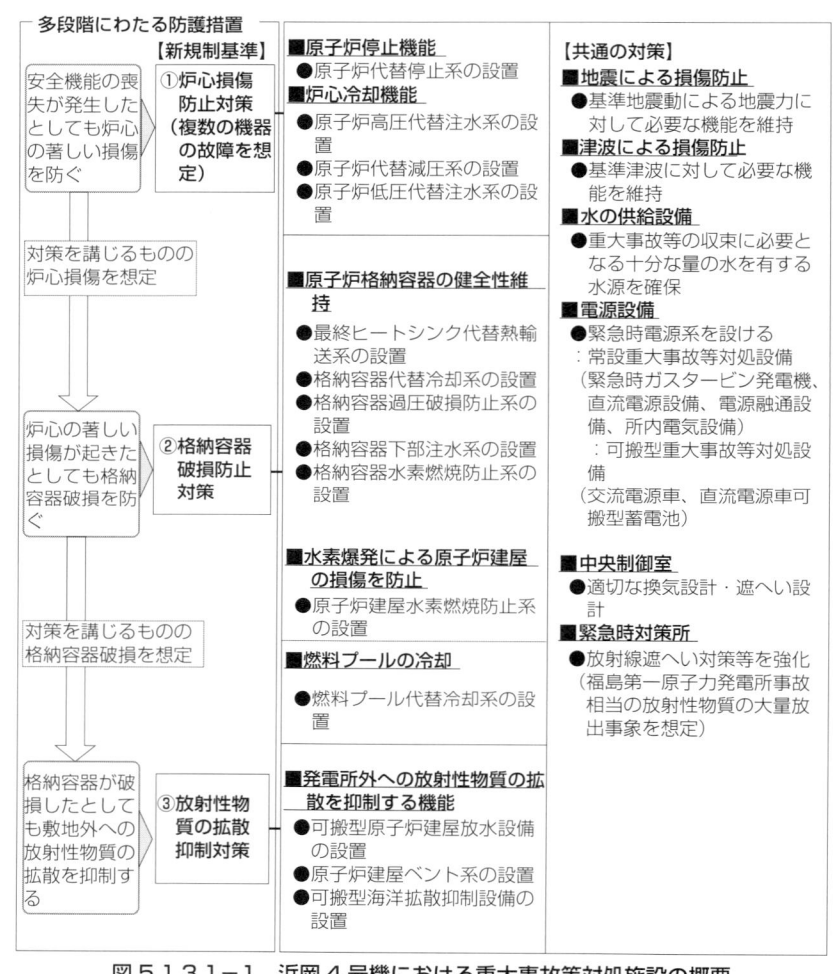

図5.1.3.1-1　浜岡4号機における重大事故等対処施設の概要

　炉心損傷防止対策については、想定される重大事故時においても、炉心への注水を継続し、余熱除去系による除熱機能確保により、炉心の冷却を維持し、炉心の著しい損傷に至ることなく事象を収束できることを確認しているが、万一、余熱除去系による除熱機能が喪失した場合には、原子炉低圧代替注水系（補給水系）等による炉心への注水と格納容器フィルタベント設備を用いた大気を最終ヒートシンクとした除熱の組み合わせによる、いわゆるフィードアンドブリードにより、炉心の冷却を維持する。また、炉心損傷に至った場合にも、格納

容器の過圧破損等を防止する手段として格納容器フィルタベント設備を使用する（原子炉格納容器内の雰囲気ガスを、フィルタ装置（以降「ベントフィルタ」という）を介して排気する）ことにより、環境への粒子状放射性物質等の放出量を低減することができる。

5.1.3.2　格納容器フィルタベント設備の系統概要

　格納容器フィルタベント設備は、ベントフィルタ、配管、弁等で構成し、ベントフィルタは、スカート支持のたて置円筒形容器内に、ベンチュリスクラバ、金属繊維フィルタ、流量制限オリフィス、放射性よう素除去フィルタを内蔵する。格納容器フィルタベント設備は、中央制御室制御盤に設置する操作スイッチにより、ドライウェル又はウェットウェルから原子炉格納容器内の雰囲気ガスを取り出し、ベントフィルタにより放射性物質を低減させた後に、排気筒頂部位置から大気放出する。格納容器フィルタベント設備の系統概略を図5.1.3.2-1に示す。

　なお、格納容器フィルタベント設備の電源は、全交流電源喪失時においても必要な電源の供給が可能なように、代替電源設備からの給電ができる設計とする。

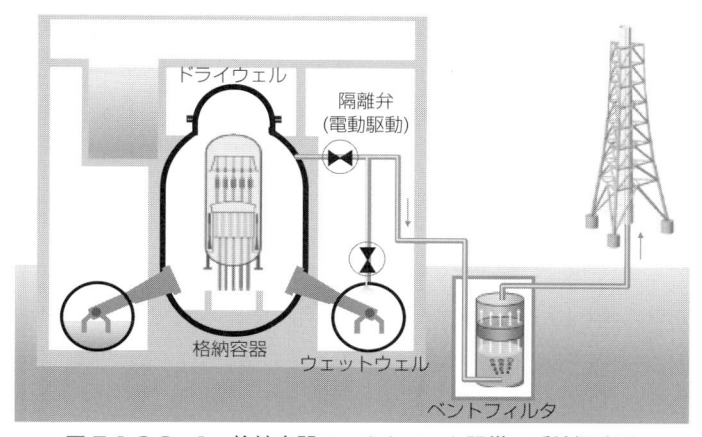

図5.1.3.2－1　格納容器フィルタベント設備の系統概略図

5.1.3.3　ベントフィルタの仕様

　ベントフィルタは、スカート支持されるたて置円筒形容器内に、ベンチュリスクラバ（ベンチュリノズル、スクラビング水）、金属繊維フィルタ、放射性よう素除去フィルタを内蔵する。ベントフィルタは、下部のベンチュリスクラバ（ベンチュリノズル、スクラビング水）、上部の金属繊維フィルタを組み合わせてエアロゾルを捕集する。さらに、金属繊維フィルタの下流側に設置した放射性よう素を捕集する物質（銀ゼオライト）により、放射性よう素を捕集する。

　ベントフィルタ内には、高アルカリ性のスクラビング水を保有しており、高い耐食性が要求されることから、ベントフィルタ及び内部構造物は、耐アルカリ性に優れるステンレス鋼を採用する。

　ベントフィルタ概略を図5.1.3.3-1に、仕様を表5.1.3.3-1に示す。

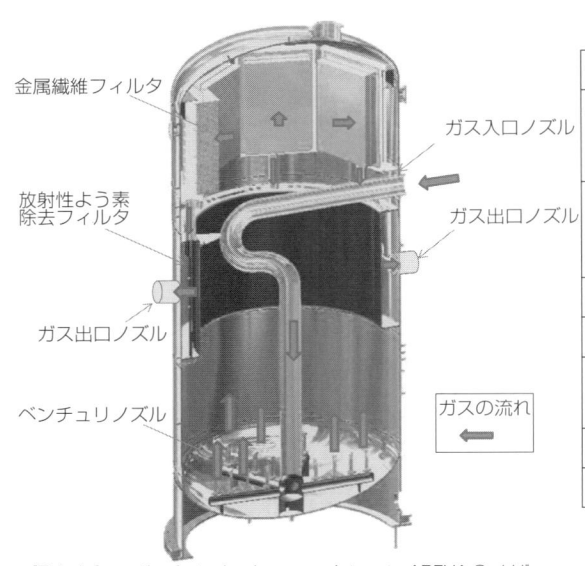

金属繊維フィルタ
放射性よう素除去フィルタ
ガス出口ノズル
ベンチュリノズル
ガス入口ノズル
ガス出口ノズル
ガスの流れ

"This information is technology proprietary to AREVA GmbH"
Copy right@AREVA GmbH

図 5.1.3.3－1　ベントフィルタ概略図

表 5.1.3.3－1　ベントフィルタ仕様

名　　　　　称	ベントフィルタ
種　　　　　類	湿式（ベンチュリスクラバ及び金属繊維フィルタ）＋放射性よう素除去フィルタ
効　　　　　率	粒子状放射性物質：99.9% 無機よう素：99.8% 有機よう素：98%
最 高 使 用 圧 力	854kPa
最 高 使 用 温 度	200℃
主 　要　 寸 　法	直径：約4.7m 全高：約12m
主 　要　 材 　質	SUS316L
耐 　震 　性 　能	基準地震動にて機能維持

5.1.3.4　配置

　ベントフィルタは、新たに設ける地下構造のベントフィルタ格納槽内に設置する。ベントフィルタ格納槽は、鉄筋コンクリート造の地下構造式とし、地下埋設の給気配管ダクト及び排気配管ダクトと接続する。ベントフィルタ格納槽（概略寸法　16m × 12m、深さ30m）は、岩盤の上に設置し、津波による漏水及び地震・津波による溢水による敷地内の浸水に対して当該施設への浸水を防止するよう浸水対策を施し、ベントフィルタに捕集した放射性物質からの放射線に対する遮へいを考慮した設計としている。

5.1.3.5　格納容器フィルタベント設備の設置状況

　格納容器フィルタベント設備の現地工事は 2013 年 4 月に着工し、ベントフィルタ格納槽

鏡板（曲げ加工）

鏡板（熱処理）

完成品検査

図 5.1.3.5－1　ベントフィルタの製作状況

ベントフィルタ格納槽（底部）

ベントフィルタ格納槽（据付）

ベントフィルタ陸揚げ

図5.1.3.5－2 ベントフィルタの輸送及び据付状況

の工事、ベントフィルタの製作、据付工事を進めている。現地工事の状況を図5.1.3.5-1及び2に示す。

5.1.3.6 まとめ

浜岡原子力発電所では、2011年7月に津波対策を公表して以来、防波壁の嵩上げ等による浸水防水対策の強化や格納容器フィルタベント設備の設置をはじめとするシビアアクシデント対策の実施及び取水槽他の溢水対策の実施等、引き続き対策を積み重ねることで安全性をより一層高めている。現在、格納容器フィルタベント設備については、新規制基準への適合性確認審査を受けているところであり、格納容器フィルタベント設備の運用も含め、より確実性の高いシステムの構築について検討を進めている。

5.1.4 頑健型フィルタベント

5.1.4.1 フィルタベント施設の設計要求

福島第一原子力発電所の事故を踏まえて、国内の沸騰水型原子力発電所（BWR）では、重大事故時における対処施設の一つとしてフィルタベントの導入が進められているなかで、原子力発電所の更なる安全性向上の一つとして、ロバスト性を持たせる設計が検討されている。ロバスト性を持たせた頑健なフィルタベント施設（以下「頑健型…」と称する）は、航空機の意図的な衝突およびその他テロリズムにより、常設されている設計基準事故対処施設および重大事故等対処施設の安全機能が喪失し、重大事故が発生した場合にも対処することを想定した施設である。このため、頑健型施設は大型航空機の衝突により原子炉建屋と同時損傷を防止するため必要な離隔距離（例えば100m以上）を確保すること、または頑健な建屋に収納することが検討されている。

現状の各BWRプラントにおける対応は、フィルタベント施設の設置計画が先行していることから、フィルタベント2基構成でロバスト性を持たせる計画となっている。しかし、これらのロバスト性検討をあらかじめ考慮し、頑健性を確保したフィルタベント1基構成とす

ることも考えられる。

本節では、頑健型施設として考慮した1基構成のフィルタベントの設置について紹介する。

5.1.4.2　頑健型フィルタベント施設の設計方針

頑健型フィルタベント施設において必要となる考慮事項としては、航空機の衝突事象等に起因した事象において、設計基準事故対処施設および重大事故等対処施設が機能喪失した状態において、格納容器の破損防止と最終ヒートシンク（大気）への熱輸送手段を確保した上で、格納容器ベントにより放出される放射性物質を除去し、環境影響を低減する手段を確保することである。

航空機の衝突事象においてこれらの機能を維持するためには、設備の機能喪失防止に加え、電源の確保、操作場所の確保が必要となる。その対応策としては、頑健性確保または多重化と位置的分散による機能維持となる。

その対応として、現状計画されている多重化したフィルタベントを2基設置する場合（多重化型）と頑健性を確保したフィルタベントを1基設置する場合（頑健型）において、設備構成と要求される項目を表5.1.4-1に示す。

表5.1.4－1　航空機衝突事象等に起因した事象を考慮したフィルタベントの構成

項目	多重化型	頑健型
構成	フィルタベント2基 格納容器ベント	フィルタベント1基 格納容器ベント
電源	独立した2箇所	独立した2箇所
操作場所	フィルタベント隔離弁操作場所 独立した2箇所(中央制御室等) (現場での人力操作を考慮)	フィルタベント隔離弁操作場所 独立した2箇所(中央制御室等) (現場での人力操作を考慮)
排気管	フィルタベント排気ラインは全て同時に破損しないように位置的分散を図る。	フィルタベント排気管の防護(排気管の2系列化と位置的分散、燃料流入防止対策)により、閉塞または航空機燃料流入を防止する。

多重化型は、格納容器雰囲気を、サプレッション・プールを経由して系外に放出する格納容器ベントに加えて、2基のフィルタベントの構成であり、電源、操作場所、排気管は各設備に独立して設置される。この場合においてもフィルタベントには原則として頑健性が要求されるが、2基のフィルタベントが同時に機能喪失しないように位置的分散を考慮することによる機能維持が可能となる。

頑健型は、格納容器雰囲気を、サプレッション・プールを経由して系外に放出する格納容器ベントに加えて、フィルタベント1基の構成であり、電源と操作場所は2箇所からの給電を可能とし、2箇所での操作を可能とすることで、一方が機能喪失した場合も機能維持が可能となる。

また、航空機衝突時の頑健性を確保するため、フィルタベントは地下設置および天井部の壁厚を確保し、地上への排出が必要となる排気管は、2系列化と位置的分散により機能を維持する。さらに排気管近傍で航空機衝突した場合において、排気管の開口部から航空機燃料

の流入に伴う火災損傷により設備が機能喪失することを防ぐため堰等を設置する。

　頑健型フィルタベントの構成例を図 5.1.4-1 に示す。

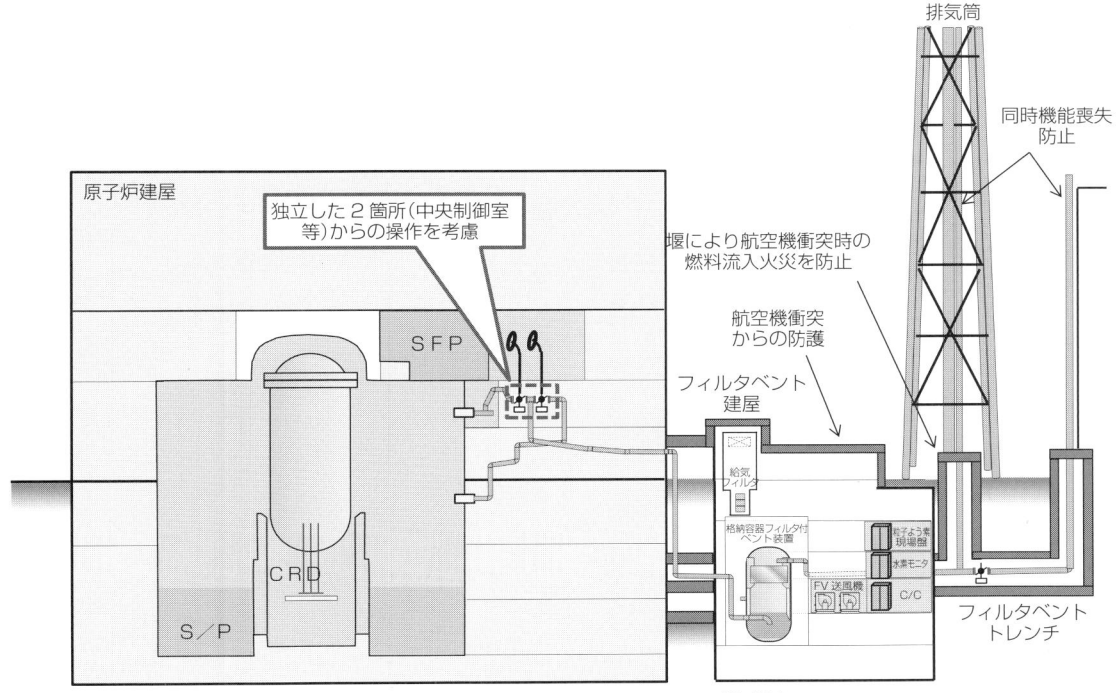

図 5.1.4－1　頑健型フィルタベントの構成例

　現状のフィルタベント施設は、2 基構成の多重化型が計画されているが、航空機衝突における防護を図り信頼性を確保した上で頑健型フィルタベントを導入する対応も考えられる。

5.1.4.3　フィルタベントシステムの強化策

　頑健型フィルタベントを導入する場合、フィルタベントは頑健性が確保されており、排気管の 2 系列化、さらに隔離弁の人力操作等が考慮されているため機能喪失することは考え難いが、フィルタベントの機能喪失を仮定した場合でも格納容器ベントにおいて放射性物質の環境影響を十分に低減できることを含めた放射性物質の環境影響低減策を表 5.1.4-2 に示す。

　放射性物質の環境影響低減策としては、炉心損傷時に放出されるよう化セシウム（エアロゾル）に対して、サプレッション・プールでのスクラビング効果による除去、サプレッション・プールで除去されたエアロゾルが無機よう素として再揮発することを抑制するためにサプレッション・プール水をアルカリ側に維持する pH 管理、ドライウェルに移行したエアロゾルを除去するドライウェルスプレイが低減策として考えられ、さらに再揮発した無機よう素とサプレッション・プールの塗装材等の有機物との反応により生成される有機よう素に対しては、よう素吸着フィルタ（ゼオライト）による除去が対応策として考えられる。

　具体的な対応内容としては、サプレッション・プールでのスクラビング効果については、サプレッション・プールの水位が低下し水深を確保できない場合はスクラビング効果が十分

表 5.1.4−2　放射性物質の環境影響低減策

信頼性向上策	対処方法	対策内容
格納容器ベント(ウェットウェル)よう化セシウム(CsI)の放出量低減	・サプレッション・プールのスクラビング効果により、よう化セシウムを除去 ・除去性能を確保するために、サプレッション・プールの水位維持が必要となるため、サプレッション・プール冷却の早期復旧	スクラビング効果確保のために系サポート強化 ・代替(熱交換器車または冷却水供給用ポンプ車) ・空冷式発電設備および大容量電源車
格納容器ベント(ウェットウェル)無機よう素(I_2)の放出量低減	・サプレッション・プール水を塩基性に管理することにより、無機よう素の生成による再揮発を抑制	サプレッション・プール水の pH管理
格納容器ベント(ドライウェル)よう化セシウム(CsI)の放出量低減	・ドライウェルスプレイによるよう化セシウム除去効果を確保	代替 PCV スプレイ
格納容器ベント(共通)有機よう素の放出量低減	・よう素吸着フィルタによる有機よう素の除去	よう素吸着フィルタ付フィルタベントの設置

得られないことから、その防止策としてサプレッション・プール冷却機能の早期復旧が可能なように RHR 系のサポート系を強化することが考えられる。また、サプレッション・プール水の pH 管理については、プール水をアルカリ側に維持するための薬液注入系統の設置、ドライウェルスプレイ確保策としては代替 PCV スプレイ系統の設置、有機よう素除去についてはよう素吸着フィルタ付フィルタベントの設置が挙げられる。

　頑健型フィルタベント強化策の例を図 5.1.4-2 に示す。

　各強化策で格納容器ベントによる放射性物質の環境影響低減の信頼性向上を十分図った上で、さらにフィルタベントによるよう素除去を考慮することにより、放射性物質の環境影響をさらに低減できると考えられる。

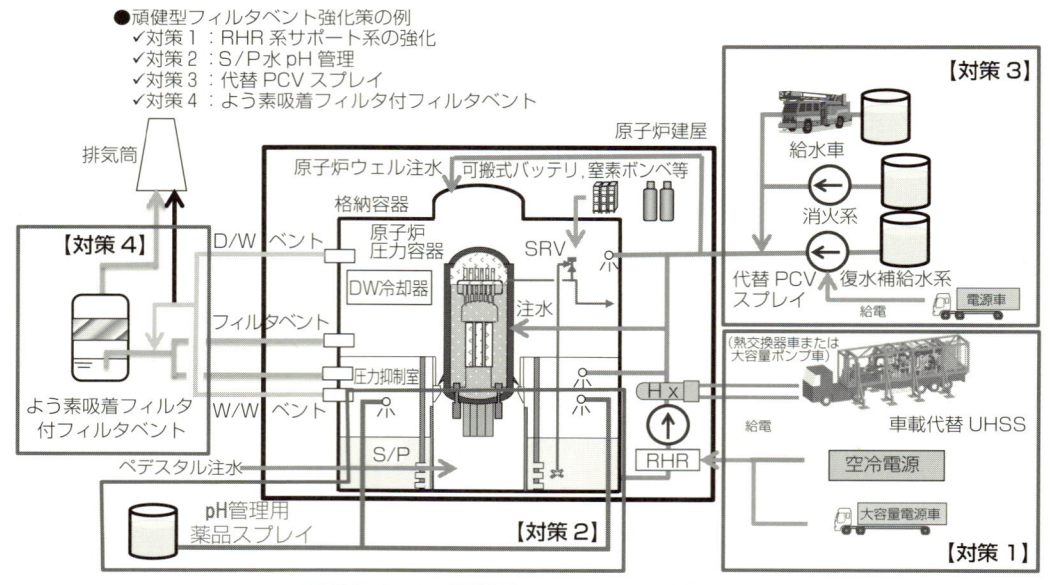

図 5.1.4−2　頑健型フィルタベント強化策例

5.1.5　まとめ

　フィルタベントの構成としては、重大事故等対処施設として設置計画が先行しているフィルタベントにさらに1基追加する多重化型の構成が計画されているが、排気管の2系列化等の信頼性を確保した上で頑健型フィルタベントを導入することも考えられる。

　頑健型フィルタベントの場合、万一フィルタベントが使用できない場合は、格納容器ベントにより対応することになるが、サプレッション・プールでのスクラビング効果確保のためのRHRサポート系の強化、サプレッション・プール水のpH管理、ドライウェルスプレイによるエアロゾルの除去効果確保のための代替スプレイ系設置により、放射性物質の環境影響低減の信頼性を確保した上で、さらにフィルタベントによるよう素除去により、放射性物質の環境影響をさらに低減できるシステムとすることが可能である。

5.2　国産フィルタベントの開発

5.2.1　はじめに

　福島第一原子力発電所の事故では、原子炉格納容器（以下、格納容器）の冷却機能が喪失したために高温、高圧となる状態が継続し、閉じ込め機能が喪失することにより格納容器内部から放射性物質が漏えいした。この事故を教訓とする安全対策では、格納容器の閉じ込め機能を確保することができる限界圧力を設計圧力の2倍（以下、2Pd）（ABWRでは620kPa）、限界温度を200℃と設定し、解析評価や試験結果に基いて2Pd、200℃環境下において格納容器の閉じ込め機能が維持できることを確認している。その上で、限界温度・限界圧力条件下で格納容器の閉じ込め機能を確保することができる範囲内において、放射性物質を閉じ込めて減衰させることとしている。

　このため、残留熱除去系による格納容器スプレイに加え、万一それが使えない場合に備えて、代替ポンプによる格納容器スプレイも可能にし、格納容器の圧力上昇抑制の信頼性を向上させている。代替ポンプとしては、常設設備である復水補給水系（MUWC）ポンプと、可搬設備である消防車が使用可能である。また、格納容器スプレイの水源を十分に確保する観点から、復水貯蔵槽に対して外部からの補給ができるようにもしている。

　復水補給水系ポンプによる代替格納容器スプレイの圧力抑制効果について、MAAPコードによる柏崎刈羽原子力発電所7号機（ABWR）（以下、K-7）の大LOCA+SBO+全ECCS喪失シナリオにおける解析結果を図5.2-1に示す。格納容器スプレイによって圧力を2Pd以下に抑え、ベントに至る時間を延長できることが、この図からわかる。

　格納容器スプレイを継続すると格納容器内のサプレッション・プールの水位が上昇する。その結果、格納容器ベントのための配管が水没することが懸念される。ベントは、格納容器のドライウェル、サプレッション・チェンバのいずれからも実施することが可能であるが、可能な限り、外部への放射性物質の放出量を低減するためには、スクラビング効果が期待できるサプレッション・チェンバからのベントを行うことが望ましい。このため、格納容器のサプレッション・チェンバからのベント配管が水没する前にベントを行う必要がなる。

ベント時には格納容器内の放射性物質（エアロゾル・気体状）が発電所外に放出されることから、放射性物質の放出を抑制し周辺環境への放射性物質の影響を低減するため、フィルタベント装置を経由したベントを実施する。

　本章では、そのフィルタベント装置のうち、国産の装置の検討・開発状況および関連する放射性物資放出抑制に係る設備（よう素吸着フィルタ等）の検討・開発状況について述べる。

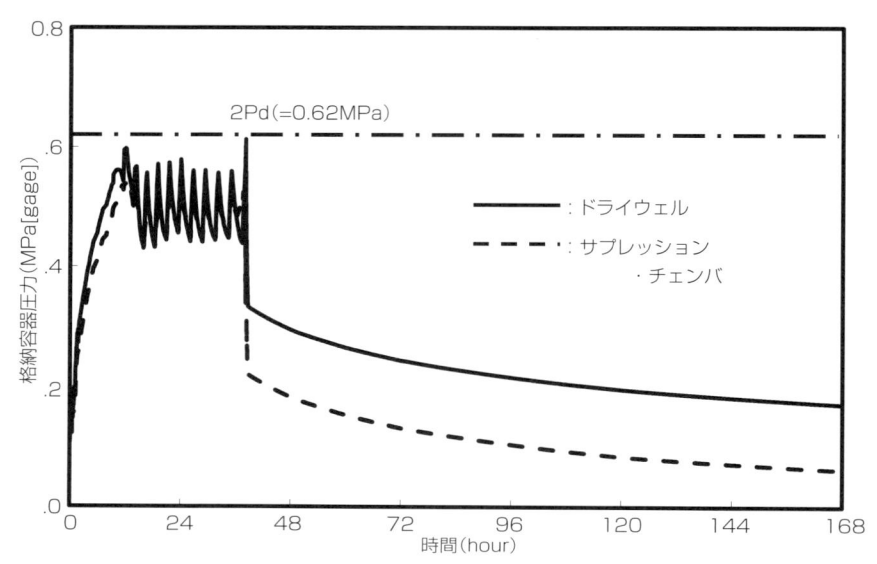

図 5.2−1　大 LOCA+SBO 全 ECCS 喪失シナリオにおける格納容器圧力挙動(K-7 の例)

5.2.2　国産フィルタベント装置の開発プロセス

　国産フィルタベント装置の開発プロセスは、「系統設計」、「機器設計」、「性能検証」に分けられることから、それぞれについて述べていくこととする。

（1）系統設計

　フィルタベント装置は、フィルタ装置、圧力開放板、隔離弁等と、これらを接続する配管で構成されており、格納容器内雰囲気ガスを、不活性ガス系及び耐圧強化ベント系ラインを経由してフィルタ装置へ導き、フィルタ装置において放射性物質濃度を低減させた後に、原子炉建屋屋上に設ける排気管を通じて、大気に放出する。

　格納容器からの取り出し口は、ドライウェル、サプレッション・チェンバそれぞれに設け、いずれの箇所からも排気することが可能な設計としている。フィルタベント装置の系統概略図を図 5.2-2 に示す。

　フィルタベント装置は、重大事故時において格納容器の過圧破損を防止する設備として、格納容器の減圧機能及び放射性物質の除去機能が求められる。

　そのため、格納容器の減圧機能を満足するための排気するガスの条件と、放射性物質の除去性能より、フィルタベント装置の設計条件を表 5.2-1 の通り定める。また、フィルタベント装置の機器クラスと耐震クラスについても、表 5.2-1 の通り定める。

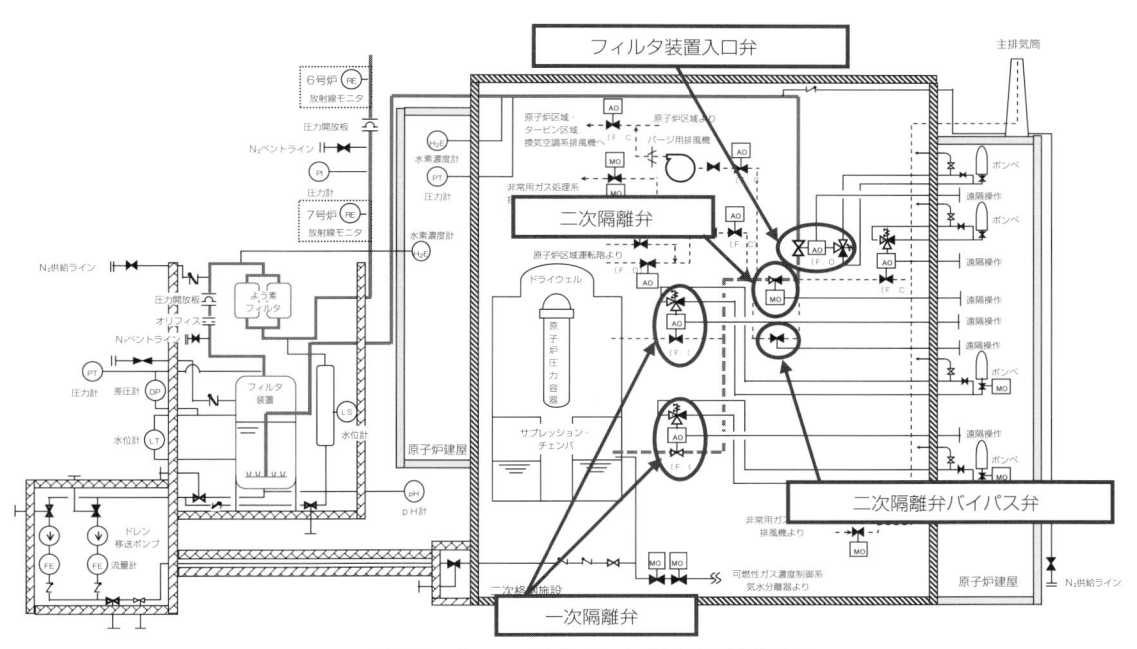

図 5.2－2　フィルタベント装置の系統概略図

表 5.2－1　フィルタベント装置設計条件

設計条件		考え方
最高使用圧力	620kPa［gage］	原子炉格納容器が過大リークに至らない限界圧力である最高使用圧力の 2 倍の圧力（原子炉格納容器最高使用圧力310kPa［gage］の 2 倍）にて適切なベントが実施できるよう、620kPa［gage］とする。
最高使用温度	200℃	原子炉格納容器が過温による破損に至らない限界温度である 200℃とする。
設計流量（ベントガス流量）	31.6kg/s	原子炉格納容器が最高使用圧力の 2 倍の圧力にてベントを実施した際に、原子炉定格熱出力の 2%相当の飽和蒸気を排出可能な設計とする。
除染係数（DF）	放射性エアロゾル、ならびに無機よう素に対して 99.9%以上	放射性エアロゾルならびに無機よう素に対して、効率 99.9%以上（DF1000 以上）とする。
ベントガス組成（蒸気割合）	蒸気：100%非凝縮性ガス：100%	ガス組成は、ベント時に変化することから、100%蒸気だけでなく、非凝縮性ガス 100%の場合も考慮する。
機器クラス	重大事故等クラス 2	常設の重大事故等対処設備であることから、『重大事故等クラス 2』とする。
耐震クラス	基準地震動 Ss にて機能維持	基準地震動 Ss による地震力により、格納容器圧力逃がし装置の機能が喪失しないよう、『基準地震動 Ss にて機能維持』とする。

　また、よう素吸着フィルタについても通気される排気ガスの条件やよう素の除去性能より、その設計条件等を表 5.2-2 の通り定める。

　フィルタベント装置は、既設の不活性ガス系と耐圧強化ベント系ラインよりフィルタ装置に導くが、他の系統・機器とは弁で隔離することで、他の系統や機器への悪影響を防止する設計としている。

　弁の構成は、以下のとおりである。原子炉格納容器内からの排気は、これらの弁を開操作することにより行う。

設計条件		考え方
最高使用圧力	250kPa[gage]	フィルタベント装置の系統の圧力損失を評価した結果から、よう素吸着フィルタで発生しうる最大の圧力を考慮して250kPa[gage]とする。
最高使用温度	200℃	フィルタベント装置の設計条件に合わせて200℃とする。
設計流量（ベントガス流量）	31.6kg/s	原子炉格納容器が最高使用圧力の2倍の圧力にてベントを実施した際に、原子炉定格熱出力の2%相当の飽和蒸気を排出可能な設計とする。
除染係数(DF)	有機よう素に対して98%以上	有機よう素に対して、効率98%以上(DF50以上)とする。
機器クラス	重大事故等クラス2	常設の重大事故等対処設備であることから、『重大事故等クラス2』とする。
耐震クラス	基準地震動Ssにて機能維持	基準地震動Ssによる地震力により、よう素吸着フィルタの機能が喪失しないよう、『基準地震動Ssにて機能維持』とする。

●一次隔離弁：空気駆動弁（ＡＯ弁）

●二次隔離弁：電動駆動弁（ＭＯ弁）

●二次隔離弁バイパス弁：手動駆動弁（ＨＯ弁）

●フィルタ装置入口弁：空気駆動弁（ＡＯ弁）

　空気駆動弁は、駆動部にエクステンションを設け、二次格納施設外に導くことで、全電源喪失時においても、放射線量率の低い二次格納施設の外から人力で操作が可能な設計とする。また、二次格納施設の外からボンベを用いて操作することも可能な設計としている。

　電動駆動弁については、駆動部にエクステンションを設け、二次格納施設外に導くことで、全電源喪失時においても、放射線量率の低い二次格納施設外から遠隔で操作することができる。手動駆動弁についても、駆動部にエクステンションを設け、二次格納施設外に導くことで、放射線量率の低い二次格納施設外から遠隔で操作することができる。

(2)　機器設計

①フィルタ装置本体

　フィルタ装置本体は、金属繊維フィルタと水スクラバで構成する。水スクラバは、放射性エアロゾルを含んだガスが水中を通過する過程で、放射性エアロゾルを除去することを目的に設ける。

　また、スクラバノズルで、ガスを勢いよく噴射し、後述する気泡細分化装置で気泡を細かくすることで、放射性エアロゾルの除去効率を上げている。

　金属繊維フィルタは、放射性エアロゾルを含んだガスが金属繊維フィルタを通過する過程で、放射性エアロゾルを除去することを目的に設ける。

　フィルタ装置本体の構造図を図5.2-3に示す。

　容器は、縦置き円筒型とし、スカートにて支持する。スカートには、剛性を確保するため、補強リブを設置する。また、スカートには、容器の底部点検のため、マンホール（500A）を設置する。

　容器の最高使用温度は200℃、最高使用圧力は620kPa[gage]とする。容器、各ノズル、

スカート及びベースプレートの材質については、腐食の発生を考慮し、SUS316L を用いる。

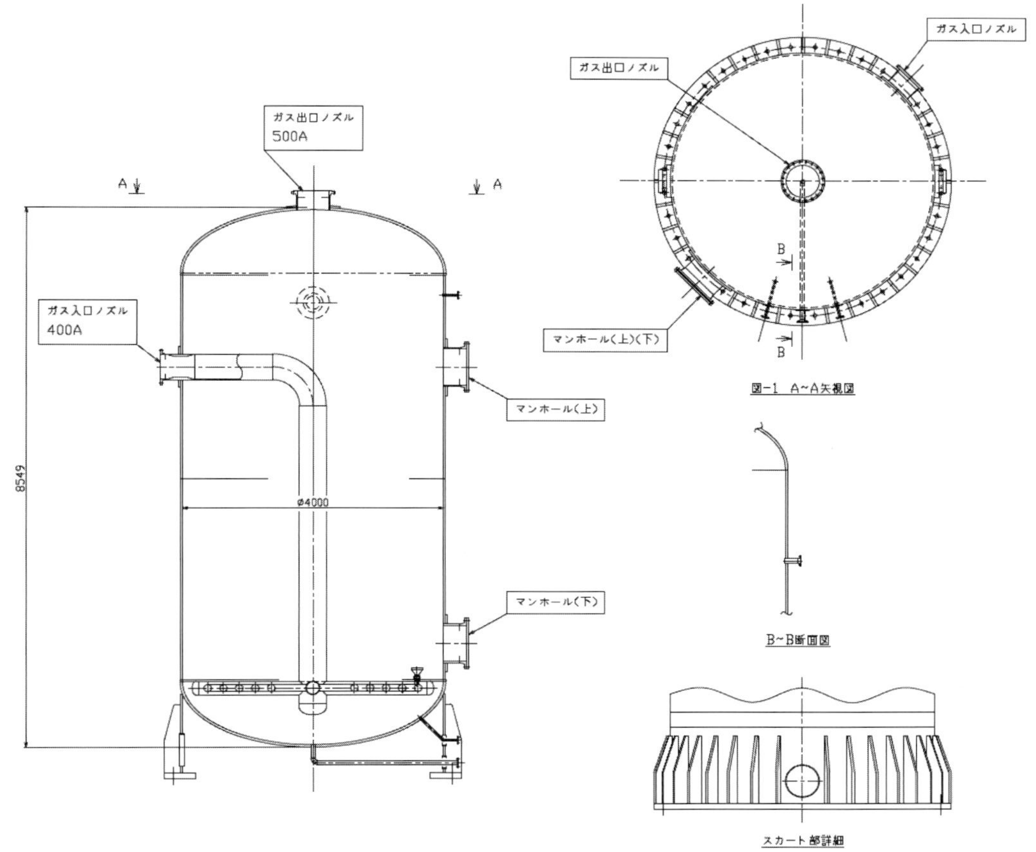

図 5.2－3 フィルタ装置本体構造図

②よう素吸着フィルタ

　よう素吸着フィルタの容器の構造図を図 5.2-4 に示す。容器は縦置き円筒型とし、容器側面に設置したラグにて支持する。容器の最高使用温度は 200℃、最高使用圧力は 250kPa［gage］とする。

　容器、各ノズルの材質については、腐食の発生を考慮し、SUS316L を用いる。また、ラグについては SUS304 を用いる。

③主配管

　フィルタベント装置の主配管の口径は、フィルタベント装置の容量（31.6kg/s）を満足するのに十分になるように設定している。柏崎刈羽原子力発電所 6/7 号機の例では、以下の通りとしている。

　【6 号機】

　●フィルタ装置入口側　：　350A、400A

　●フィルタ装置出口側　：　500A

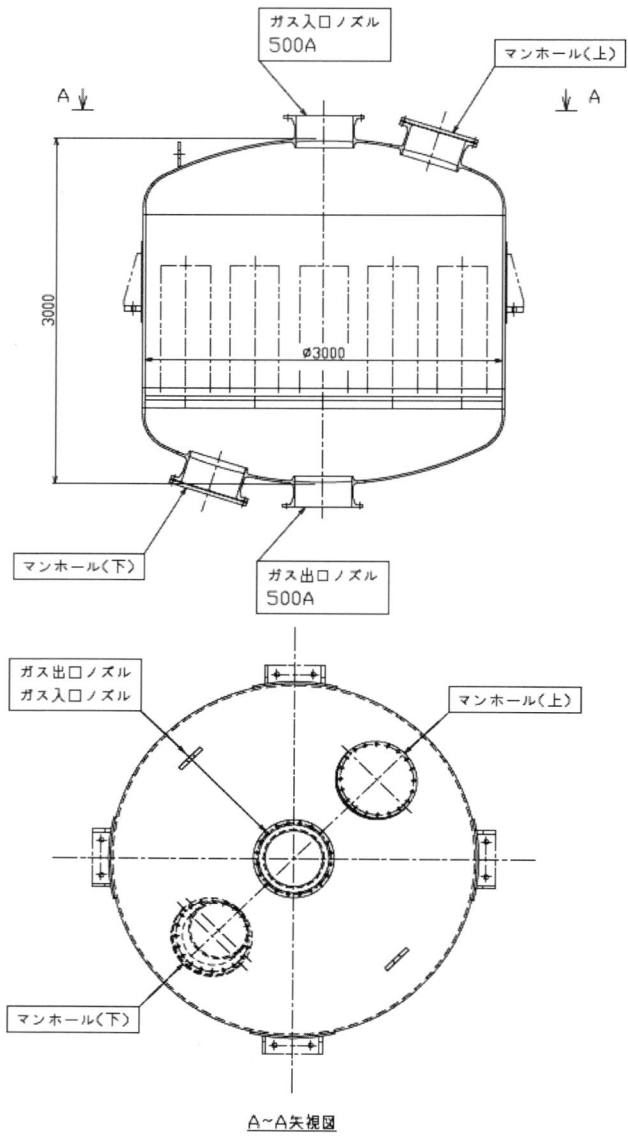

図5.2−4　よう素吸着フィルタ構造図

【7号機】
●フィルタ装置入口側　：　550A、400A
●フィルタ装置出口側　：　500A

また、フィルタベント装置の主配管の材質は、以下の通りとしている。
【6号機】
●フィルタ装置入口側　：　炭素鋼、フィルタ装置近傍はステンレス鋼

●フィルタ装置出口側　：　　炭素鋼
【7号機】
●フィルタ装置入口側　：　　炭素鋼、フィルタ装置近傍はステンレス鋼
●フィルタ装置出口側　：　　炭素鋼
　フィルタ装置入口側の配管のうち、フィルタ装置近傍部については、スクラビング水による腐食の発生を考慮し、ステンレス鋼を用いる。

④主要弁及びユーティリティ
　フィルタベント装置に接続される配管には、一次隔離弁、二次隔離弁、二次隔離弁バイパス弁、フィルタ装置入口弁の３台の弁が設置されている。一次隔離弁は不活性ガス系に、二次隔離弁及びフィルタ装置入口弁は耐圧強化ベント系に設置されている。一次隔離弁及び二次隔離弁は既設の弁である。フィルタ装置入口弁は、フィルタベント装置の設置に伴い新たに設置した弁である。フィルタ装置入口弁の仕様は、一次隔離弁と同仕様のものを設置している。二次隔離弁バイパス弁は、万が一、二次隔離弁に故障が発生した場合を想定し、格納容器ベントの信頼性を向上させるために新たに設ける弁である。
　空気駆動弁である一次隔離弁及びフィルタ装置入口弁の構造を図 5.2-5 に示す。また、電動駆動弁である二次隔離弁の構造を図 5.2-6 に示す。
　フィルタベント装置には、系統内を窒素置換する際の大気との隔壁として、圧力開放板を設置する。また、系統待機中にフィルタ装置内のスクラビング水が蒸発し、その水分がよう素吸着フィルタの吸着材である銀ゼオライトに付着することによって銀ゼオライトが劣化することを防止するため、フィルタ装置とよう素吸着フィルタの隔壁として、フィルタ装置とよう素吸着フィルタの間に圧力開放板を設置する。

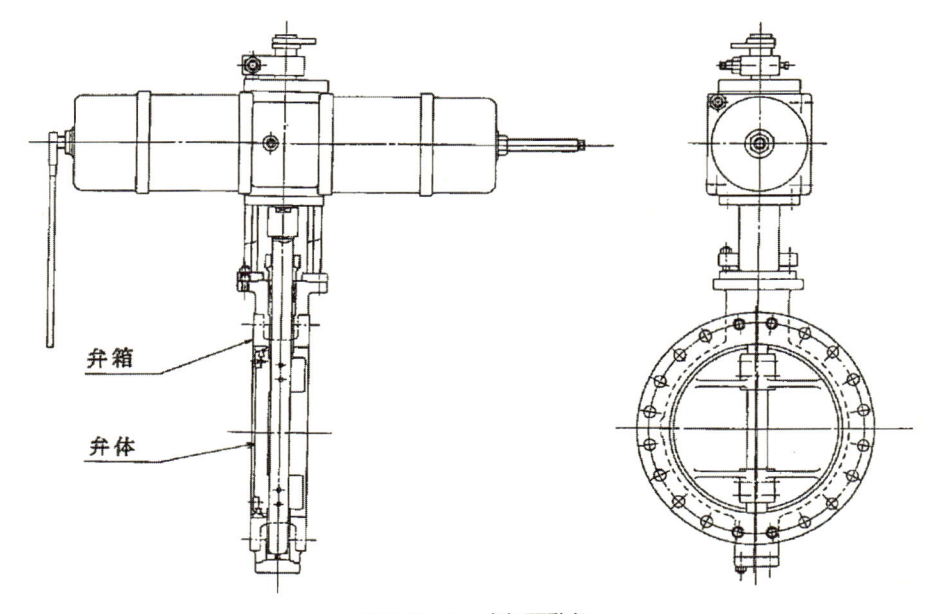

弁箱
弁体

図 5.2－5　空気駆動弁

この圧力開放板は、格納容器ベントの障害とならないよう、格納容器ベント時の格納容器圧力と比較して十分低い圧力にて開放するよう設定している。なお、開放設定圧力は、100kPa[gage]である。また、開放後には、圧力開放板部分での圧力損失が小さくなるよう、開放断面積の大きい図5.2-7の構造としている。

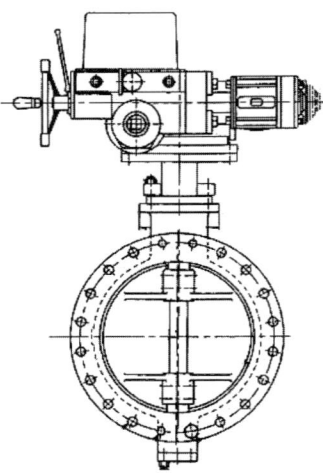

図 5.2-6　電動駆動弁

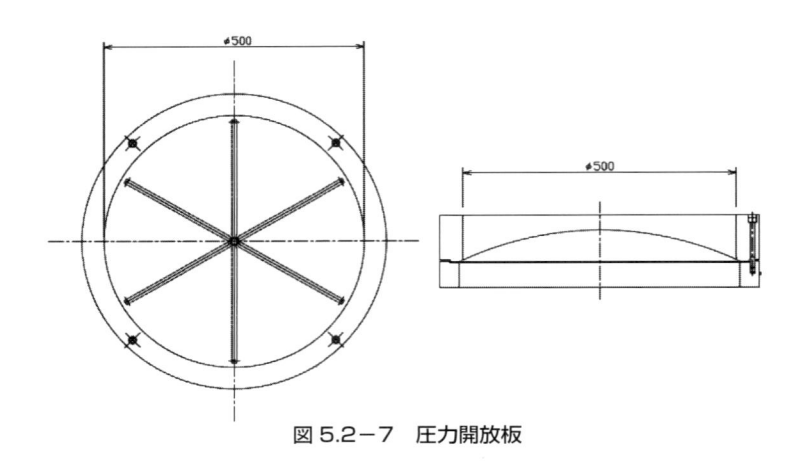

図 5.2-7　圧力開放板

　フィルタ装置出口側配管には、オリフィスを設置している。オリフィスの穴径は以下の通り設定している。
　【6号機】
　●オリフィス穴径　　：　　ϕ 291mm
　【7号機】
　●オリフィス穴径　　：　　ϕ 259mm
　なお、オリフィスの穴径は、格納容器から原子炉建屋頂部に設置した放出口までの配管の摩擦・局所圧損、フィルタ装置の圧損、オリフィスの圧損、よう素吸着フィルタ及び圧力開放板の圧損を考慮した場合に、格納容器が620kPa[gage]でベントした際に、フィルタベント装置の容量である31.6kg/sの水蒸気を通気できるように設定している。

　フィルタベント装置の主配管には、フィルタ装置入口側・フィルタ装置出口側ともに、原子炉建屋と遮へい壁の渡り部に伸縮継手を設置している。
　伸縮継手の可動範囲は以下の通りとなる。
　【6号機】
　●フィルタ装置入口側　　：　　上下左右前後方向に300mm
　●フィルタ装置出口側　　：　　上下左右前後方向に300mm

【7号機】
●フィルタ装置入口側 ： 上下左右前後方向に 300mm
●フィルタ装置出口側 ： 上下左右前後方向に 300mm

　なお、柏崎刈羽原子力発電所における基準地震動 Ss が作用した場合の、原子炉建屋と遮へい壁の渡り部の相対変位について評価を実施しており、その結果、地震時に生じる相対変位は 6 号機、7 号機ともに水平方向に約 100mm、鉛直方向に約 10mm であり、上記の伸縮継手の可動範囲と比較して十分小さな値となることを確認している。

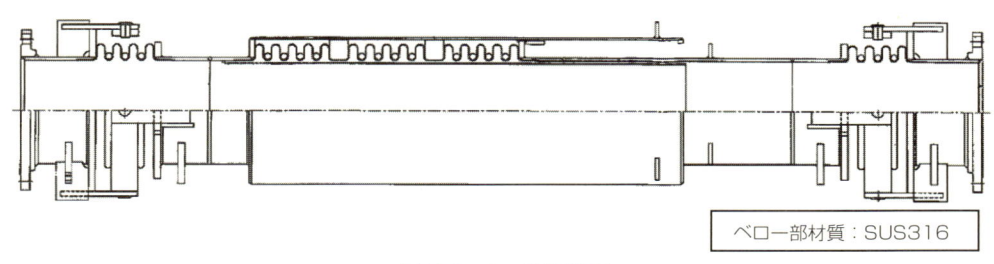

ベロー部材質：SUS316

図 5.2－8　伸縮継手

(3) 性能検証

　性能検証については、後段の 5.2.3(2) の「エアロゾルに対するフィルタ装置の性能確認」において記述する。

5.2.3　放射性エアロゾルの放出抑制

(1) 放射性エアロゾルに対するフィルタ装置

　放射性セシウムはエアロゾルとして格納容器から放出されるため、ベントラインに水スクラバと金属繊維フィルタを組み合わせたフィルタ装置を設置するのが、環境への放出抑制策として有効である。

　この目的で開発したフィルタ装置の概念図を、図 5.2-9 に示す。フィルタ装置の除染係数（DF）は、1000 以上を開発目標とした。

　格納容器からベントされたガスは、装置下部に設置した 140 個のスクラバノズルから水中に噴射される。ノズル上部には気泡細分化装置を設け、気液接触面積を大きくして放射性エアロゾルの除去を促進する。このスクラバ部における除去メカニズムには、慣性衝突、重力沈降、ブラウン拡散、熱泳動等が期待できる。

　金属繊維フィルタは、装置の上部に 128 個設置される。各フィルタは円筒形状であり、内部は径 $30\,\mu\mathrm{m}$ の金属繊維からなるウェブ 2 枚で、径 $2\,\mu\mathrm{m}$ の金属繊維を焼結したシートを挟む 3 層構造になっている。ウェブはスクラビング水の飛沫を捕捉し、中央の焼結シートが微細なエアロゾルを除去する。なお、金属繊維フィルタで捕捉された水は、装置内のドレン配管でスクラバ部に戻される。金属繊維フィルタでは、慣性衝突、さえぎり、ブラウン拡散が、エアロゾルの除去メカニズムとして期待される。

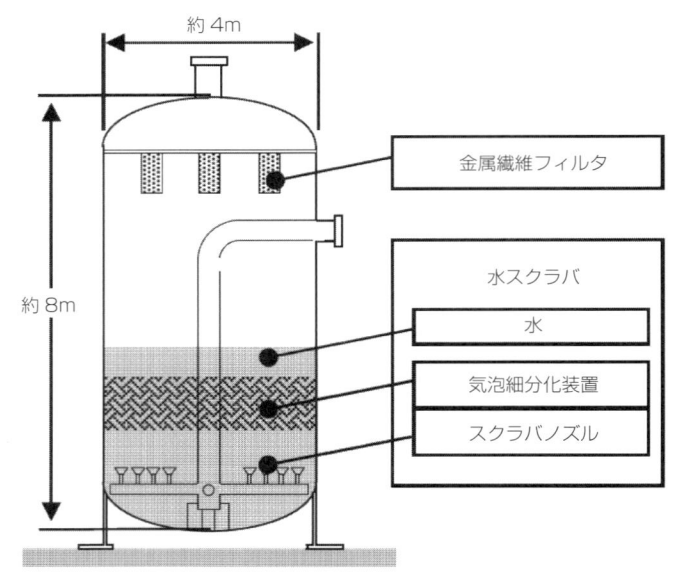

図 5.2－9　エアロゾルに対するフィルタ装置の概要図

(2) エアロゾルに対するフィルタ装置の性能確認

　エアロゾルに対するフィルタ装置の性能を、試験によって確認した[1]。

　試験装置の概要を、図 5.2-10 に示す。フィルタ装置を模擬した試験容器に、エアロゾル発生装置からの模擬微粒子を混合した空気を通し、試験容器前後でエアロゾルの個数濃度と粒径を計測して、除染係数（DF）を算出した。

　試験容器の直径は、スクラバノズル 1 個あたりの平均流路断面積が実機と同一になるようにしており、容器内に実機と同じスクラバノズルと金属繊維フィルタが各 1 個設置されている。また、気泡細分化装置も実機と同じエレメントが、同じ高さで充填されている。

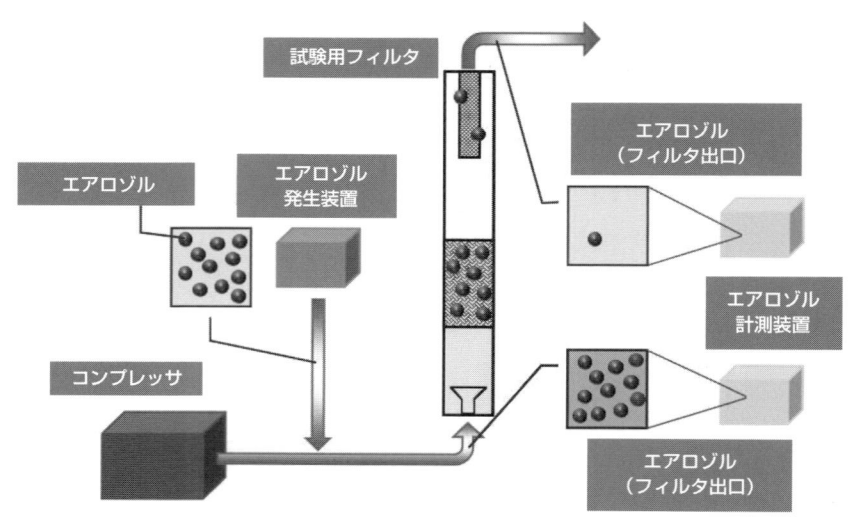

図 5.2－10　エアロゾルに対する性能確認試験概要図

　模擬微粒子には、ポリスチレンラテックス標準粒子（PSL）、酸化チタン（TiO$_2$）、酸化鉄（Fe$_2$O$_3$）を用いた。

　格納容器圧力が2Pdでベントした直後の最大流量を模擬した試験で計測したDFを、図5.2-11に示す。なお、DFが10000を超えると、フィルタ出口で粒子が計測期間中に無検出になる場合がある。この場合は、計測期間中における入口側の積算粒子数を参考DF値としてプロットした。すなわち、これは出口で仮に1個検出された場合のDFになるが、無検出であることから、実際のDFはそれ以上であったと推定される参考値である。

　また本図には、MAAPコードによる解析から得た、格納容器から放出されるエアロゾルの空気動力学径分布をあわせて示す。

　この試験によって、フィルタ出口で粒子が無検出だった範囲も含め、DFが開発目標の1000を十分に上回ることが確認された。

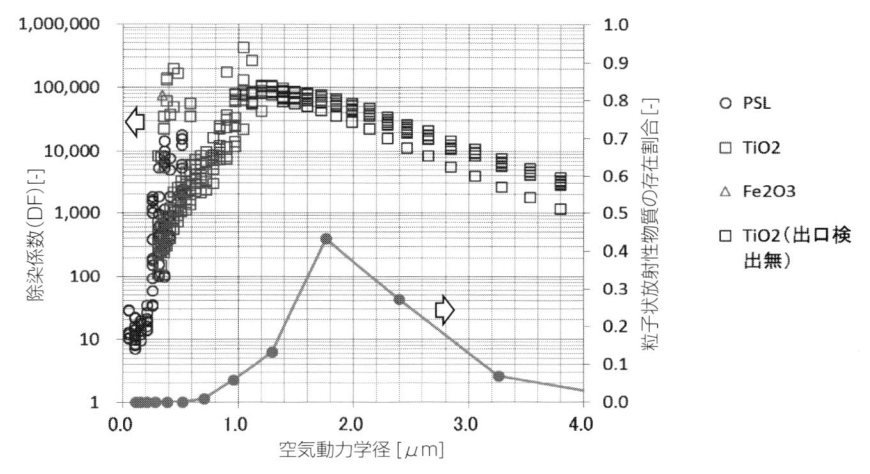

図 5.2－11　エアロゾルに対する性能確認試験結果

5.2.4　気体状放射性物質の放出抑制

（1）放射性よう素の環境放出抑制

　NUREG-1465[2]はNUREG/CR-5732[3]を引用し、シビアアクシデント時に格納容器内へ放出されるよう素は、少なくとも95%がCsIで、残りの5%がIおよびHIとしている。また、後者はガス状よう素として存在し、その3%、すなわち格納容器に放出される全よう素の0.15%（5%×3%）が有機よう素になると評価されている。しかしながら、NUREG-1465は、CsIが水に溶解してよう素が水相に移行しても、pHが低下する場合には、大部分のよう素が格納容器雰囲気中に放出され、さらに有機よう素も生成されるとしている。

　したがって、まず格納容器内の水のpHを事故時に7以上に保つことが、環境へのよう素放出抑制において重要であり、この目的でpH制御装置を開発した[4]。

　さらに、それでも発生する有機よう素に対しては、銀ゼオライトを吸着材とするよう素吸着フィルタを、エアロゾルに対するフィルタの下流部に設置して、環境への放出を抑制する[4]。

　また、エアロゾルに対するフィルタのスクラビング水にはNaOHを添加して、捕捉され

た CsI 粒子がスクラビング水に溶解し、安定的によう素イオンの形態で保持されるようにする。

(2) 格納容器 pH 制御

　シビアアクシデントにおいて格納容器内における酸性物質は、酸性の核分裂生成物としてよう素水素、水中の溶存窒素由来の硝酸、電気ケーブル被覆材の分解による塩酸等があり、塩基性物質としては、塩基性の核分裂生成物としての水酸化セシウム等がある。

　電気ケーブル被覆材として用いられているクロロプレンゴムの組成は C_4H_5Cl であり、放射線分解もしくは熱分解すると大量の塩酸が発生する。これを中和して格納容器内の水をアルカリ性に維持するために、水酸化ナトリウムを格納容器内へ注入する設備を設ける。この設備に要求される事項は、以下のとおりである。

　　a. ケーブル全量分解でも酸性化しないだけの薬液量を注入
　　b. 格納容器内に均一に薬剤を散布
　　c. 炉心損傷後 2 時間程度までに注入完了

　a 項の全量分解は保守的な仮定であるが、原子炉圧力容器が損傷して燃料デブリが格納容器内に落下するケースを想定すると、デブリの熱容量が大きいため、接触や輻射によって格納容器内のケーブル全量が分解することとして、必要な水酸化ナトリウム量を算定した。

　b 項の観点から、注入は格納容器のドライウェルとサプレッション・チェンバの双方に設置されているスプレイ系統から行うこととした。シビアアクシデント時には復水補給水ポンプを用いてスプレイを行うため、このポンプの吸い込み配管に NaOH の薬液タンクからの配管を接続する設備構成とする。これによって、ドライウェル、サプレッション・チェンバの両方へ、均一に薬剤を供給することができる。

　c 項は、ケーブルの放射線分解が早期に始まることを考慮した要求事項である。炉心損傷後の初期には水酸化セシウムの影響で pH が上昇すると考えられるが、その後はケーブルの放射線分解の影響が支配的になり、pH が低下する。この要求事項から、薬液注入は可搬設

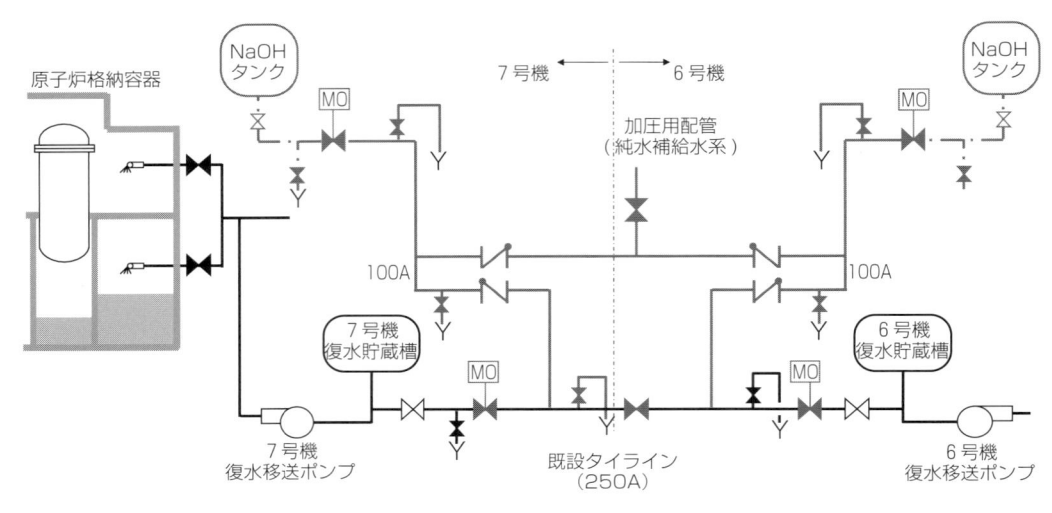

図 5.2－12　格納容器 p H 制御設備概略構成図

備ではなく、常設設備で行う必要がある。

　以上を考慮した pH 制御設備の概略構成を、図 5.2-12 に示す。

（3）　よう素吸着フィルタ

　格納容器 pH 制御によって、無機よう素の気相部への遊離を減らし、有機よう素の発生を抑制するが、それでも発生する有機よう素の環境放出を低減する目的で、銀ゼオライトを吸着材とするよう素吸着フィルタを開発した。有機よう素に対する DF 仕様値は50以上である。

　使用する銀ゼオライトは、13X 型の結晶性ゼオライトを基本骨格とし、そのアルミノケイ酸塩の骨格中に存在するナトリウムイオンを銀イオンと交換したもので、粒径が 0.85 − 2.00mm、銀担持率が約 41wt% である。よう素は銀との化学反応で除去される。図 5.2-13 に銀ゼオライトと、よう素吸着フィルタの概略構造を示す。銀ゼオライトはキャンドルユニットと呼ぶ二重円筒形状の吸着塔の内筒と外筒の間に充填され、このキャンドルユニットがフィルタ容器 1 台の中に 19 本設置される。

　格納容器フィルタベント設備の系統構成を、図 5.2-14 に示す。よう素吸着フィルタは、エアロゾルに対するフィルタ装置の下流側に、2 台並列で設置される。また、銀ゼオライトは表面に水が付着すると十分な性能を発揮できないため、フィルタの上流配管にオリフィスを設けて露点温度差を持たせる。

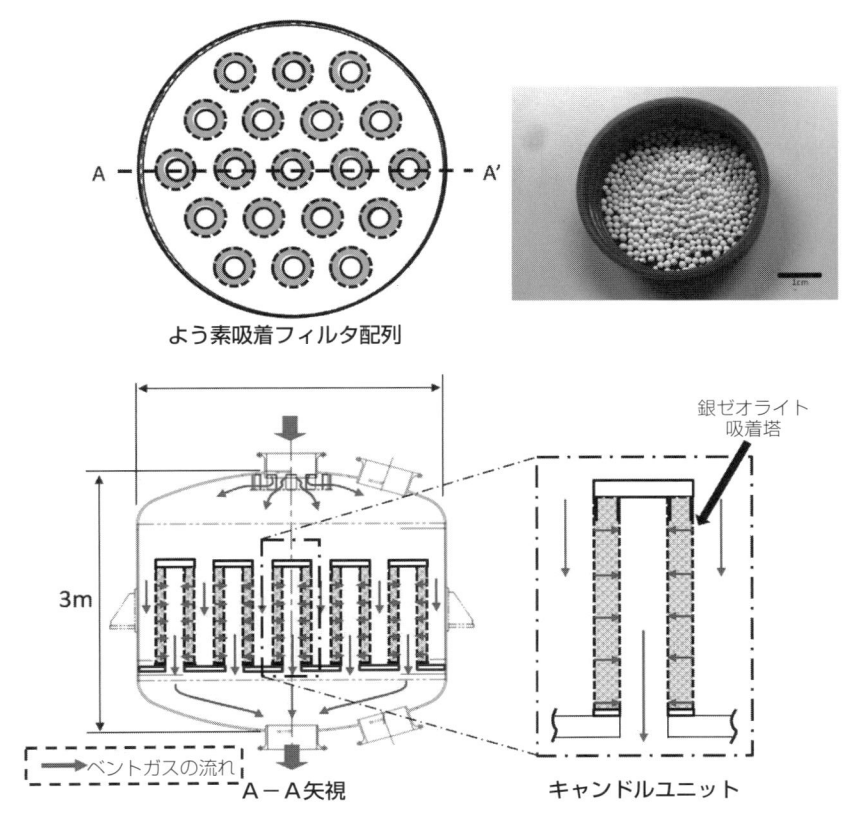

よう素吸着フィルタ配列

図 5.2−13　よう素吸着フィルタ装置概要図

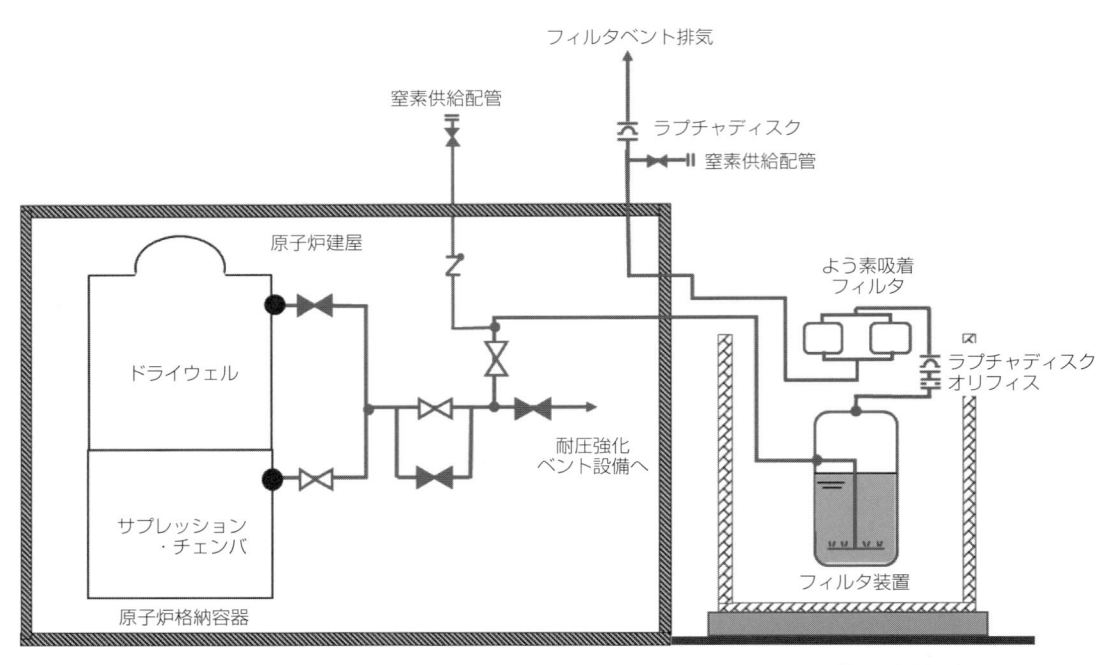

図 5.2−14 よう素吸着フィルタを組み込んだ格納容器フィルタベント設備の系統概略図

（4） よう素吸着フィルタの性能確認

　銀ゼオライトの有機よう素除去性能は、試験によって確認した。この試験では、有機よう素の代表としてよう化メチルを用いた。よう化メチルは揮発性が高いことから、事故時にガス状で放出されるよう素として主要なものと考えられ、かつ分子が小さくて除去が難しいため、これを代表とすることは保守的と考えられており、原子力発電所の非常用ガス処理系の活性炭性能検査にも用いられている。

　有機よう素の除去効率を測定した試験結果の一例を、図 5.2-15 に示す。この結果から判るように、適切な露点温度差と接触時間を持たせるように、オリフィス径、銀ゼオライト充填部のベッド厚さ、線流速を設定することによって、フィルタの吸着性能を確保することが可能である。

　また、フィルタの有機よう素吸着容量も、試験によって把握した。重大事故時に原子炉内のよう素が格納容器へ全量放出され、上述の格納容器 pH 制御にはクレジットをとらず、アメリカ原子力規制委員会の Regulatory Guide 1.195[5] に従って、その 4% が格納容器内で有機物と反応して有機よう素になると仮定すると、ABWR の場合にその量はよう化メチル換算で約 1.3kg となる。これに対して、ベント条件が定常状態であることを模擬した試験では、DF が仕様値の 50 を下回るまでに吸着可能なよう化メチル量が約 131kg と評価された。なお、この試験では水蒸気によう化メチルを混合した試験ガスを、予めガス温度まで加熱した銀ゼオライトに通気して行った。

　実際の事故においてよう素吸着フィルタを用いた場合には、フィルタに大量の放射性物質が付着する。このため、この試験では、フィルタに付着した放射性物質からの放射線照射に

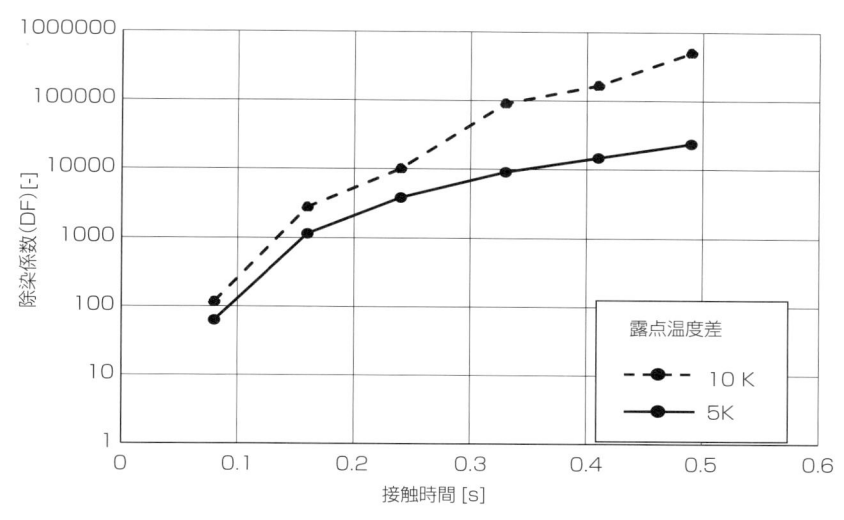

図 5.2－15　有機よう素除染係数測定試験結果の例

表 5.2－3　ベント初期の条件を模擬した有機よう素吸着試験結果

	試験 1	試験 2
接触時間(s)	0.173	0.166
ガス温度(℃)	101	101
ガス圧力(kPa[gage])	15.9	10.2
よう化メチル以外のガス組成	H_2O: 10%、H_2: 30%、N_2: 60%	H_2: 33%、N_2: 67%
通気前の銀ゼオライト温度	室温	室温
破過までに反応した銀の割合(%)	1.8	4.1
吸着容量評価値(kg as CH_3I)	38.3	88.7

注：DF が仕様値の 50 を下回った時点を破過と定義する

　よる銀ゼオライトの有機よう素吸着性能へ与える影響を確認するため、実機のよう素吸着フィルタの銀ゼオライトに想定される累積放射線量を予め照射した銀ゼオライトも対象として試験を実施している。その結果、銀ゼオライトへの放射線照射の有無による有機よう素吸着性能の差は認められず、銀ゼオライトが十分な耐放射線性を有していることを確認している。

　次に、ベント初期の過渡的条件が吸着性能に与える影響について、試験で確認した。ベント初期には、ベントガスに含まれる水素による影響や、銀ゼオライト表面で蒸気が凝縮する影響が考えられる。試験の条件と結果を表 5.2-3 に示す。試験 1 の条件は、MAAP コードを用いた事故解析で得た、ベント開始時の格納容器内ガス組成を再現するものである。この組成のガスがフィルタベント系統に流入するが、放射性エアロゾルに対するフィルタ装置のスクラビング水温度が低い間は、スクラバ通過中に蒸気が凝縮することで、その下流にあるよう素吸着フィルタに高濃度の水素が流れ込む可能性がある。そこで、ベントの極めて初期において蒸気がスクラバで完全凝縮することを仮定して設定したのが、試験 2 の条件である。

　この試験では、いずれの条件でも DF が仕様値の 50 以上となった。また、吸着容量は上述の定常ベント条件を模擬した試験の結果より減少し、水素および凝縮水による影響が認められたものの、いずれも必要容量である約 1.3kg を上回ると評価された。これらの結果から、

ベント開始時の条件を考慮しても、銀ゼオライトが必要な吸着性能を発揮することが確認された。

つぎに、何らかの理由でベントが中断され、再開されることを想定して、銀ゼオライトの吸着性能を確認した。この場合には1回目のベント時と異なり、ベントガスのほぼ100%組成が水蒸気になるため、銀ゼオライト表面での蒸気凝縮による性能への影響が考えられる。また、ベント中断後にフィルタ容器内の蒸気が凝縮するため、銀ゼオライトが湿潤することによる影響も考えられる。

試験にあたっては、ベント中断による銀ゼオライトの湿潤を模擬する目的で、まず試験装置に蒸気を通気して定常状態になってから蒸気を停止し、室温になるまで放置することによって、充填カラム内の銀ゼオライトを湿潤させた。その後、よう化メチルを含む蒸気を通気して、DF を計測した。

この試験では、まず接触時間を上述の試験とほぼ同等である 0.152 秒に設定したが、この条件では DF が通気開始直後に最も低く、目標性能である 50 を満たさなかった。その後、DF は時間とともに上昇して 50 以上となり、最終的には安定的に高い DF が維持された。これは、本フィルタに用いる銀ゼオライトが、湿潤しても乾燥によって性能が回復する特性があることを示している。すなわち、通気開始時点では銀ゼオライトが湿潤していたために十分な吸着性能が確保できないものの、通気する蒸気が過熱状態であることから徐々に銀ゼオライトの乾燥が進み、性能が回復したものと考えられる。

そこで、この特性を利用し、流速を低く設定して接触時間を長くすることで乾燥効果を高め、迅速に性能を回復させることによって、ベント再開における通気開始時の性能低下を抑制可能であるか、試験で確認した。その結果、図 5.2-16 に一例を示すように、接触時間を長くすることで性能の一時的低下を抑制することが可能であることが判った。

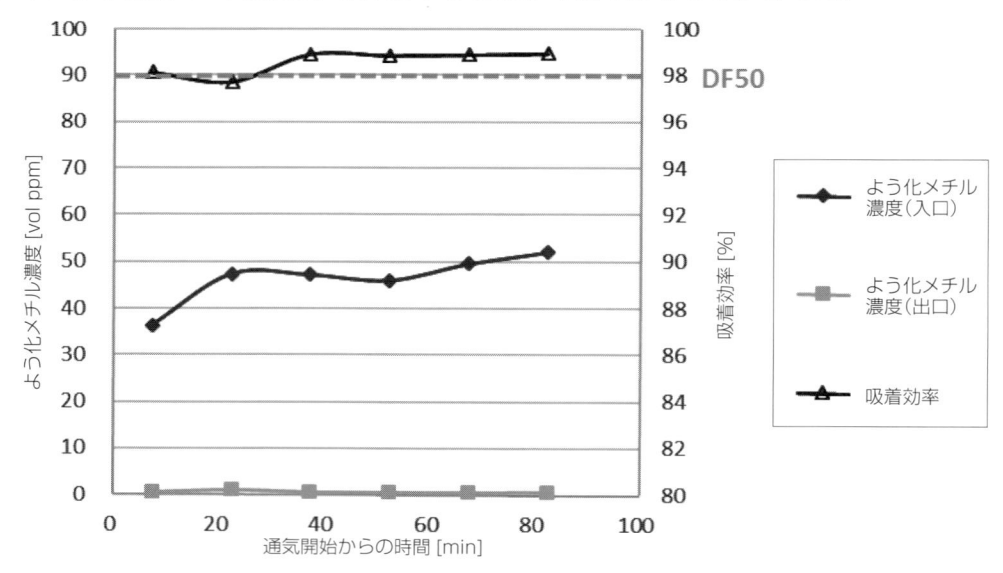

図 5.2－16　ベント中断後の再開を模擬した DF の計測結果
(接触時間 0.388 秒、露点温度差 8.3K、水蒸気によう化メチル 46 volppm 添加、
試験開始前の銀ゼオライトは湿潤で室温状態)

（5）よう素吸着フィルタの運用管理について

　前項の試験結果から、ベントの初期状態において銀ゼオライトが乾燥状態であることが、重要であると判った。このため、待機状態ではフィルタ前後を低圧設定のラプチャディスクで隔離し、内部に窒素ガスを充填して乾燥状態に保つ運用管理を行うこととした。加えて、よう素吸着フィルタ内部から銀ゼオライトを適宜取り出し、性能確認ができるようにもした。

　また、ベント開始後に一時的にベントを止めると放熱によって蒸気が凝縮し、銀ゼオライトが湿潤状態になり、ベント再開時の吸着性能に影響があることが判った。ただし、格納容器ベントには大気をヒートシンクとして格納容器を冷却する効果を期待することから、基本的には格納容器冷却手段の復旧までベントを継続し、冷却手段復旧後にはベントが不要になる。したがって、基本的にはベントを一時停止して再開する運用は考えられない。しかしながら、何らかの理由でベントを一時停止する際には、ベント再開時にベント系統の調整弁開度を絞ってガスを流し始める運用手順とすることが、再開初期から連続的に性能を確保するうえで有益である。ただし、この場合にも圧力上昇による格納容器の破損の防止が優先されるのであって、格納容器圧力の傾向を監視しつつ、ベントによる圧力低下傾向が確認できる範囲で、弁開度を絞る運用とする。

5.2.5　まとめ

　福島第一原子力発電所の事故を教訓とする安全対策の一環として、格納容器ベントにおける総合的な放射性物質放出抑制の対策を開発し、柏崎刈羽原子力発電所へ実機適用した。

　放射性エアロゾルに対するフィルタに加え、ガス状物質として格納容器から放出されるよう素に対しても、格納容器 pH 制御とよう素吸着フィルタの開発により、環境への放出を大幅に抑制できると考えられる。なお、その他の主要な放射線源である希ガスに対しては、ベントまでの時間延長による減衰効果の確保や、格納容器代替循環冷却システムによるベント回避など、影響緩和の方策が別途とられている。

5.2.6　参考文献

（1）川村慎一、木村剛生、大森修一、奈良林直、原子炉格納容器フィルタベントシステムの開発、日本原子力学会和文論文誌、Vol.15、No.1（2016）

（2）L. Soffer、S. Burson、C. Ferrell、R. Lee、J. Ridgely、Accident source terms for light-water nuclear power plants、NUREG-1465（1995）

（3）E. Beahm、C. Weber、T. Kress、G. Parker、Iodine chemical forms in LWR severe accidents、NUREG/CR-5732（1992）

（4）川村慎一、木村剛生、渡邉史紀、平尾和紀、奈良林直、原子炉格納容器フィルタベント用の有機ヨウ素フィルタの開発、日本原子力学会和文論文誌、Vol.15、No.4（2016）

（5）U.S. Nuclear Regulatory Commission、Methods and assumptions for evaluating radiological consequences of design basis accidents at light-water nuclear power reactors、Regulatory Guide 1.195（2003）

第 6 章

乾式フィルタベントの
実機開発と設置

6.1 乾式フィルタの目的と概念

乾式フィルタは、事故時の原子炉格納容器の過圧破損を防止する目的として設置するものである。

本設備は、フィルタ装置を構成する金属繊維フィルタ及びよう素吸着フィルタ、格納容器ベント弁、オリフィス等と、これらを接続する配管で構成し、原子炉格納容器内の雰囲気ガスを、金属繊維フィルタ及びよう素吸着フィルタにおいて放射性物質を低減した後に、大気にベントすることによって原子炉格納容器の圧力を低減する。

また、フィルタベントの実施時には、一定量の放射性物質が環境に放出されることとなるが、その際の周辺環境への影響を低減するためそれぞれのフィルタで粒子状放射性物質及びガス状よう素を除去する。要求性能（被ばく評価で用いている DF 値）は以下の通りである。

エアロゾル（CsI、CsOH 等）　　　：10,000
無機よう素（I_2）　　　　　　　：1,000
有機よう素（CH_3I 等）　　　　：500

図 6.1-1 に乾式フィルタベントシステムの構成概念を、図 6.1-2 及び 3 に金属繊維フィルタ及びよう素吸着フィルタの外観を示す。金属繊維フィルタは格納容器内に設置するため、長半減期のセシウムを格納容器内に閉じ込めることができる。

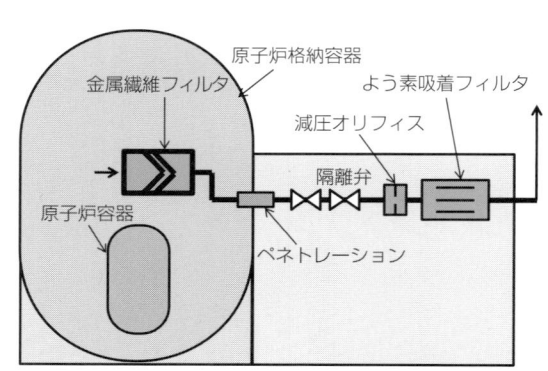

図 6.1－1　乾式フィルタベントシステムの構成概念

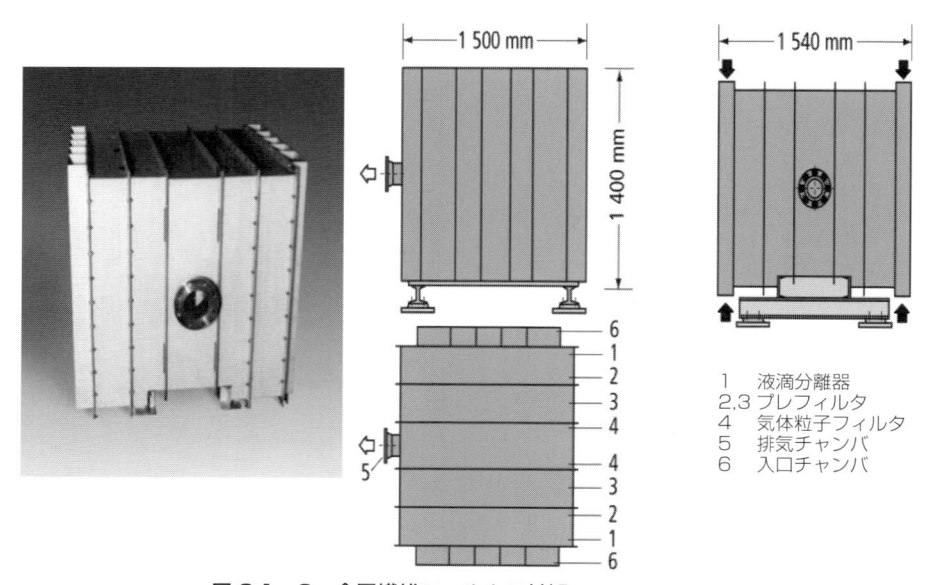

1　液滴分離器
2.3 プレフィルタ
4　気体粒子フィルタ
5　排気チャンバ
6　入口チャンバ

図 6.1－2　金属繊維フィルタの外観（ドイツの施工例）

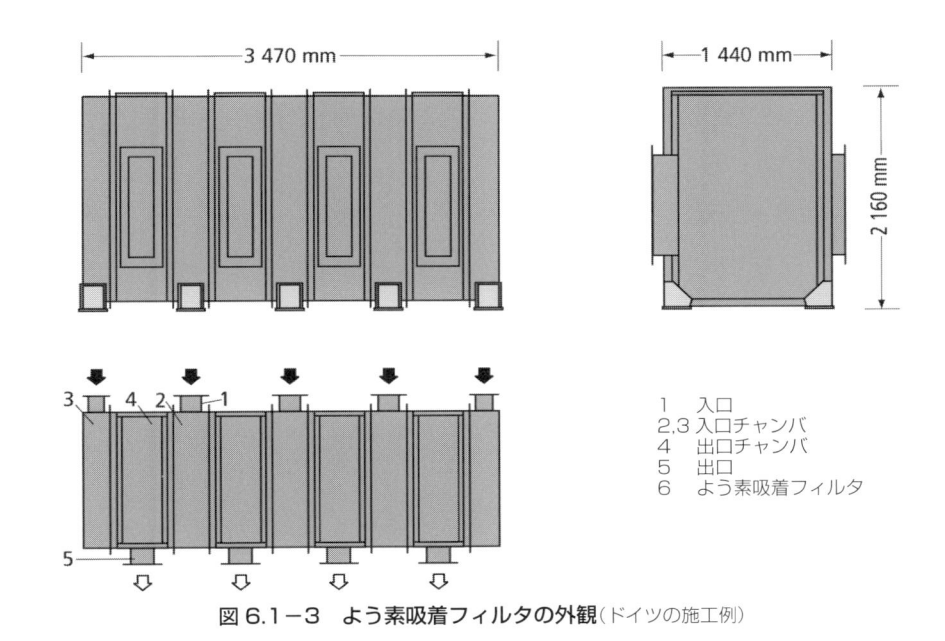

図6.1−3　よう素吸着フィルタの外観(ドイツの施工例)

乾式フィルタの特徴としては、以下が挙げられる。

●動的機器が少なくシンプルな系統構成である。

●基本的に操作は隔離弁の開閉だけであり運用上の負荷が低い。

6.2　乾式フィルタの構造

6.2.1　金属繊維フィルタ

　金属繊維フィルタは矩形であり、ハウジングを支持脚にて支持する。ハウジングは分割構造であり、それぞれはフランジを介したボルト接合としている。主な構成は次のとおり。図6.2.1-1 に内部構造とフィルタ構成の例を示す。

(1)　セパレータ

　セパレータは、金属繊維フィルタの入口部に設置し、原子炉格納容器内浮遊物や水滴（ミスト）の除去を行う。多孔のパンチングメタルに、ミストセパレータを組み合わせた構造となっている。ベントガスとともに開口から流入した原子炉格納容器内浮遊物や水滴は、ミストセパレータに衝突し除去され、エアロゾル及びガス状物質のみが粒子フィルタ内に流入する。

(2)　プレフィルタ

　プレフィルタは、金属繊維フィルタ内部において、セパレータ下流に設置し、放射性物質を事前に捕集、保持する。放射性物質の事前捕集により、メインフィルタの閉塞を防止し、放射性物質の崩壊熱による熱負荷を分散する目的で設置する。フィルタを構成する金属繊維の径を段階的に変化させて、異なる粒子径のエアロゾル粒子を段階的に捕集する。

（3）メインフィルタ

メインフィルタは、プレフィルタ下流に設置し、エアロゾルを捕集、保持する。プレフィルタよりさらに小さい径の金属繊維で構成され、径の小さい粒子を捕集する。

（4）冷却チューブ

各金属繊維フィルタの前面に冷却チューブを設置し、金属繊維フィルタにおいて捕集した放射性物質から発生する崩壊熱を自然対流により除去する。

内部構造の例

- エアロゾル状の FP を除去
- 深層金属ファイバフィルタ（多段構成）
- 各段にて固有のメッシュサイズ、充てん密度を有し、段階的に捕集
- フィルタの構成、面積はベント流量、エアロゾル捕集量、崩壊熱負荷等を基に決定される

フィルタ構成の例

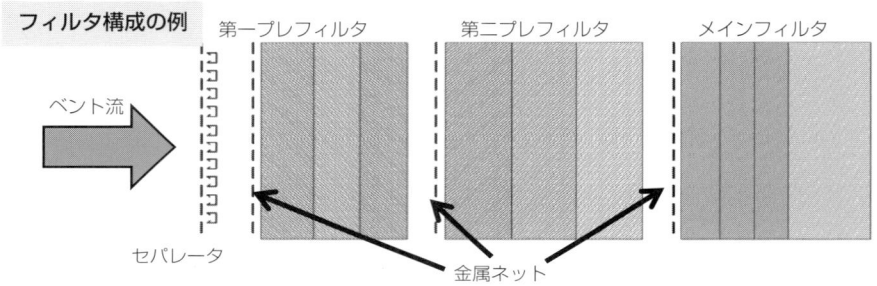

ベント流　セパレータ　第一プレフィルタ　第二プレフィルタ　メインフィルタ　金属ネット

図 6.2.1－1　金属繊維フィルタの内部構造とフィルタ構成例

6.2.2　よう素吸着フィルタ

よう素吸着フィルタは矩形であり、ハウジングを支持脚にて支持する。ハウジングは分割構造であり、それぞれはフランジを介したボルト接合としている。主な構成は次のとおり。図 6.2.2-2 に銀ゼオライトの外観例と構造例を示す。

（1）入口チャンバ

ベントガスが入口配管からよう素吸着フィルタに流入する際に、各ゼオライトベッドへの流量配分を行う。

（2）ゼオライトベッド

よう素吸着フィルタ内部において銀ゼオライトを収納する。ベントガスがゼオライトベッド内部を通過する際に、ベントガス中のよう素が銀ゼオライトに吸着する。

（3）冷却チューブ

　よう素吸着フィルタ内部において、自然対流により、ゼオライトで保持されるよう素から発生する崩壊熱を除去する。

（4）出口チャンバ

　ベントガスがよう素吸着フィルタから出口配管に流出する際に、各ゼオライトベッドを通過したベントガスが合流する。

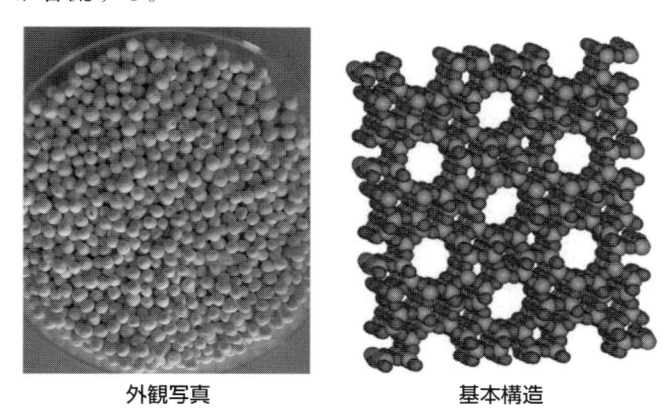

外観写真　　　　　　基本構造

図6.2.2-2　銀ゼオライトの外観例と基本構造例

6.3　乾式フィルタの原理と性能

6.3.1　金属繊維フィルタにおける粒子状放射性物質の除去原理と性能

（1）除去原理

　金属繊維フィルタに流入したベントガスは、金属繊維フィルタ内に設置されているプレフィルタ及びメインフィルタを通過する。ベントガス中の粒子状放射性物質は、プレフィルタ及びメインフィルタに捕集、保持される。一般的に、金属繊維における粒子捕集メカニズムは、シングルファイバと粒子との相互作用である慣性衝突効果（Impaction）、さえぎり効果（Interception）及び拡散効果（Diffusion）にて説明できる。

　慣性衝突効果（Impaction）は、図6.3.1-1に示す様な、粒子状放射性物質がその慣性のために、金属繊維の近傍で急に変化する流線に対応することができず、流線を横切って金属繊維に衝突することによる捕集効果である。つまり、粒子状放射性物質粒子径が大きい場合、また、流体の流れが速い場合に、粒子状放射性物質の持つ慣性が大きくなり、衝突の可能性が高まる。よって、慣性衝突による除去効果は、粒子径が大きいほど、流速

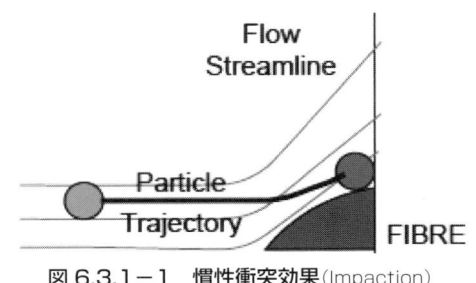

図6.3.1-1　慣性衝突効果（Impaction）による捕集

が速いほど大きくなる。

　さえぎり効果（Interception）は、図 6.3.1-2 に示す様な、粒子状放射性物質が流線に沿って運動しているときに、金属繊維表面から 1 粒子半径以内に粒子状放射性物質が達したときにおこる捕集効果である。粒子状放射性物質粒子径が大きい場合、金属繊維に接触する可能性が大きくなるため、さえぎりによる除去効果は、粒子径が大きいほど大きくなる。

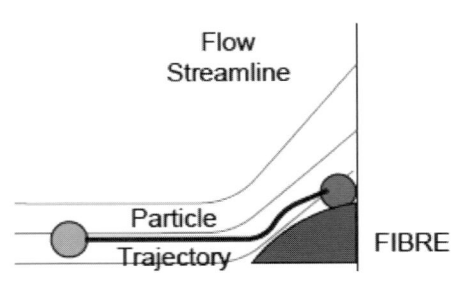

図 6.3.1−2　さえぎり効果(Interception)による捕集

　拡散効果（Diffusion）は、図 6.3.1-3 に示す様な、粒子状放射性物質が金属繊維近傍を通過する際に、ブラウン運動によって金属繊維に衝突することで生じる捕集効果である。粒子状放射性物質粒子径が小さい場合、ブラウン運動による拡散の度合いが大きくなる。また、金属繊維近傍に粒子状放射性物質が滞在する時間が長いほど衝突の可能性が高まる。よって、拡散による除去効果は、粒子径が小さいほど、流速が遅いほど大きくなる。

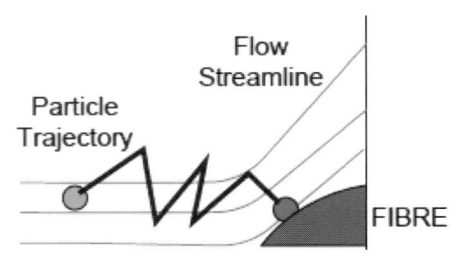

図 6.3.1−3　拡散効果(Diffusion)による捕集

（2）除去性能

　粒子状放射性物質の除去性能については、ウラニンを用いた試験及び実機と同じセシウム化合物等を用いた試験（ACE試験）にて性能検証している。

　ウラニン試験は実機に設置する製品に対して実施したものである。ウラニンは図 6.3.1-4 に示すように、実機エアロゾル粒子に対して保守側（粒径が小さく金属繊維フィルタで除去しにくい）となる粒径分布を持つ有機化合物である。

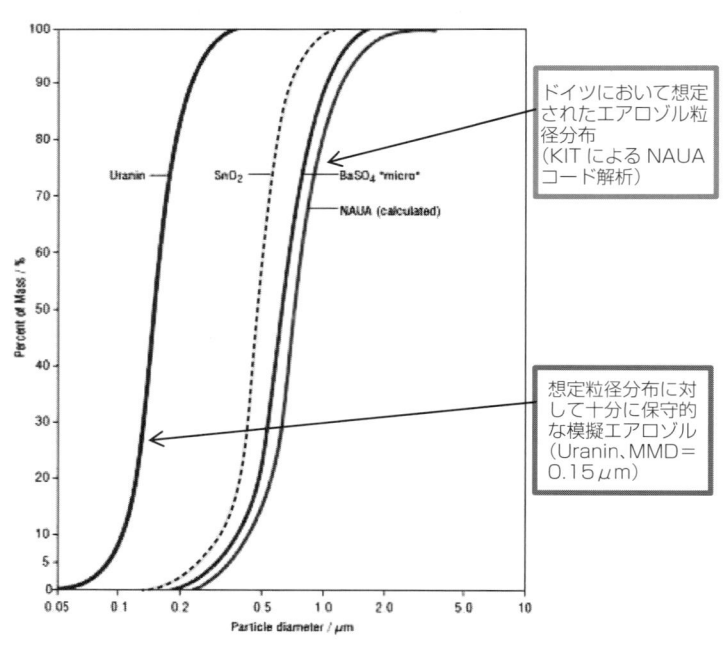

図 6.3.1−4　実機想定エアロゾルとウラニンの粒径分布

ウラニンの化学式を図 6.3.1-5 に示す。

ウラニン試験の試験体系を図 6.3.1-6 に示す。
フィルタの前後でガスをサンプリングすることにより DF 値を求めている。

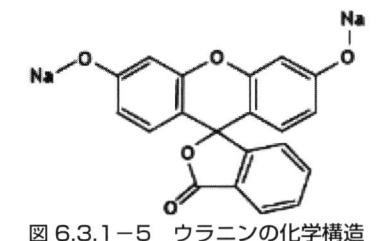

図 6.3.1－5　ウラニンの化学構造

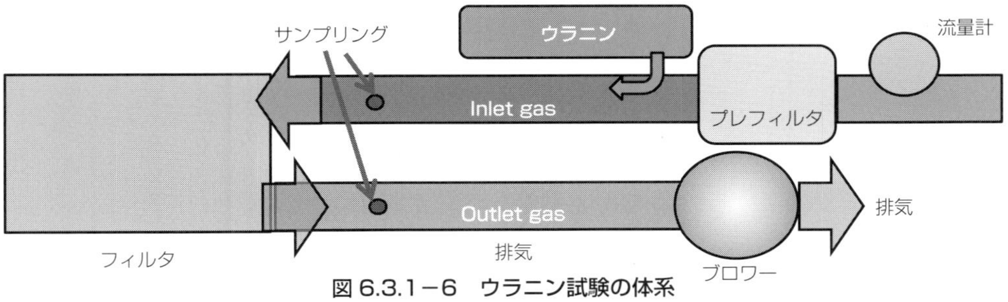

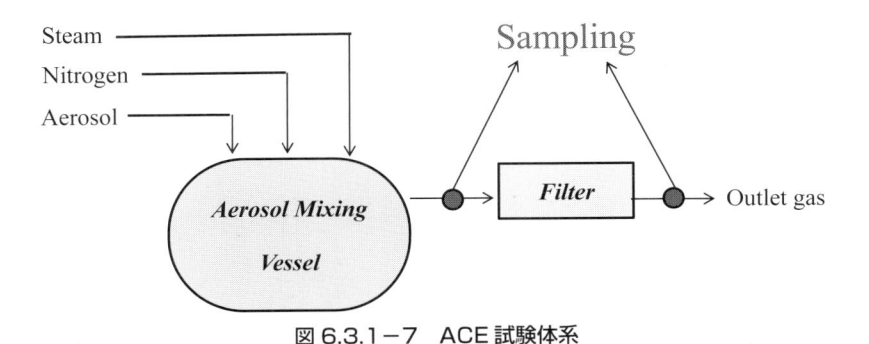

図 6.3.1－6　ウラニン試験の体系

試験条件を表 6.3.1-1 に示す。

試験結果は全試験において DF 値が 200,000
以上となっており、十分な性能を有している。

表 6.3.1－1　ウラニン試験条件（例）

圧力	101 kPa(abs)
温度	20℃（室温）
流速（フィルタ表面）	0.45 ～ 0.47m/s

次に、ACE 試験結果について示す。ACE 試験は実機でエアロゾルとして想定される CsI、
CsOH 等のセシウム化合物や空調設備の性能試験に一般的に用いられる DOP（フタル酸ジ
オクチル）を用いた試験であり、図 6.3.1-7 に示すようにウラニン試験と同様にフィルタの
前後でサンプリングすることにより DF 値を測定している。

図 6.3.1－7　ACE 試験体系

本試験の結果、CsI、CsOH 等の模擬エアロゾルに対して 100,000 以上、DOP に対して約
50,000 の高い DF 値が得られた。

6.3.2　よう素吸着フィルタにおけるガス状よう素の除去原理と性能

（1）除去原理

ゼオライトの吸着機能にて除去する。ゼオライトはゼオライトベッドに収納されている。

ガス状放射性よう素は、無機よう素（I_2）又は有機よう素（CH_3I：よう化メチル等）の形態をとる。原子炉格納容器内へ放出された無機よう素のうち、一部は原子炉格納容器内の有機物（塗装等）と結合し、有機よう素へ転換する。いずれのガス状よう素に対しても、原理としては、銀との化学吸着反応により固体表面に捕捉し除去するものである。

（2）除去性能

　ガス状よう素の除去性能は、ゼオライトベッドにおけるベントガスの滞留時間と蒸気過熱度に依存する。ベントガスの滞留時間は長い方が、また、蒸気過熱度が高い方がよう素の除去効率が向上する。このことから、滞留時間及び蒸気過熱度をパラメータにして除去性能試験を実施した。有機よう素の性能試験装置を図6.3.2-1に示す。また、無機よう素及び有機よう素に対する除去性能試験結果例を表6.3.2-1及び2に示す。

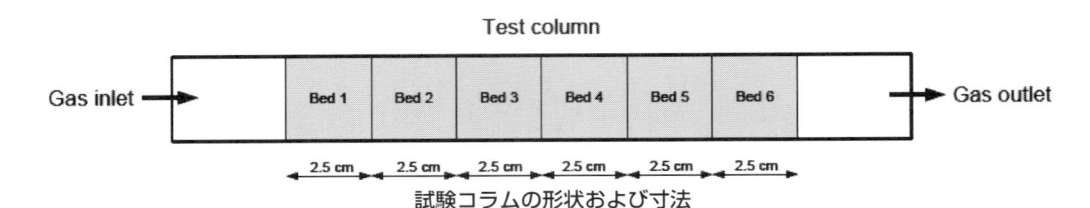

試験コラムの形状および寸法

試験コラムの写真

試験コラムの試験装置への装着状況

図6.3.2－1　有機よう素の除去性能試験装置

表 6.3.2－1　無機よう素の除去効率

テストベッド厚 (mm)	過熱度：9.9K		過熱度：35K	
	滞留時間 (sec)	除去効率 (%)	滞留時間 (sec)	除去効率 (%)
50	0.159	>99.99	0.16	>99.99
75	0.239	>99.99	0.24	>99.99
100	0.319	>99.99	0.32	>99.99

表 6.3.2－2　有機よう素の除去効率

テストベッド厚 (mm)	過熱度：9.9K		過熱度：35K	
	滞留時間 (sec)	除去効率 (%)	滞留時間 (sec)	除去効率 (%)
50	0.163	99.65	0.16	99.97
75	0.245	99.80	0.241	>99.99
100	0.326	99.97	0.321	>99.99

　これらの結果から、十分な滞留時間と蒸気過熱度を確保することにより、要求性能を一桁上回る高い DF 値を確保できることが分かる。なお、実機設計においては、よう素吸着フィルタ上流側に減圧オリフィスを設置して、飽和蒸気を断熱膨張させることにより必要な過熱度を確保する。

　なお、現時点では、さらに高性能な銀ゼオライトが開発されており、過熱度がほぼゼロの条件においても要求性能を満足する試験結果が得られつつある。この銀ゼオライトを実機に適用することで、よう素吸着フィルタについても格納容器内に設置することが可能となる（6.5 項参照）。

6.4　乾式フィルタの設計上の考慮事項

6.4.1　崩壊熱除去特性

　乾式フィルタの特徴として、FP の崩壊熱の除去方法として、受動的な自然対流方式を採用していることが挙げられる。金属繊維フィルタ、よう素吸着フィルタとも、FP 捕集部の前後に冷却管を鉛直方向に設置し、その中を外気が通過することによって崩壊熱の除去が行われる。この特性については、モックアップによる検証試験及び解析にて評価を行い、実機設計に反映している。

　図 6.4.1-1 によう素吸着フィルタのモックアップ試験体、図 6.4.1-2 に温度分布解析結果の一例を示す。ゼオライトの性状は 500℃以下で維持されることが確認されていることから、それ以下になるように冷却管等の設計を行っている。

図 6.4.1－1　崩壊熱除去特性に使用したよう素吸着フィルタのモックアップ試験体

5   Evaluations, Analyses, Detailed Calculations and Results

The distribution of the temperatures is shown in Fig. 5-1 to Fig. 5-4. The maximum Temperature of the iodine filter shell is about 262 °C and for the internals about 333 °C (see Fig. 5-4). The maximum temperature of the filter bed it is about 359 °C (see Fig. 5-1).

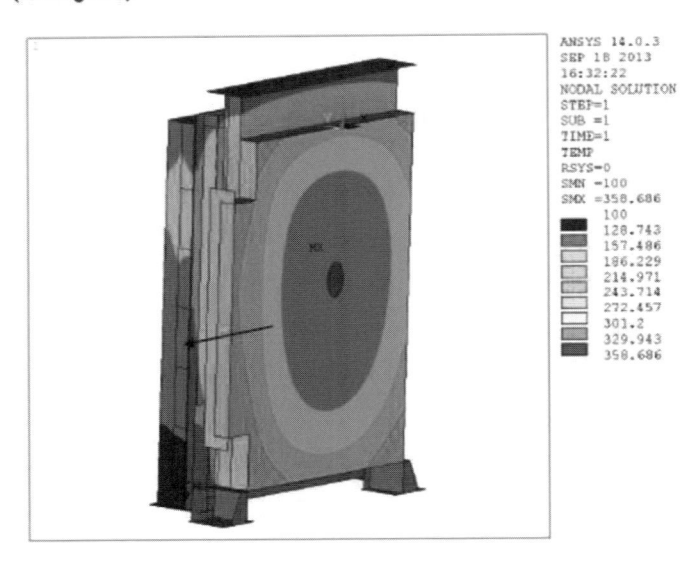

Fig. 5-1: Temperature Distribution - Complete Model, Side View

図 6.4.1−2　よう素吸着フィルタの温度分布解析結果例
(最高温度は約 359℃である)

6.4.2　圧損特性

　金属繊維フィルタはエアロゾルを捕集することによって流路断面積が徐々に小さくなり圧損が増加する。これに対しては、粘着性の高いエアロゾルである SnO_2 を用いた圧損試験を行い、設計範囲を大きく超えた捕集率（フィルタの単位面積当たりのエアロゾル質量）でも圧損が十分小さいことを確認している。

　図 6.4.2-1 に試験結果を示す。

6.4.3　水素の影響に対する考慮

　PWR における乾式フィルタベントのベント中の水素対策は以下のとおりである。

● CV 内水素濃度は静的触媒式水素再結合装置（PAR）により基本的に燃焼限界以下に抑えられる。

● ベント中は系内に流れがあること、通常時は系内が窒素雰囲気であることから、ベント中に水素が滞留して濃度が上昇することはない。

● ベント開始直後はフィルタの熱容量により、水蒸気凝縮に起因する水素濃度の上昇が考えられる。ただし、その時間は数十秒と短時間である。

● 安全側に全水蒸気が凝縮したとしても、爆轟限界以下の燃焼領域である。

また、ベント停止時（インターバル中を含む）は以下のとおりである。

●ベント停止時直後は、系内はベントガスの成分割合が保持されていることから水素燃焼限界未満となっている。

●その後水蒸気が凝縮するが、その凝縮体積分の空気が排気口から侵入することから水素濃度は燃焼限界未満に維持される。

●また、配管は可能な限り排気口に向けて上り勾配とすること、フィルタ内は放射性核分裂生成物の発熱に起因する対流があるから、水素が滞留することはない。

上記のことから、水素燃焼のリスクは十分小さい。

6.5 一体型乾式フィルタ

金属繊維フィルタ、よう素吸着フィルタを1つのコンポーネントに収めた一体型のコンセプトは1990年代から存在しており、海外では既にいくつかのプラントに対し納入実績も有している。但し、過去のゼオライト技術では過熱度が十分に取れない環境で必要なDF性能を得る事が出来なかったため、これまでコンバインド型は格納容器の外部（減圧オリフィスの下流）に設置する必要があり、粒子状放射性物質を格納容器内部に閉じ込められないという課題があった。

しかしながら、昨今のゼオライト技術の革新により、過熱度が十分に取れない環境においても必要なDF性能が得られつつある。これにより、一体型を格納容器の中に収めることが可能となり、粒子状放射性物質だけでなく、よう素についても格納容器の内部に閉じ込めることが可能となる。今後、国内プラントの条件への適用について確認することとしている。

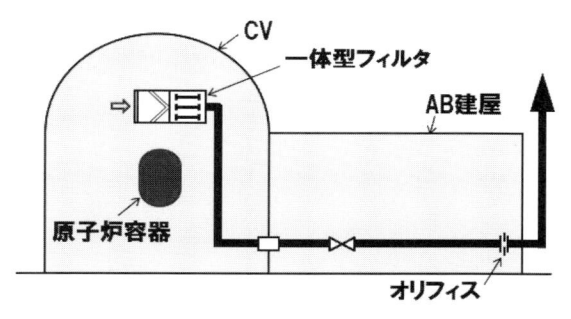

図6.5-1 一体型乾式フィルタベントシステムの構成概念

6.6 乾式フィルタベントの運用

PWRのフィルタベントの運用は、格納容器スプレイ等を用いることにより、ベント開始時間までの時間を稼ぎ、希ガスなどのフィルタで除去できない放射性物質を減衰させ、最高使用圧力の2倍に到達前にフィルタベントを開始する。PWRはシビアアクシデントでは、格納容器再循環ユニットによる格納容器気相部の自然対流冷却を行うため、フィルタベントは特定重大事故等対処施設として設置される。

PWRプラントは格納容器体積が大きいことから炉心溶融時の水素発生を考慮しても、静的触媒型水素処理装置等で水素処理を行うため、フィルタベントに水素処理機能を期待していない。これはPWRの乾式フィルタ、湿式フィルタ共通である。

6.7 まとめ

　乾式フィルタベントシステムは以下の特徴を持つ設備であり、今後一部の PWR に順次設置していく計画である。

- ●作動時の操作、周辺設備が少なく、信頼性が高い受動的なシステム
- ●セシウムなどの長半減期核種を格納容器内に閉じ込め可能
- ●要求性能を一桁以上上回る高い除去効率

第 7 章

フィルタベントの
運用

7.1　福島第一原子力発電所の事故の分析とフィルタベントシステムの役割

　本章では、福島第一原子力発電所の事故の分析をするとともに、それを踏まえたフィルタベントシステム（FCVS）の役割について述べる。また、それに関連して、原子炉格納容器の破損防止方策についても述べる。

7.1.1　福島第一原子力発電所事故の分析

　福島第一原子力発電所事故についての分析を行うにあたっては、東京電力福島原子力発電所事故調査委員会（国会事故調）の報告書[1]、東京電力福島原子力発電所における事故調査・検証委員会（政府事故調）の報告書[2]、東京電力株式会社による報告書等[3]～[5]を参照した。なお、本検討は FCVS に関わる事項として、福島第一原子力発電所 1 号機から 3 号機での原子炉格納容器損傷に関連する事象を対象とした。そのため、福島第一原子力発電所事故全体の状況については、上述の各報告書等を直接参照していただきたい。

（1）事故の概要

　平成 23 年 3 月 11 日、福島第一原子力発電所では 1 号機から 3 号機が運転中であったが、同日 14 時 46 分に発生した東北地方太平洋沖地震を受けて、すべて自動停止（スクラム（原子炉緊急停止））した。この際、外部電源については、新福島変電所から福島第一原子力発電所にかけての送配電設備が地震によって損傷し、すべての送電が停止したが、非常用ディーゼル発電機（D/G）が起動し、原子炉の安全維持のために必要な電源は確保されていた。なお、4 号機から 6 号機は、定期検査のために停止中であったが、同様に D/G からの給電により、冷温停止状態が維持されていた。

　その後、襲来した津波により、福島第一原子力発電所では、多くの電源盤が被水・浸水するとともに、6 号機を除き、運転中の非常用 D/G が停止し、全交流電源喪失の状態となったため、交流電源を用いるすべての冷却機能が失われた。また、冷却用海水ポンプも冠水し、原子炉内部の残留熱（崩壊熱）を海水へ逃がすための機能（除熱機能）を喪失した。さらに、1 号機から 3 号機では、各号機において時間差はあるものの、直流電源喪失により交流電源を用いない炉心冷却機能までも最終的には機能を失った。

　このような電源喪失は、適時かつ実効的な原子炉冷却（高圧注水、原子炉減圧、低圧注水、原子炉格納容器冷却と減圧、最終ヒートシンクへの崩壊熱除去等）の実施を著しく困難なものとした。

　このため、臨機の応用動作として、消防車を用いた消火系ラインによる淡水および海水の代替注水が試みられたが、結果として、1 号機から 3 号機はそれぞれ原子炉圧力容器への注水ができない事態が一定時間継続した。これにより、各号機の燃料が水に覆われずに露出することで炉心が溶融し、燃料棒内にあった放射性物質が原子炉圧力容器内に放出された。また、この過程で燃料棒被覆管（ジルコニウム）と水蒸気の化学反応によって、大量の水素が発生した。

　そのため、放射性物質や水素が原子炉圧力容器から蒸気とともに原子炉格納容器内へ主蒸

気逃がし安全弁等を経て放出され、その内圧が上昇した。そこで、原子炉格納容器ベントを行うことが数回試みられた。1号機と3号機ではベント操作によって原子炉格納容器の圧力低下が確認され、また、排気筒から水蒸気が放出される様子も確認されたが、2号機についてはベントによる原子炉格納容器の圧力低下は確認されていない。

　その後、1号機と3号機では原子炉格納容器から漏えいした水素が原因と考えられる爆発により、それぞれの原子炉建屋上部が破壊された。

　また、定期検査中ですべての燃料が使用済み燃料プールに取り出されていた4号機では、使用済燃料プール内に保管されている燃料の冠水が維持されていたが、3号機ベントにより流入してきたと考えられる水素によって原子炉建屋上部で爆発が発生した。

　一方、同じく定期検査中であった5号機と6号機においては、6号機の非常用D/Gが機能を維持していたため、その電力を5号機へ融通することにより、5号機、6号機ともに炉心への注水を行うことができ、さらに、原子炉内部の残留熱（崩壊熱）を海水へ逃がすための機能を回復することで、冷温停止に至ることができた。

(2)　福島第一原子力発電所1号機の原子炉格納容器損傷について

　図7.1-1、図7.1-2に1号機原子炉格納容器の圧力の実測値の変化と、MAAPコードによる圧力と温度の解析結果を示す。ドライウェル(D/W)圧力は、3月12日2時30分頃に0.84MPa[abs]を計測した後、原子炉格納容器のベントに成功するまでの間、0.7MPa[abs]～0.8MPa

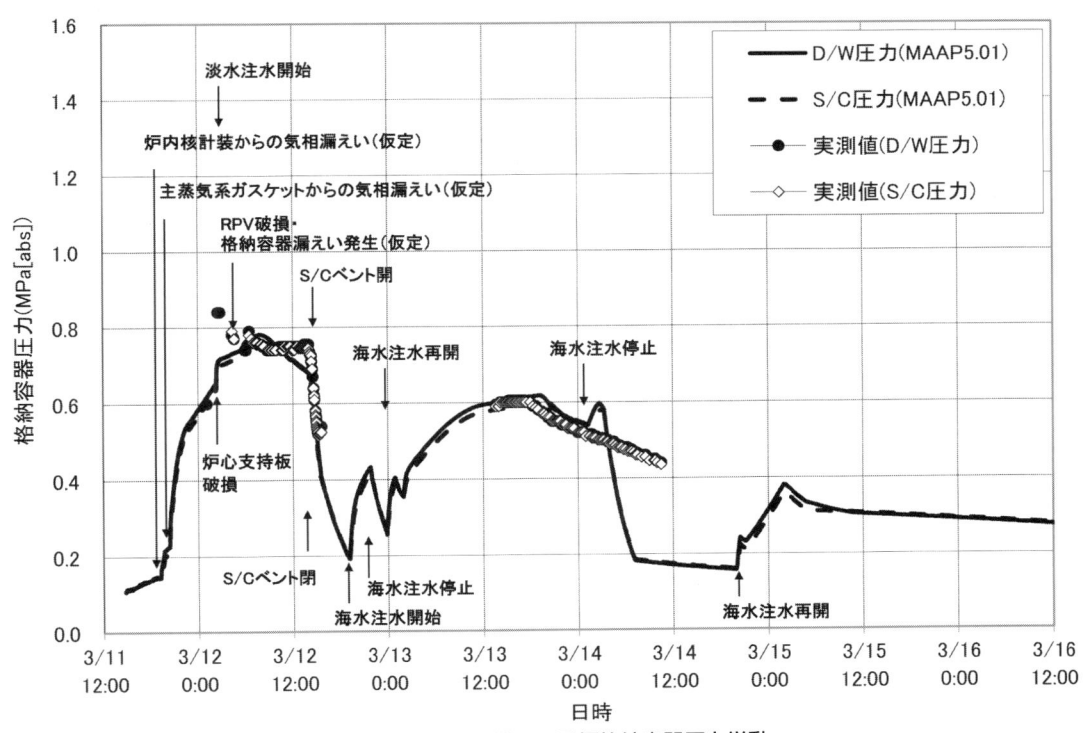

図 7.1－1　1号機　原子炉格納容器圧力挙動

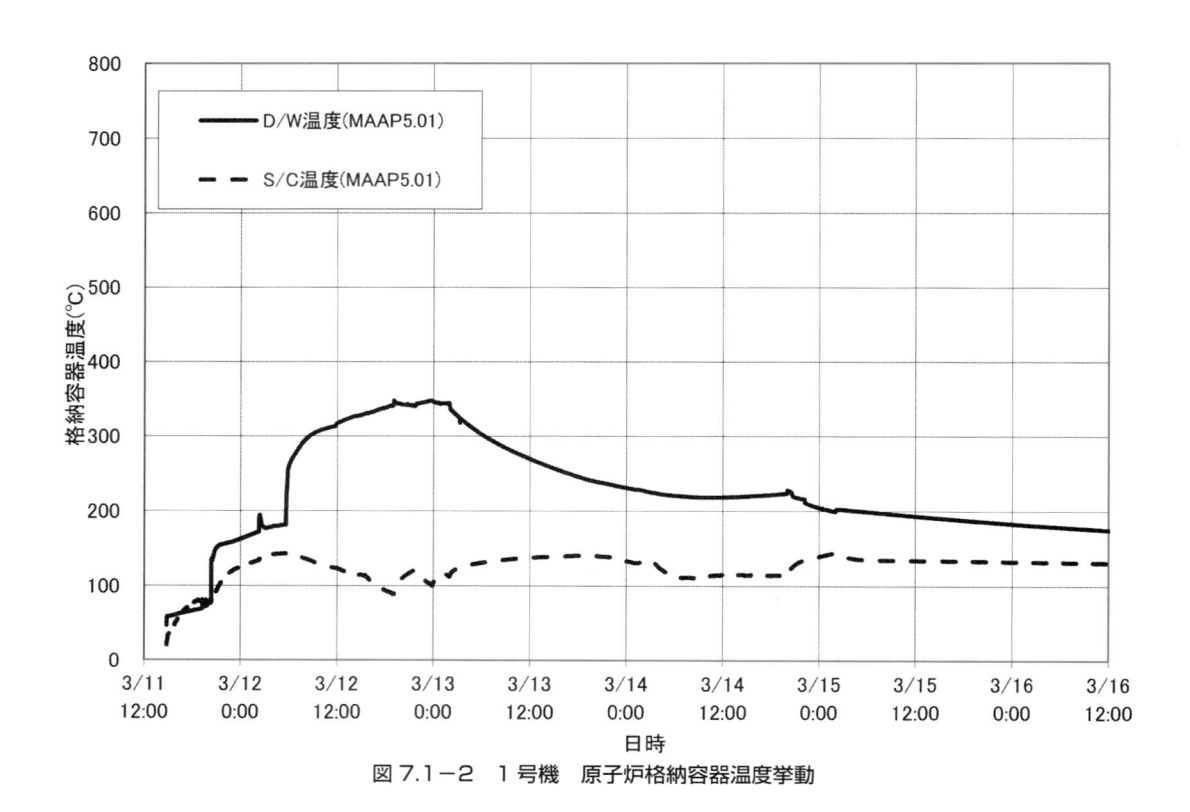

図 7.1−2　1 号機　原子炉格納容器温度挙動

［abs］程度の範囲の圧力を維持している。事故時に想定される炉内からの蒸気発生、原子炉格納容器温度の上昇等の事象を考慮すると、原子炉格納容器圧力は上昇する傾向となると考えられるが、実際には圧力が緩やかな減少傾向で安定していたことから、この期間において原子炉格納容器からの小規模な漏えいが生じていた可能性が考えられる。

　原子炉格納容器からの過温による漏えいを仮定した 3 月 12 日 5 時頃の時点では、原子炉格納容器温度は 300℃付近に到達するとの評価結果となっている。1 号機は、津波の影響により全ての注水機能を喪失したため事故進展が早く、それに伴い原子炉格納容器温度が上昇したことから、漏えいを仮定した時点では、温度は 300℃付近、圧力は 0.8MPa と高くなっていた。この温度・圧力条件は、原子炉格納容器のフランジシールに用いられているシリコン製シール材の健全性が確認されている範囲を上回るものであり、漏えいが発生する条件を超えるものであることから、シール材の高温破損にともなう機能喪失により漏えいに至った可能性が高いと推測される。

　なお、図 7.1-1 に示す原子炉格納容器圧力、及び図 7.1-2 に示す原子炉格納容器温度のグラフは、事故解析コードである MAAP コードによって算出したものである。

（3）福島第一原子力発電所 2 号機の原子炉格納容器損傷について

　図 7.1-3、図 7.1-4 に 2 号機原子炉格納容器の圧力の実測値の変化と、MAAP コードによる圧力と温度の解析結果を示す。事故当初は、蒸気駆動のポンプにより原子炉への注水が行

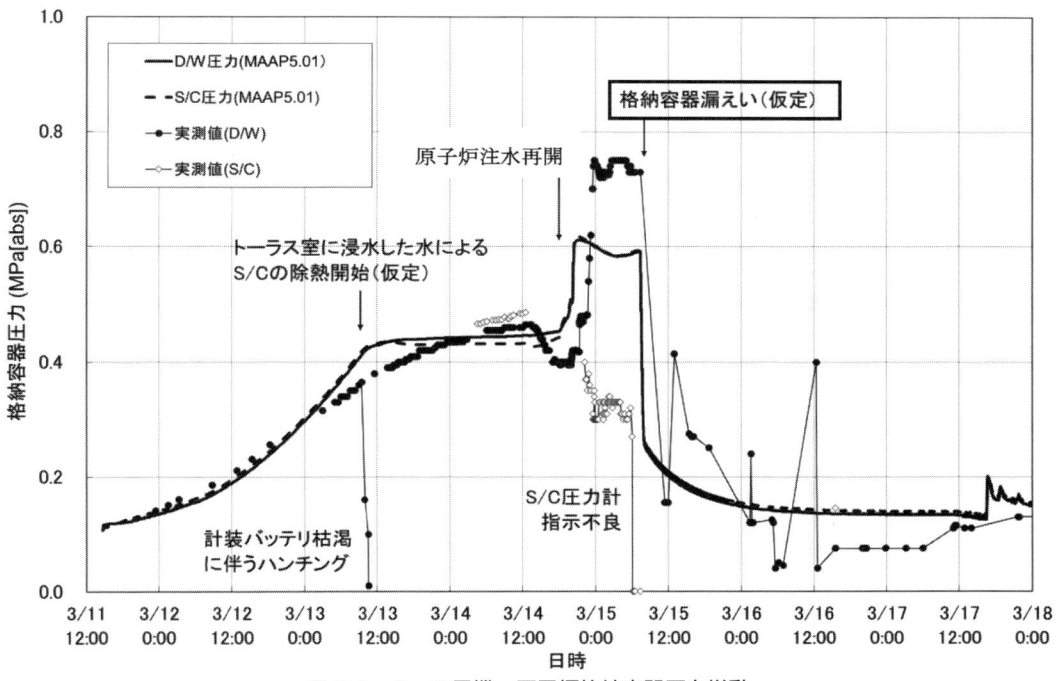

図7.1-3 2号機 原子炉格納容器圧力挙動

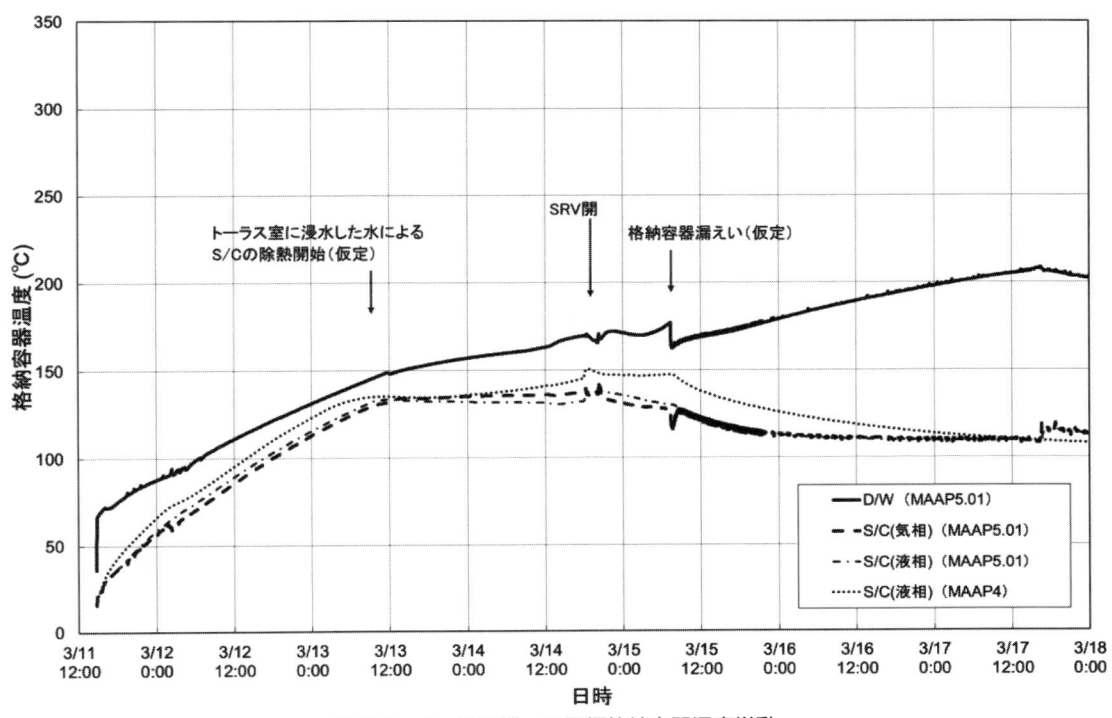

図7.1-4 2号機 原子炉格納容器温度挙動

われていたため温度圧力ともに低い状態であったが、最終ヒートシンクの喪失により、崩壊熱が原子炉格納容器内に蓄積される形となり、3月13日頃には温度・圧力ともに高い状態が継続した。温度は150℃から175℃程度と1号機ほど高くはないが、シリコンゴム製シール材にとって、蒸気環境では加水分解反応による劣化が想定される温度域であり、この間にシール材の劣化が進んでいたと考えられる。この状態で、3月14日には原子炉格納容器圧力が急上昇し、23時25分にはD/W圧力が0.75MPa[abs]程度まで上昇した。原子炉水位が有効燃料底部以下になったと推測される状況で、3月14日19時54分に消防車による原子炉注水が再開され、水蒸気と水・ジルコニウム反応による水素がこの圧力上昇をもたらしたと推定される。その後、原子炉格納容器は3月15日7時から11時の間に圧力が大幅に低下しており、これらの要因の重畳により、原子炉格納容器が閉じ込め機能を喪失したと考えられる[6]。

　ここで、3月11日から3月18日にかけての福島第一原子力発電所の正門付近における敷地内空間線量率の推移を図7.1-5に示す。空間線量率データは、風向等の気象条件の影響を大きく受けるとともに、原子炉格納容器ベントで放出した放射性物質に起因する変動が生じる場合があるため、原子炉格納容器からの漏えいによる放出状況のみに依存するものではないが、原子炉格納容器の損傷状況の推定に際して参考情報とすることができると考えられる。空間線量率データは、3月12日4時頃から線量率の上昇が見られ、1号機の原子炉格納容器からの漏えいが始まっていたと推測される時期と一致している。また、同様に2号機で圧力が低下した3月15日7時以降にも線量率の上昇が確認できる。空間線量率データの変化は、原子炉格納容器からの放射性物質の漏えい発生時期の傍証とすることができる。

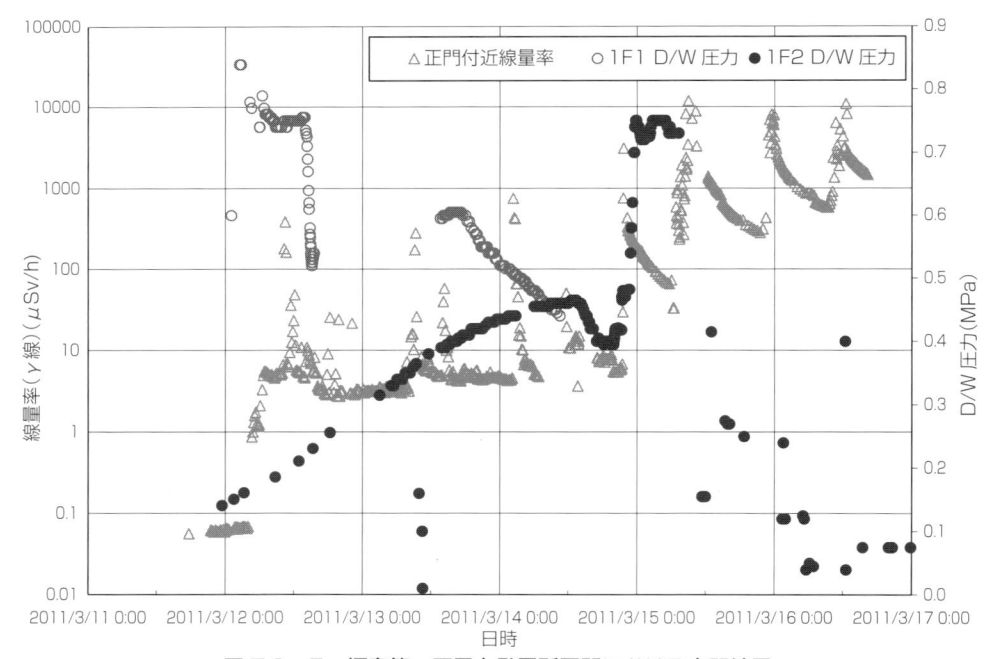

図7.1-5　福島第一原子力発電所正門における空間線量

（4）福島第一原子力発電所 3 号機の原子炉格納容器損傷について

　図 7.1-6、図 7.1-7 に 3 号機原子炉格納容器の圧力の実測値の変化と、MAAP コードによる圧力と温度の解析結果を示す。3 号機は津波により非常用 D/G が停止し交流電源を喪失したが、1、2 号機と異なって直流電源は被害を免れ、充電はできないものの当初は機能が維持されていた。このため、直流電源で起動できる原子炉隔離時冷却系により原子炉の冷却を継続した。しかし、いずれ原子炉格納容器ベントが必要になることから、必要な系統構成を実施し、原子炉の減圧後、3 月 13 日の 9 時 20 分に原子炉格納容器のベントによる圧力低下を確認した。その後、原子炉格納容器の圧力が上昇したためベント弁の開操作を継続して実施し、圧力を低下させるための作業を継続した。ただし、ベント弁が開状態になり、排気筒からの水蒸気放出が確認されているのは、3 月 13 日の 14 時に行った 2 回目のベント操作までである（図 7.1-8 参照）。

　その後も何回か原子炉格納容器の圧力低下が実測されているが、その低下速度は成功が確認されている 2 回目までのベント時の速度に比べて遅い。また、S/C 側よりベントを行った際には、D/W 側から S/C 側へ気体の流れが発生するため、S/C 圧力の方が D/W ドライウェル圧力に比べて低い状態となるところであるが、3 回目の圧力低下の際には S/C 圧力の方がD/W 圧力よりも高い状態が確認されている。

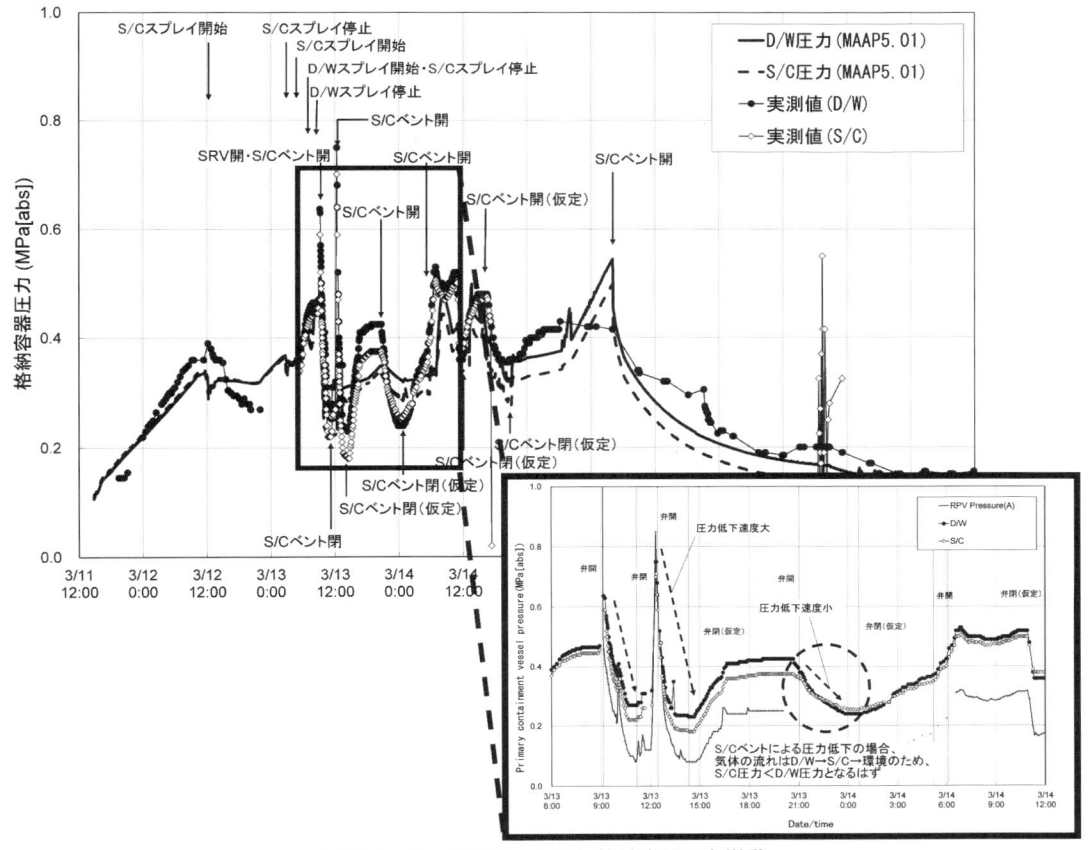

図 7.1－6　3 号機　原子炉格納容器圧力挙動

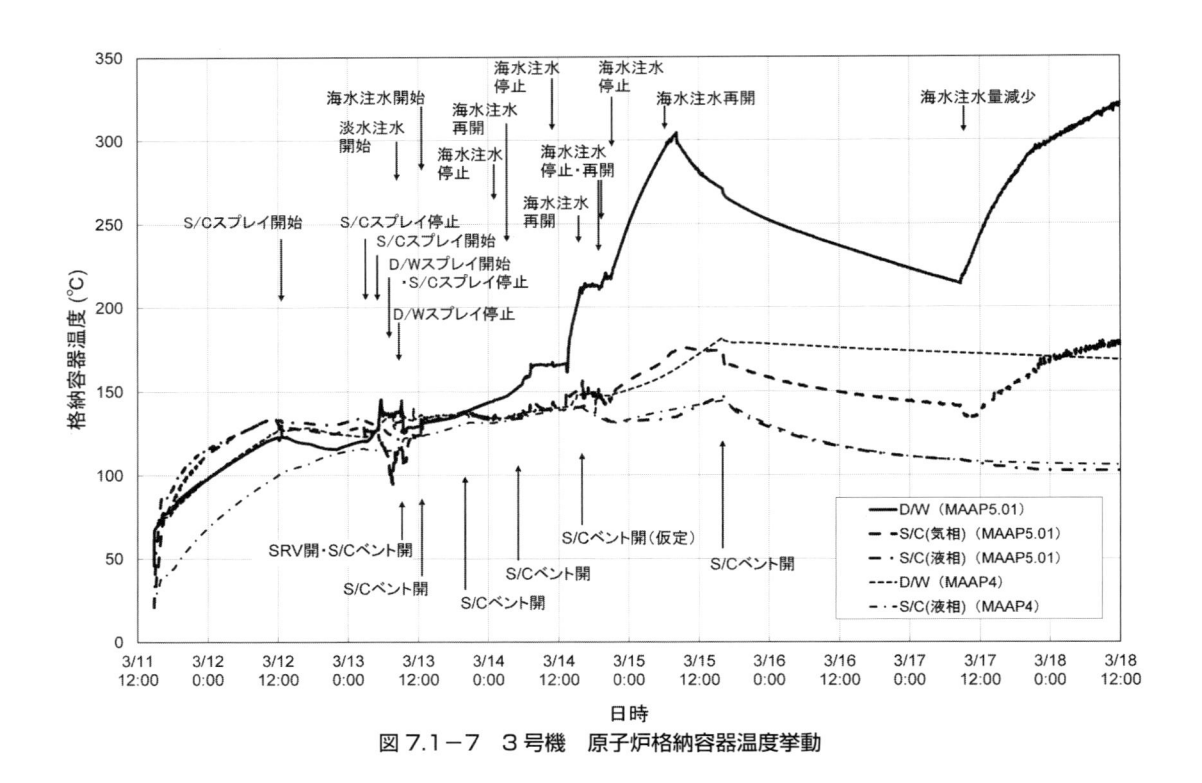

図 7.1-7　3 号機　原子炉格納容器温度挙動

　以上のことから、3 回目以降の原子炉格納容器内の圧力低下については、ベントによるものではなく、シール部が劣化することによる原子炉格納容器上蓋部を経由しての漏えいの可能性が最も高いと考えられる。一方で、3 号機は 3 月 15 日の朝には原子炉建屋上部からの水蒸気放出が確認されており、この時点では、原子炉格納容器から漏えいした気体（水蒸気、放射性物質を含む）が直接環境に放出されるような状態になっていたものと考えられる（図 7.1-9 参照）。ただし、同じ 3 月 15 日朝に、2 号機原子炉建屋のブローアウトパネルからも水蒸気が放出され、格納容器圧力の大幅低下が確認されており、この時点では、2 号機からの放射性物質の放出が多かったと考えられる。

(5)　格納容器からの漏洩経路

　格納容器バウンダリの構成部材は、大別すると①格納容器本体部（鋼板部）、②シール部（フランジ、ハッチ、ペネトレーション等におけるシール部）に分類できる。

　これらのうち、①格納容器本体部（鋼板部）については、東日本大震災における地震動や、福島事故時に経験した圧力、温度によっても、十分に健全性が維持される範囲であり、福島第一 1 ～ 3 号機において、事故後において格納容器圧力が確保されている期間があることからも、格納容器本体の破損により漏洩に至った可能性はないと考えられる。

　一方、②シール部（フランジ、ハッチ、ペネトレーション等におけるシール部）については、シール材に使用されているシリコンゴム等の樹脂が、過温により劣化することで弾力性

3月13日の映像
(左：13時 右：15時)

3月14日の映像
(左：7時 右：10時)

図7.1－8 福島第一原子力発電所ライブカメラの映像(抜粋)
上段：全景(配置イメージ)
中段：ライブカメラ映像(抜粋)
下段：3、4号機排気筒拡大図
(東京電力ホームページ資料から抜粋)

(a) 3月13日13:00

(d) 3月15日8:58, 2号機
原子炉建屋から蒸気

(b) 3月15日7:00

(e) 3月15日7:31, 3号機
原子炉建屋から蒸気

(c) 3月16日10:00

(f) 3月16日9:51, 3号機
原子炉建屋から蒸気

■ベント用バルブの空気源喪失がベント不能をもたらし格納容器からの汚染された蒸気の漏えいとなった。
→これが福島県の飯舘村を汚染した原因

■ベントを確実にすることと、格納容器のパッキン材料の改良が必要

図7.1-9 2号機と3号機の格納容器から直接蒸気リーク
（東京電力ホームページ資料から抜粋）

を失い、漏洩につながった可能性がある。このようなシール部には、以下のような箇所が存在する。

●フランジシール部（格納容器上蓋、機器ハッチ、人員ハッチ）
●電気ペネトレーションのシール部
●格納容器貫通配管の隔離弁シール部

爆発が起きなかった2号機では、事故後の線量測定結果から、漏えい個所を推定することができる。

図7.1-10 〜 15に示すとおり、2号機原子炉建屋1階の機器ハッチ前やペネトレーション近傍で測定された放射線量は、数十 mSv/h であり、その周辺の通路の線量と大きな差異は見られない。また、小口径の配管貫通部である TIP 室においても、数 mSv/h 程度の線量であり、漏洩の痕跡は見られない。1階から上層階に向かう階段やその近傍の通路においても、線量は数十 mSv/h であり、特異な線量の上昇は確認されていない。

ところが、格納容器上蓋フランジがある原子炉建屋5階の運転床（オペレーティングフロア）の格納容器上蓋上部で測定された放射線量は、400mSv/h 〜 800mSv/h であり、上蓋中

心部に相当する位置では 880mSv/h が計測されている。屋外への漏洩の経路となったブローアウトパネル（図 7.1-16）開口部においても 154mSv/h が計測されている。

　これらの測定結果から、格納容器からの漏洩は、格納容器上蓋フランジで発生し、ここから格納容器内の雰囲気が運転床（オペレーティングフロア）に放出され、ブローアウトパネル開口部を経由して屋外に放出されたと推定できる。

　フランジ部は、NUPEC（原子力工学試験センター）で実施された格納容器の過温破損要素試験および FEM 解析により、格納容器の圧力上昇に伴って、シール部が開口していく傾向となることが確認されている。フランジに用いていたシリコンゴム系シール材は高温水蒸気環境下で加水分解反応による劣化を受けやすく、弾力性を失い、この開口挙動に追随できなくなるとリークが発生すると考えられる。

　一方、1、3 号機は爆発の影響を受けていることから、2 号機のような推定を行うことは難しい。2 号機で推定された格納容器上蓋フランジ部は、同様に漏えいリスクが高かったと考えられるが、それ以外にも上述のシール部で漏えいが起きていた可能性は現時点で否定できない。したがってこれらの箇所について幅広く評価し、必要に応じて破損防止のための強化策をとる必要がある。実際に福島事故後の安全対策では、上蓋フランジに限らず全てのフランジシール部や弁シール部において、シリコンゴムの代わりに耐放射線性が高く、少なくとも 200℃の蒸気環境に耐えられる改良型 EPDM シール材等への転換が行われている。また、

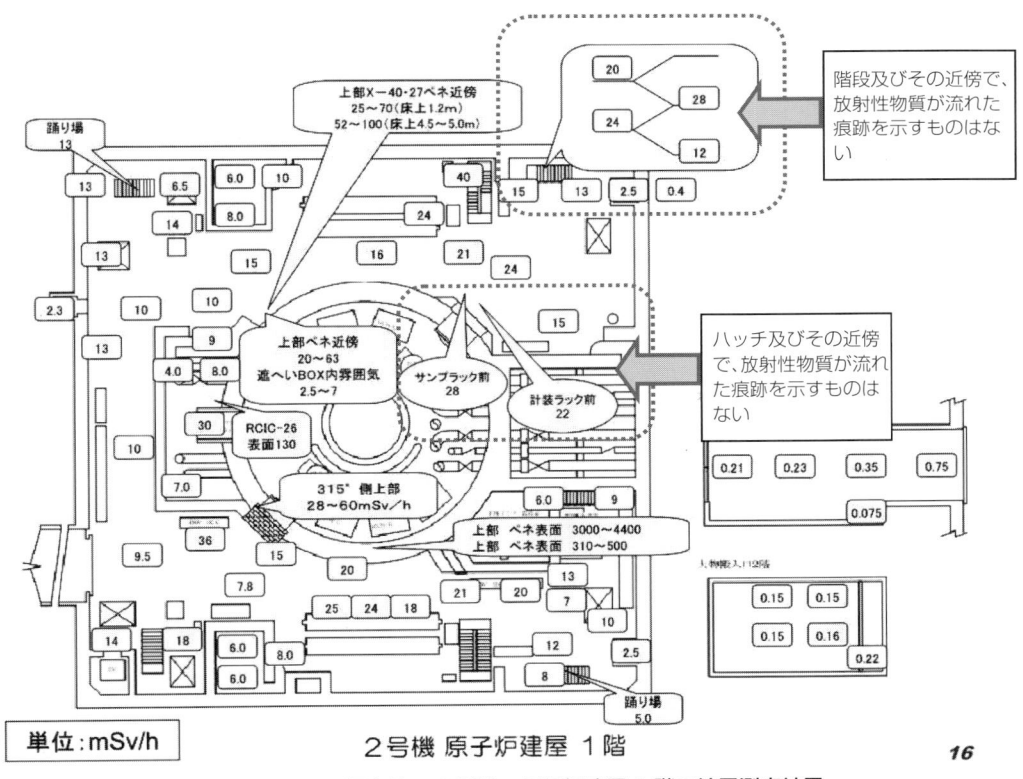

図 7.1－10　福島第一 2 号機　原子炉建屋 1 階の線量測定結果
（平成 25 年 3 月 22 日　東京電力株式会社ホームページ掲載資料より抜粋）

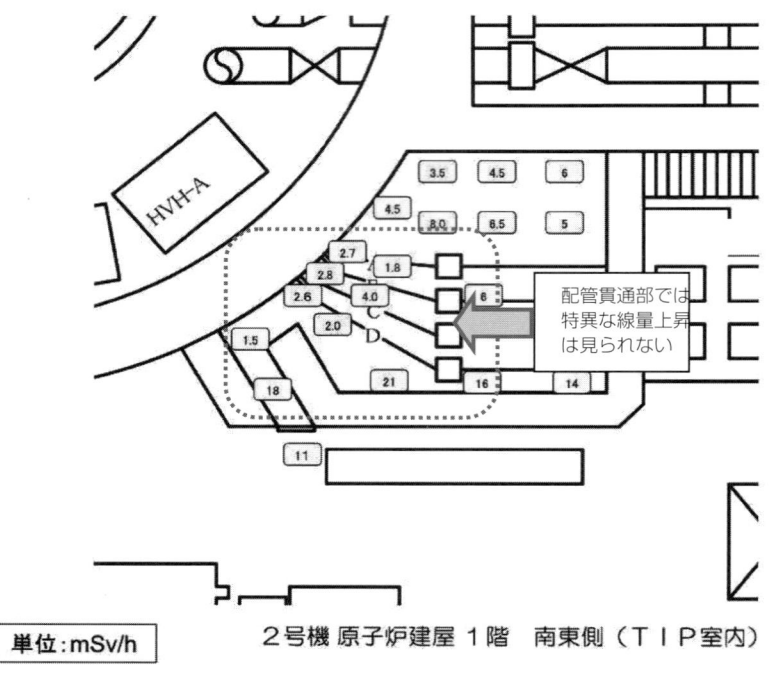

単位：mSv/h　　　２号機 原子炉建屋 1 階　南東側（ＴＩＰ室内）

17

図 7.1−11　福島第一２号機　原子炉建屋 1 階 TIP 室内の線量測定結果
（平成 25 年 3 月 22 日　東京電力株式会社ホームページ掲載資料より抜粋）

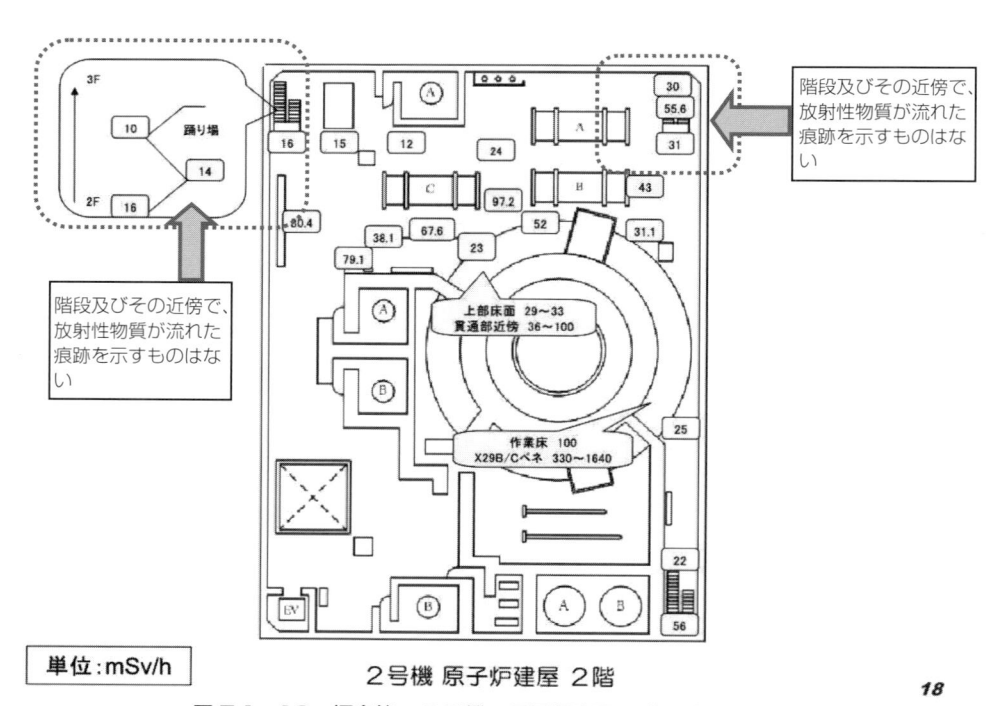

単位：mSv/h　　　２号機 原子炉建屋 2 階

18

図 7.1−12　福島第一２号機　原子炉建屋 2 階の線量測定結果
（平成 25 年 3 月 22 日　東京電力株式会社ホームページ掲載資料より抜粋）

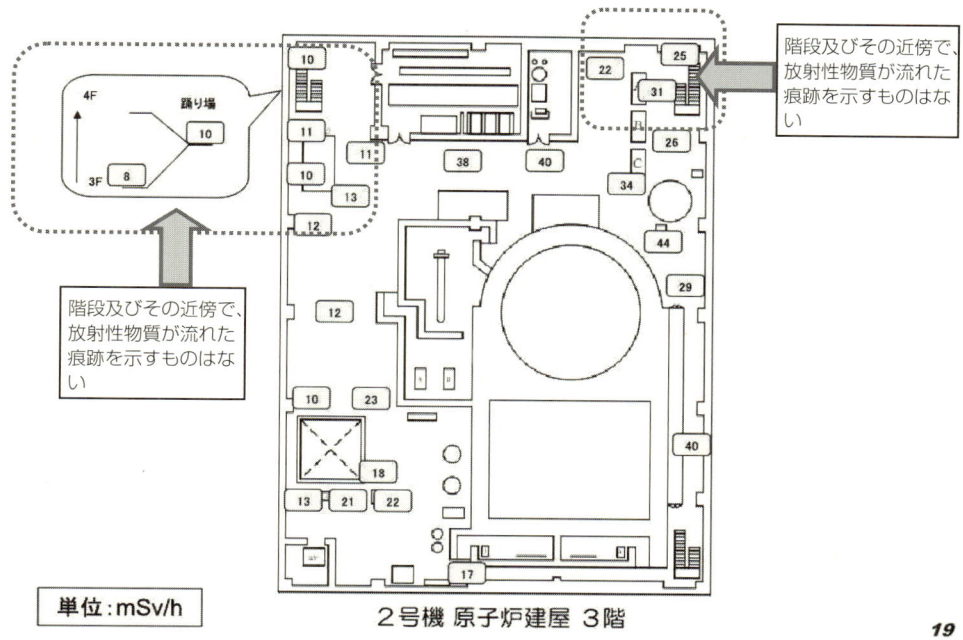

図7.1－13　福島第一2号機　原子炉建屋3階の線量測定結果
（平成25年3月22日　東京電力株式会社ホームページ掲載資料より抜粋）

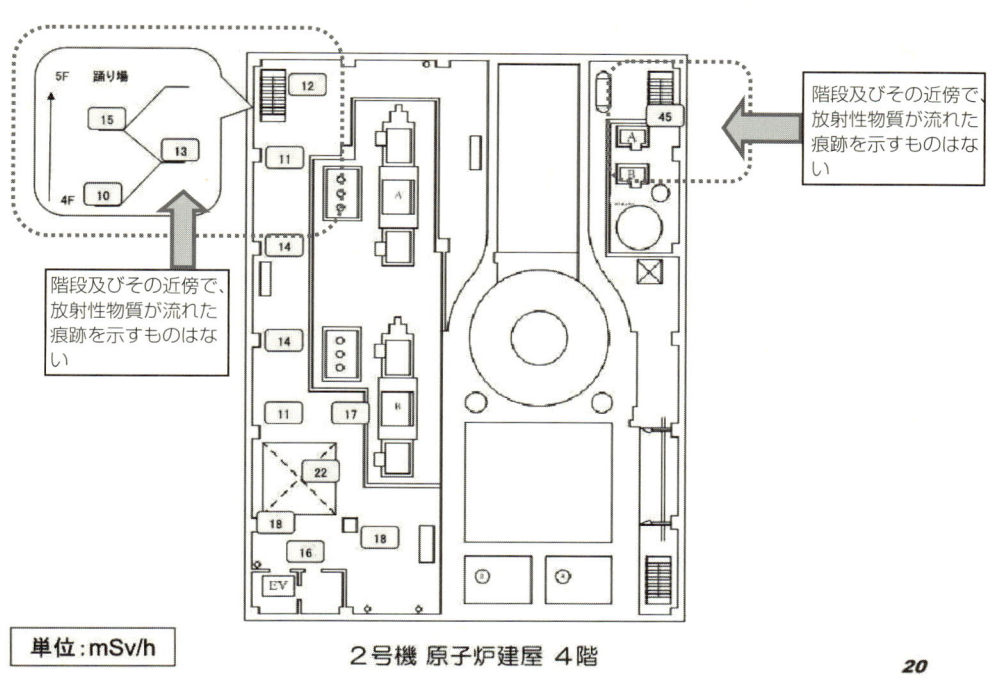

図7.1－14　福島第一2号機　原子炉建屋4階の線量測定結果
（平成25年3月22日　東京電力株式会社ホームページ掲載資料より抜粋）

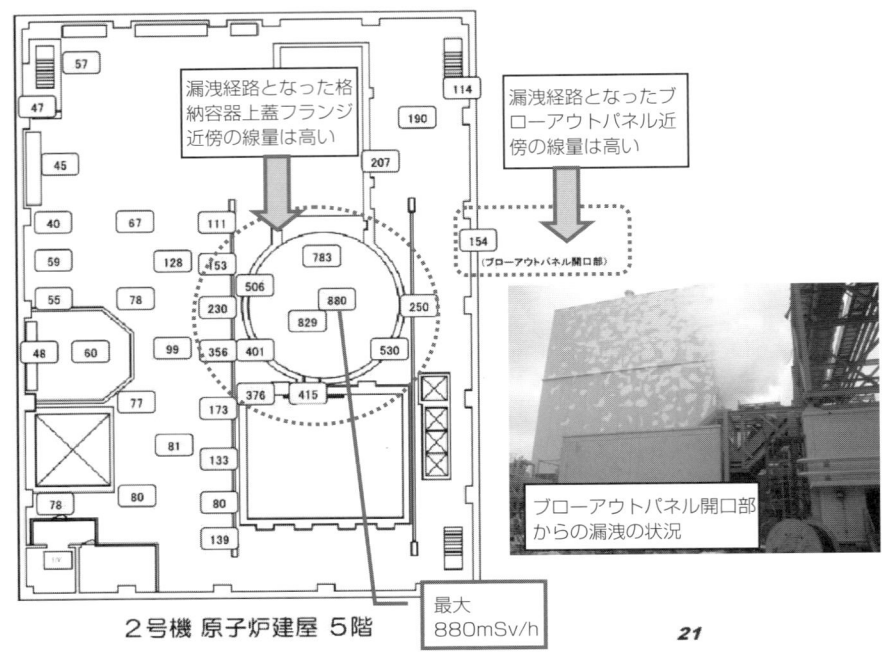

図 7.1−15　福島第一 2 号機　原子炉建屋 5 階の線量測定結果
（平成 25 年 3 月 22 日　東京電力株式会社ホームページ掲載資料より抜粋）

図 7.1−16　福島第一 2 号機　ブローアウトパネル開口部からの漏洩の状況
（平成 25 年 3 月 15 日　東京電力撮影）

電気ペネトレーションについても重大事故時の環境を考慮した再評価が行われ、現在の構造のままでシール材の耐環境性確認範囲に収まることが確認されている。

　福島第一原子力発電所での事故の教訓を踏まえ、原子力発電所では FCVS の設置が進められている。FCVS には、以下のような役割が求められる。

●原子炉格納容器の過圧による破損の防止

●事故時に原子炉格納容器から水素を安全に排出し、水素爆発の発生を防止

●事故時に発電所敷地外に放出される放射性物質の低減を図り、環境への影響を緩和
　（特に、土壌汚染による長期の避難が必要となる状況を避ける）

　まず、過圧破損の防止では、原子炉格納容器の健全性が確保できる範囲内において事故対応を行うこととし、万が一、この範囲を超過する恐れがある場合に、確実に、かつ、速やかにベント操作を実施できることが必要である。このため、ベントの実施のために操作が必要となる弁については、操作用の駆動源（電源や窒素等）の信頼性を増すとともに、これらの駆動源による操作が不可能になる場合も想定し、最終的には、弁を人が現場で直接操作することで、ベントできるように設計することが必要である。

　また、安全な水素の排出では、水素もしくは酸素の濃度が燃焼領域にならないように設計する必要がある。具体的な設計としては、原子炉格納容器および FCVS 系統内を通常運転中から窒素で置換しておくことで、酸素濃度を低く保つ方法や、原子炉格納容器を窒素封入しない場合にはイグナイタ等で水素と酸素を再結合させて、それらの濃度を制御する方法などがある。

　発電所外への放射性物質の放出低減の観点では、FCVS に設けられたフィルタ装置により、排気に含まれる放射性物質の量を可能な限り低減する。現在、設計が進められている沸騰水型原子力発電所への FCVS では、下記に示すようなフィルタ装置の設置が検討されている（図 7.1-17 及び図 7.1-18 参照）。

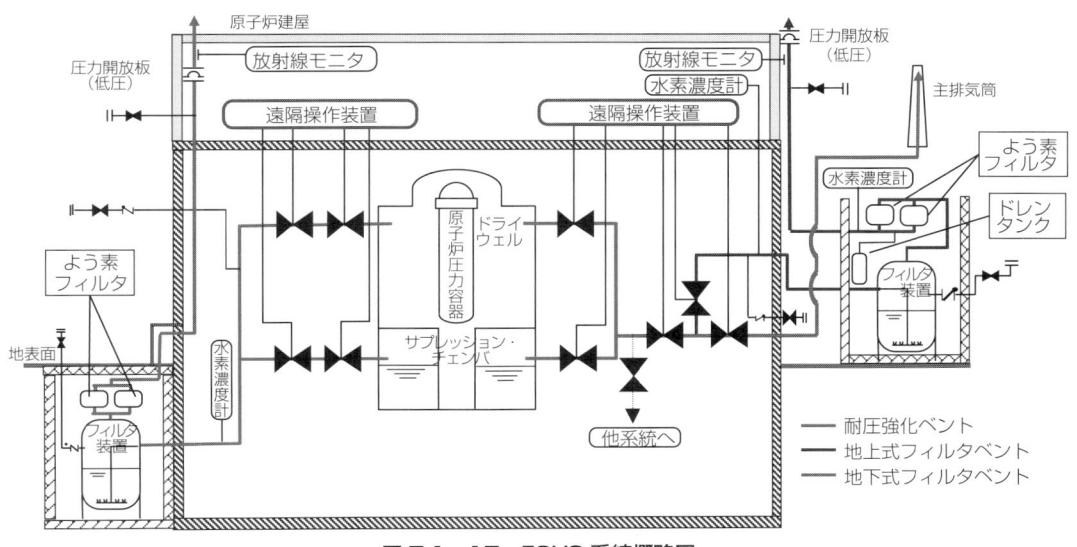

図 7.1－17　FCVS 系統概略図

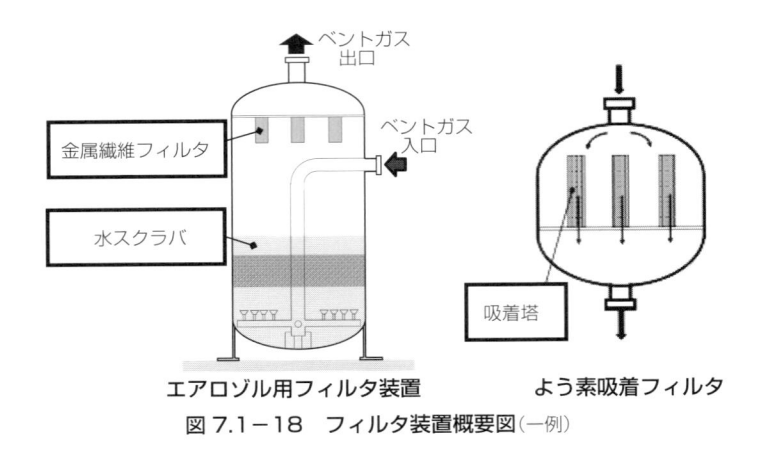

エアロゾル用フィルタ装置　　　　よう素吸着フィルタ

図7.1−18　フィルタ装置概要図(一例)

●水スクラバによる放射性エアロゾルの除去機能
●金属繊維フィルタによる放射性エアロゾルの除去機能
●よう素吸着フィルタによる気体状よう素の除去機能

　図7.1-18の設計例では、水スクラバと金属繊維フィルタは同一の容器内に設置されており、原子炉格納容器からの排気は、まず水スクラバを通過する。これにより、排気に含まれる放射性エアロゾルを除去する。なお、スクラバに用いる水を NaOH 等の添加でアルカリ性にすることで、無機よう素についても液相中に確保することが期待できる。

　水スクラバを通過した排気は、さらに金属繊維フィルタを通過する。金属繊維フィルタには、水スクラバ下流のガス中に同伴される液滴の除去と、スクラバを通過する微細なエアロゾルの除去の機能を持たせる。

　これらのフィルタが内蔵された容器を通過した排気は、よう素吸着フィルタに導かれる。ここでは、よう素を物理的もしくは化学的に除去するための吸着材が設置されており、排気が吸着材充填部を通過する際に、よう素が吸着材に捕捉される。

　これらのフィルタにより排気中に含まれる放射性物質を除去することで、発電所敷地外に放出される量を低減し、その影響が緩和される。

7.1.3　FCVS の運用

　炉心が損傷する重大事故において、FCVS を用いた原子炉格納容器のベントは、閉じ込め機能を維持できる実力上の限界までに行う必要がある。この場合、設計基準事故を想定して設定された原子炉格納容器の設計上の最高使用圧力や最高使用温度の条件を超える運用をすることになるが、この運用によってベント開始を遅らせることには、短半減期の核分裂生成物、特に FCVS のフィルタでは除去できない希ガスの減衰による安全上の効果がある。この運用の上限圧力と上限温度は、福島第一原子力発電所事故後に行われたシール材の改善や事故を踏まえた再評価の結果、あらためて最高使用圧力の2倍と200℃にそれぞれ設定されている。重大事故に対応する手順書等には、明確な判断条件と操作時間の確保によって、これらの上限値に到達するまでに確実にベントするための手順が定められている。

　一方、重大事故の進展には不確定要因もあることから、上述の限界条件に到達するまでの間でも、プラントの挙動を把握しつつ、原子炉格納容器の異常漏えいにつながる兆候が認められる場合には、より早い段階でベントを行うことも考えておかなければならない。

　この考え方をさらに進めて、事象進展を予期したベント運用も提唱されている[6]。福島第一原子力発電所2号機では、原子炉水位が低下して炉心が気中に露出した状況で原子炉注水が再開され、原子炉格納容器の圧力が急上昇したと推定されているが、このような事態が想定される場合には、予め FCVS を作動させておくことによって安全確保の確実性が増すと考えらえる。このような圧力上昇に備えた予期型ベントを考慮すべき対象としては、この事例の他に、燃料デブリが原子炉格納容器内に落下する事象なども考えられる。

7.1.4　重大事故のマネジメント

　重大事故時に FCVS を確実に運用して事故の影響を軽減するには、プラントの状態を的確に認知し、必要な措置を講じる組織的な能力が不可欠である。また、FCVS を作動させた後にも、最終的には燃料もしくは燃料デブリとこれらを閉じ込める原子炉格納容器から、長期安定的に除熱する機能を復旧する必要があり、その活動にも緊急時組織が有効に機能しなければならない。

　原子力緊急時のマネジメントシステムについては、福島第一原子力発電所ならびに福島第二原子力発電所の事故対応を踏まえた改善策が提言されている[10]。

　事故当時における東京電力の緊急時組織は、発電所対策組織の本部長（発電所長）のもとに、12の機能班が並列に存在する体制だった。これは、想定内の事象に対して各班が予め定めておいた手順等を使用し、同時並行的に最も迅速に活動できる体制と言える。しかし、想定を超える事態で手順やガイドがそのまま使えない状況に陥ると、本部長ひとりが管理する対象の幅が広すぎて、状況変化に柔軟に対応し難くなる。福島第一原子力発電所の事故では、この問題が表面化した。

　また、福島第二原子力発電所では、限られた情報と人的・物的資源で事態への対応を開始し、対応しながら状況認識を高め、対応戦略を順次改定して状況に対応すること、すなわち対応の戦略のみならず、戦略を立案・改定する機能（戦略プランニング機能）が重要だった。

　さらに、ロジスティクスに関する活動、長期の緊急時活動を支える活動にも多くの課題があることが明らかになっている。

　このような緊急時のマネジメントシステムの課題を解決するうえで、Incident Command System[11]（以下では ICS と略す）を原子力に応用することは価値があると考えられる。ICS におけるマネジメント機能は、Incident Command（指揮者）、Operations（実行部門）、Planning（情報分析・計画部門）、Logistics（支援部門）、Finance/Administration（財務・総務部門）の4つの機能モジュールで構成され、各機能モジュールの要員やモジュール内の組織を、状況にあわせて維持・強化・縮小することで、事態の変化に柔軟に対処できるように設計されている。これを応用した原子力緊急時の対応機能の基本構成の例を図 7.1-19 に示す。発電所対策組織の本部長のもとに戦略プランニング（情報分析と計画）機能の責任者、

運転操作や復旧という実行機能の責任者、国・自治体への通報やマスコミ対応等の外部接点の責任者、総務機能の責任者を配している。なお、例示の機能構成ではロジスティクスは本社に機能分担させたため、発電所の組織体制には登場しない。

また、ICSのプランニング機能において重要なのは、情報の収集・評価・表示、対応活動の立案、人的・物的資源の管理、文書記録化とされており、その一環でプラントの

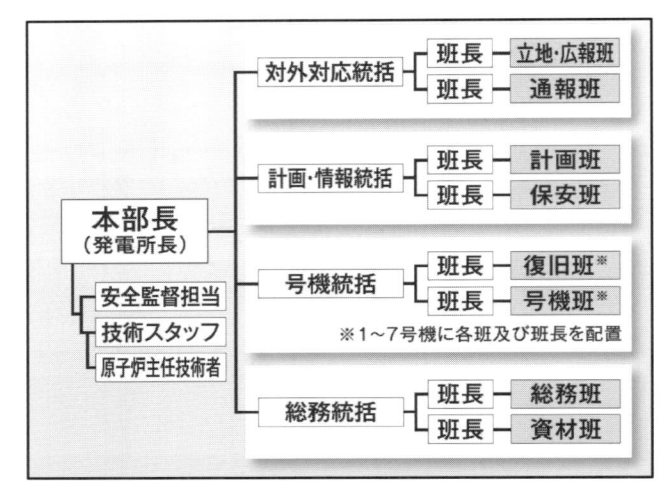

図 7.1−19　ICS を応用した原子力発電所緊急時組織の機能構成例
（東京電力ホールディングス（株）柏崎刈羽原子力発電所の例）

状態や重大事故に対処する設備の状態を表示して共有するツールとして開発されたのがコモン・オペレーション・ピクチャである。その一例を図 7.1-20 に示す。原子炉とその制御の状況や、原子炉格納容器温度・圧力の制御の状況などの、事故状態の把握において重要な情報、ならびに電源系統、ECCS、重大事故等対処施設の使用可否などの情報がコンパクトに纏められている。

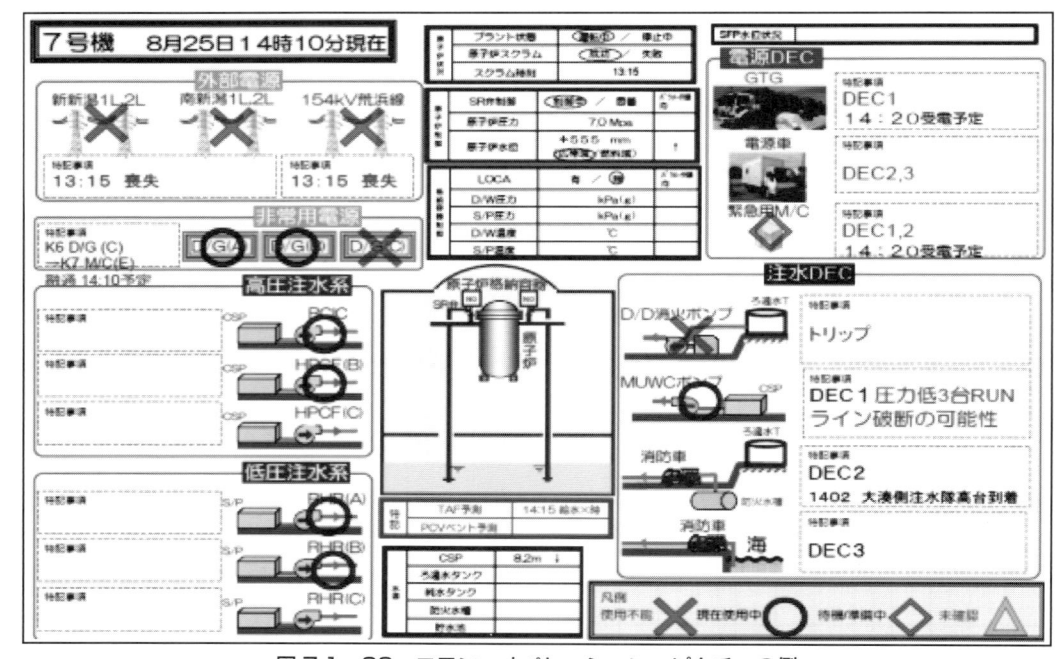

図 7.1−20　コモン・オペレーション・ピクチャの例

　さらに、福島第二の緊急時対応の教訓として、初動の一定期間は現場活動が制約される可能性を考慮した戦略プランニングが重要である。初期は恒設設備を用いた対応で当座の安全確保を可能にし、時間経過とともに対応手段の代替可能性を高めるようなフェーズドアプローチを考慮して、対応に備えておくことが望ましい。図7.1-21にフェーズドアプローチの概念を示す。フェーズドアプローチでは、緊急時対応を事故発生からの経過時間に沿って3つのフェーズに分類して戦略プランニングを行う。第1フェーズでは、現場活動の人的資源が限定されること、安全確保ができるまで現場への要員派遣ができないこと等の制約条件から、恒設設備での対応を基本とする。第2フェーズでは所内配備の可搬設備や予備品等の資材を活用して、復旧を進めるとともに、安全確保の手段を追加する。さらに第3フェーズでは、所外からの人的・物的支援を導入して対応の厚みを増すとともに、安全確保の継続性を確かなものにする。

　このように、事象の進展を把握しつつ段階的な対応を行うことで、安全性を確保することが重要である。

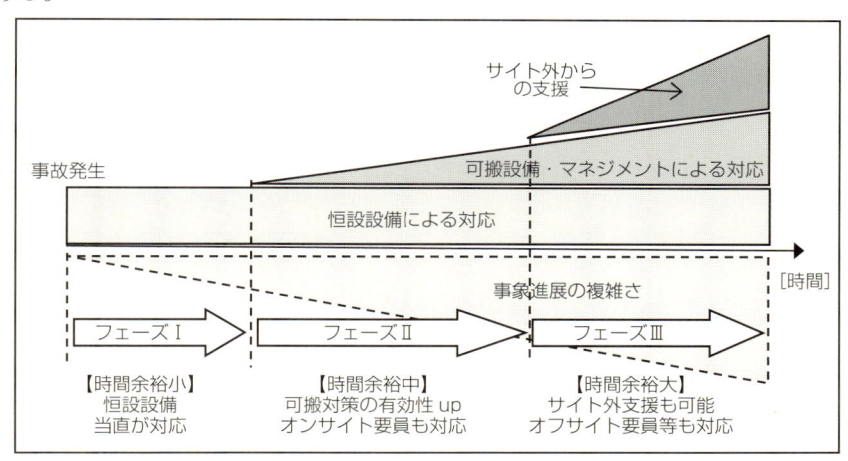

図7.1-21　フェーズドアプローチの概念図

7.1.5　参考文献

(1) 東京電力福島原子力事故調査委員会、国会事故調報告書（2012）

(2) 東京電力福島原子力発電所における事故調査・検証委員会、最終報告（2012）

(3) 東京電力株式会社、福島原子力事故調査報告書（2012）

(4) 東京電力株式会社、福島第一原子力発電所1～3号機の炉心・格納容器の状態の推定と未解明問題に関する検討第2回進捗報告（2014）

(5) 東京電力株式会社、福島原子力事故発生後の詳細な進展メカニズムに関する未確認・未解明事項の調査・検討結果第4回進捗報告（2015）

(6) 川村慎一、大木俊、奈良林直、福島第一原子力発電所2号機の原子炉格納容器漏えいを踏まえた格納容器の事故時耐性強化と格納容器ベントの運用について、日本原子力学会和文論文誌、Vol.15、No.2（2016）

(7) United States Nuclear Regulatory Commission、Order to modify licenses with regard to reliable hardened containment vents capable of operation under sever accident conditions、EA-13-109（2013）

(8) Nuclear Energy Institute、Industry guidance for compliance with order EA-13-109、NEI-13-02［Rev.0E2］（2014）

(9) United States Nuclear Regulatory Commission、State-of-the-art reactor consequence analyses project volume 1: Peach Bottom integrated analysis（SOARCA）、NUREG/CR-7110、Vol.1（2013）

(10) 川村慎一、奈良林直、東日本大震災における福島第二原子力発電所の緊急時対応の教訓を反映した原子力緊急時マネジメントシステムの改善、日本原子力学会和文論文誌、Vol.15、No.2（2016）

(11) Federal Emergency Management Agency、Introduction to the incident command system（ICS 100）、（2010）

7.2　原子炉格納容器の頑健性向上

　福島第一原子力発電所2号機における格納容器閉じ込め機能の喪失は、格納容器上蓋フランジ部で生じたこと、ならびにその原因は高温蒸気環境下でのガスケットのシール材の劣化と、原子炉への注水再開に伴って発生した水素と蒸気による格納容器圧力上昇だったことが推定されている[1]。これを踏まえて、重大事故時における原子炉格納容器の頑健性を向上させ、放射性物質閉じ込め機能を維持する為には、以下の観点から取り組む必要がある。

- ●原子炉格納容器バウンダリの温度上昇抑制：　非常用設備が機能を失う場合にも、代替設備によって、原子炉格納容器スプレイ、原子炉直下への注水による燃料デブリ冷却、原子炉格納容器上蓋外面の注水冷却を行い、原子炉格納容器バウンダリの温度上昇を抑制すること。
- ●原子炉格納容器バウンダリの耐熱性能向上：　原子炉格納容器バウンダリの一部を構成するシール材を改善し、高温蒸気環境下での耐漏えい性能向上させること。
- ●原子炉格納容器圧力の急上昇ならびに限界圧力以上の過圧防止：　圧力急上昇や過圧に至る前に、確実に原子炉格納容器ベントが実施できるようにすること。

　このうち、原子炉格納容器バウンダリの温度上昇抑制については、格納容器上蓋外面の注水冷却を除き、福島第一原子力発電所事故以前からアクシデントマネジメント策に位置付けられている。さらに事故後には、ガスタービン発電機等を用いた代替電源の追加、消防車を使用した注水操作の確実性向上など、追加の改善が進められている。また、原子炉格納容器圧力の急上昇と限界圧力以上の過圧防止については、前章においてフィルタベントの運用による対応について述べた。

　そこで以下では、シール材の改善による原子炉格納容器バウンダリの耐熱性能向上について述べる。

7.2.1　シール材の改善

　福島第一原子力発電所事故当時には、フランジガスケットをはじめとするシール材として、シリコンゴムが多く用いられていた。これを、耐蒸気性及び耐放射線性が高く、実機の重大事故において想定されるよう素濃度では劣化挙動に影響が生じない改良型エチレン・プロピレン・ジエンゴム（Ethylene-Propylene-Diene Methylene linkage rubber、以下ではEPDM と略す）製に変更する改善が、事故後には進められている。

　さらに格納容器上蓋フランジと機器ハッチに対しては、高温耐性を有するバックアップシール材（シリコン系の一液硬化型耐火シーラント）を追加する設計例もあり、事故後長期の信頼性向上が図られている[1][2]。このシール材は、それ自体で漏えい防止性能を長期に維持できると同時に、改良型 EPDM 製ガスケットを外気環境から遮断することで、仮にフランジの高温状態が事故後長期にわたって続いても、EPDM 製シール材の酸化劣化を軽減することが期待できる。

　格納容器上蓋フランジにおける、これらのシール材の配置概念図を、図 7.2-1 に示す。なお、このシール材配置はハッチのフランジに対しても同様である。

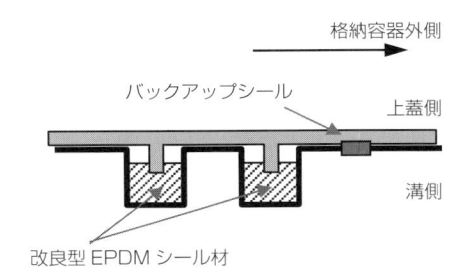

図 7.2－1　格納容器上蓋フランジにおける
改良型シール材の適用例

7.2.2　改良型 EPDM 製シール材の耐環境性確認試験

　重大事故時の使用環境を想定し、改良型 EPDM 製シール材の耐環境性試験が実施された。この試験では、800kGy の γ 線照射を行ったシール材を模擬フランジに装着し、200℃の乾燥空気もしくは 250℃の蒸気環境に 168 時間暴露した後に、ヘリウムで最高 0.9MPa［gage］まで加圧して気密性が維持されることが確認されている。照射線量は、BWR での格納容器過圧・過温に至る重大事故の代表シーケンスとして、冷却材喪失（大 LOCA）と全交流電源喪失ならびに全非常用炉心冷却系機能喪失を重ね合わせるケースでの、事故後 7 日間の累積放射線量を考慮したものである。また、高温暴露の条件については、格納容器ベントに至るまでの格納容器温度の上限である 200℃を上回るように設定された。なお、事故時には蒸気環境に暴露されることになるが、酸化反応による劣化の可能性も考慮して、蒸気環境に加えて乾燥空気による高温暴露も行われている。また、試験用フランジの内側に段差を設けることで、事故時に原子炉格納容器が加圧されてフランジが開口する状態を模擬し、シール材がフランジに取り付けられた状態で高温の蒸気等に暴露されるように配慮されている。

　試験の結果の一例を表 7.2-1 に示す。0.3MPa［gage］で 10 分、0.65MPa［gage］、0.9MPa［gage］で、それぞれ 30 分保持した後に圧力を確認し、いずれも保持時間中の圧力降下は認められなかった。また、発泡液を用いた漏えい確認でも発泡は認められず、良好な気密性を示した。さらに、事故時に加圧されることでフランジに開口が生じることを考慮し、高温暴露後のフランジ試験体を治具で 0.8mm 開口させた状態で、同様にヘリウム気密試験を行っ

表 7.2-1　改良型 EPDM を採用したフランジガスケットの耐環境試験結果

暴露条件	γ線照射量	変位	漏えい試験圧力		
			0.3MPa	0.65MPa	0.9MPa
乾熱 200℃、168h	800kGy	無し	○	○	○
		0.8mm	○	○	○
蒸気 1MPa、250℃、168h	800kGy	無し	○	○	○
		0.8mm	○	○	○

た。本試験に用いた模擬フランジとガスケットは、断面寸法が実機の 1/2 スケールであることから、これは実機で 1.6mm の開口に相当する。ABWR プラントの原子炉格納容器において、事故時に圧力が最高使用圧力の 2 倍になった時点で、開口変位が最大になるのは機器ハッチのフランジである。変位量は外側ガスケットの位置より、内側ガスケットの位置の方が大きくなるが、内側ガスケットの位置で約 1.4mm であり、本試験で設定した開口条件はこれを包絡するものになっている。この試験でも漏えいは認められず、原子炉格納容器が最高使用圧力の 2 倍まで加圧されてフランジに開口が生じても、予め圧縮して取り付けられているシール材が復元し開口に追従することで、気密性が維持されることが確認された。

また、これらの試験後にシール材の外観を確認したが、表面に割れ等の異常は認められなかった。

実機のシビアアクシデントでは、事故後数日以内（1 週間未満）で、格納容器ベントもしくは代替循環冷却によって格納容器の温度と圧力を低下させる対応をとる。上述の試験結果から、少なくともそれまでの期間、シビアアクシデント環境下で改良型 EPDM 製シール材は耐漏えい性能を維持できると評価できる。

7.2.3　バックアップシール材の耐環境性確認試験

バックアップシール材についても、前項と同様の試験によって耐環境性が確認されている。それに加えて、事故後長期の漏えい防止性能維持の観点から、改良型 EPDM 製ガスケット（800kGy の γ 線照射）とバックアップシール材を組み合わせて、200℃の条件で長期間高温暴露を実施された。試験結果を表 7.2-2 に示す。なお、この試験は原子炉格納容器ベント後の長期的な信頼性の検証を目的としたため、フランジ開口はベントによって無くなっていることを想定し、0mm としている。

表 7.2-2　改良型 EPDM とバックアップシールを組み合わせたシール機能の試験結果

暴露条件	暴露日数（日）	暴露時間 (h)	漏えい試験圧力		
			0.3MPa	0.65MPa	0.9MPa
乾熱 200℃	30	720	○	○	○
乾熱 200℃	45	1,080	○	○	○
乾熱 200℃	60	1,440	○	○	○
乾熱 200℃	75	1,800	○	○	○
乾熱 200℃	90	2,160	○	○	○
乾熱 200℃	105	2,520	○	○	○

7.2.4　原子炉格納容器の損傷モードと閉じ込め性能

　前項までの対策の有効性については、原子炉格納容器の閉じ込め機能に影響を及ぼす各種の損傷モードを圧力・温度範囲に応じて分類したうえで、評価する必要がある。アメリカでは、耐圧強化ベントに関する NRC のオーダー[3] に対する NEI の産業界ガイダンス[4] に評価例が記載され、既往研究などから整理した代表的な原子炉格納容器の損傷モード分類が、図 7.2-2 のように例示されている。

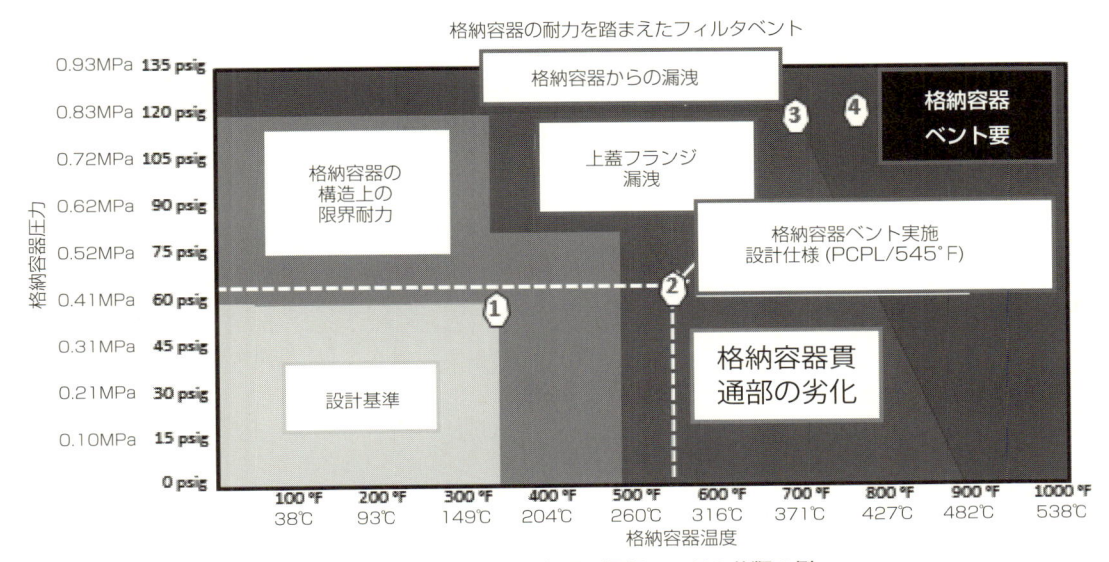

図 7.2－2　原子炉格納容器の損傷モードの分類の例

　本図でも整理されている格納容器上蓋部からの漏えいは、適用されるシール材の性能に大きく依存するが、過去の材料試験などに基づき、比較的高い温度域まで耐力があるとされている。一方、圧力に関しては、内圧による格納容器上蓋フランジの開口挙動に伴う漏えいという損傷の特性上、圧力が高い領域で原子炉格納容器の支配的な損傷モードとなることが示されている。電気配線貫通部については、格納容器上蓋部のような開口挙動は生じないため、損傷の支配因子は温度による材料劣化とされ、圧力が低い領域での主たる損傷モードとして示されている。

　これと同様の考え方に基づき、ABWR におけるプラント固有の設備条件を考慮して、図 7.2-3 に示す「シール材の機能確保に関する評価線図」を作成した。この線図では、圧力上昇時の機能喪失モードとして、格納容器上蓋等のフランジ部からの漏えいが最も支配的となるとの評価結果が反映されている。これは、アメリカの考え方とも整合している。フランジ部では、内圧が低い段階ではボルトの初期締付けにより開口が抑制されており、内圧の上昇に伴って開口量が増加することで、外部への漏えい経路が形成される。ただし、フランジ部が開口しても、フランジ部の密閉性を担保しているシール材が健全であれば、圧縮して装着されているシール材が開口に追従して復元するため、一定の開口量までは外部への漏えいを

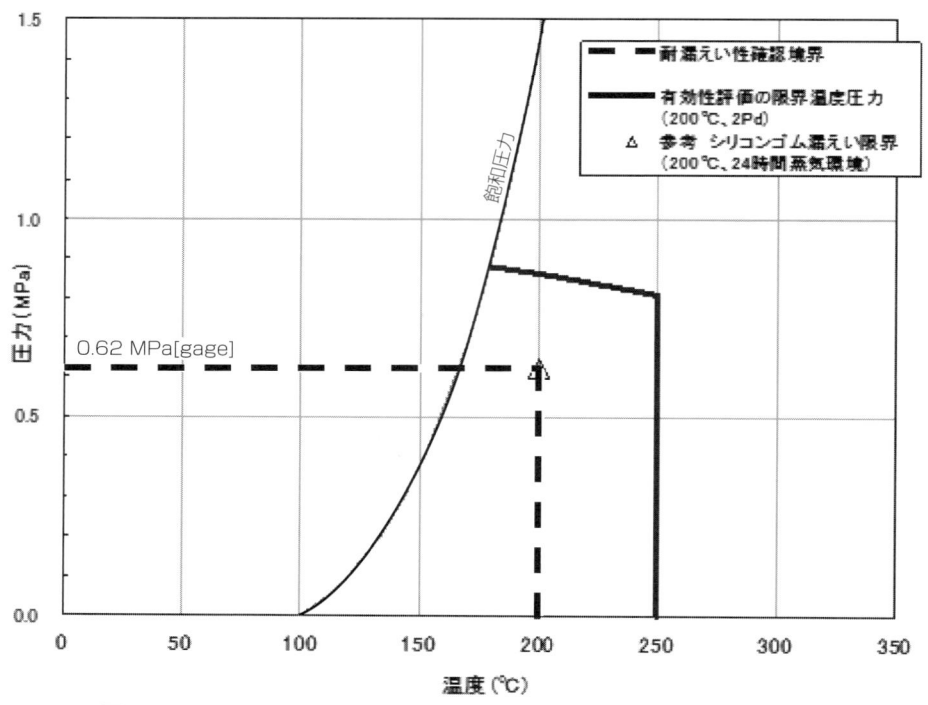

図 7.2-3　シール材の機能確保に関する評価線図（トップヘッドフランジ部）

防止することができる。本評価ではシール材の健全性に関して、この場合は特に開口への追従性が重要であることから、シール材の圧縮永久歪を指標として、その試験データを用いて評価した。この考え方は、上述の NEI によるガイダンスで参照されている SOARCA[5] での格納容器の漏えい挙動評価とも整合する。

　図 7.2-3 において、横軸は格納容器内の温度、縦軸は格納容器内の圧力（ゲージ圧力）を示している。

　上記図中の実線は、シール部の健全性を確認している範囲を示す線である。この実線において、温度依存の傾きのある部分は、格納容器上蓋フランジ部の開口量の評価結果とシール材の圧縮永久ひずみ試験の結果を比較し、フランジ部の開口量にシール材が追従できなくなる境界を示すものである（格納容器上蓋フランジ部の開口量が、改良型 EPDM 材の圧縮永久ひずみ試験の結果から示されるシール材の戻り量と等しくなったときに漏えいすると評価）。

　一方、実線において、温度が 250℃ 一定の垂直の部分は、改良型 EPDM 材を用いたフランジ部の小型モデル試験結果から、過圧・過温状態におけるシール材の健全性が確認できている範囲を示すものである。なお、250℃ で実施した小型モデル試験では、漏えいは生じていないため、実際の限界温度はさらに高い温度となる。

　また、図中の点線は、原子炉格納容器の限界温度・限界圧力として設定している 200℃ 及び最高使用圧力の 2 倍の圧力を示したものである。

　上記の評価結果から、シール部については、シール材が高温環境下において劣化する特性を有していることを考慮しても、限界温度・圧力環境下において、シール材に耐環境性に優

れた改良型 EPDM 材のシール材を用いることによって、少なくとも 7 日間の健全性を確保できることを確認した。

7.2.5　参考文献

(1) 川村慎一、大木俊、奈良林直、福島第一原子力発電所 2 号機の原子炉格納容器漏えいを踏まえた格納容器の事故時耐性強化と格納容器ベントの運用について、日本原子力学会和文論文誌、Vol.15、No.2（2016）

(2) 川村慎一、大森修一、木村剛生、滝口剛司、奈良林直、BWR の格納容器ベントにおける総合的な放射性物質放出抑制について、第 20 回機械学会動力・エネルギー技術シンポジウム予稿集（2015）

(3) United States Nuclear Regulatory Commission、Order to modify licenses with regard to reliable hardened containment vents capable of operation under sever accident conditions、EA-13-109（2013）

(4) Nuclear Energy Institute、Industry guidance for compliance with order EA-13-109、NEI-13-02［Rev.0E2］（2014）

(5) United States Nuclear Regulatory Commission、State-of-the-art reactor consequence analyses project volume 1: Peach Bottom integrated analysis（SOARCA）、NUREG/CR-7110、Vol.1（2013）

7.3　湿式フィルタベントの運用例

　湿式フィルタベントの運用例として、島根原子力発電所 2 号機の運用の概要について以下に示す。島根原子力発電所 2 号機の格納容器フィルタベント系概要図を図 7.3-1 に示す。

　なお、本項は、平成 27 年 7 月 21 日審査会合における資料 2-2-2「島根原子力発電所 2 号炉格納容器フィルタベント系について」を基に作成したものであり、今後変更の可能性がある。

7.3.1　フィルタベント準備及び実施判断基準

（1）フィルタベント準備判断基準

　フィルタベント準備判断基準について表 7.3-1 に示す。なお、炉心損傷の有無は格納容器内線量率が設計基準事故である原子炉冷却材喪失時に想定される値の 10 倍を超えるか否かを基準とし、格納容器モニタの指示値により判断する。

表 7.3-1　フィルタベント準備判断基準

準備判断基準		作業項目
炉心損傷なし	格納容器圧力が 245kPa[gage][*1] に到達した場合	●ベント弁第 2 弁の開操作及び第 3 弁の開確認 ●可搬型重大事故等対処設備（水素濃度測定装置及び可搬式窒素供給装置）の準備
炉心損傷あり	格納容器圧力が 640kPa[gage][*2] に到達した場合	

※1：残留熱除去系による格納容器除熱（スプレイ）実施判断基準。
※2：格納容器代替スプレイ系による格納容器除熱（スプレイ）実施判断基準。

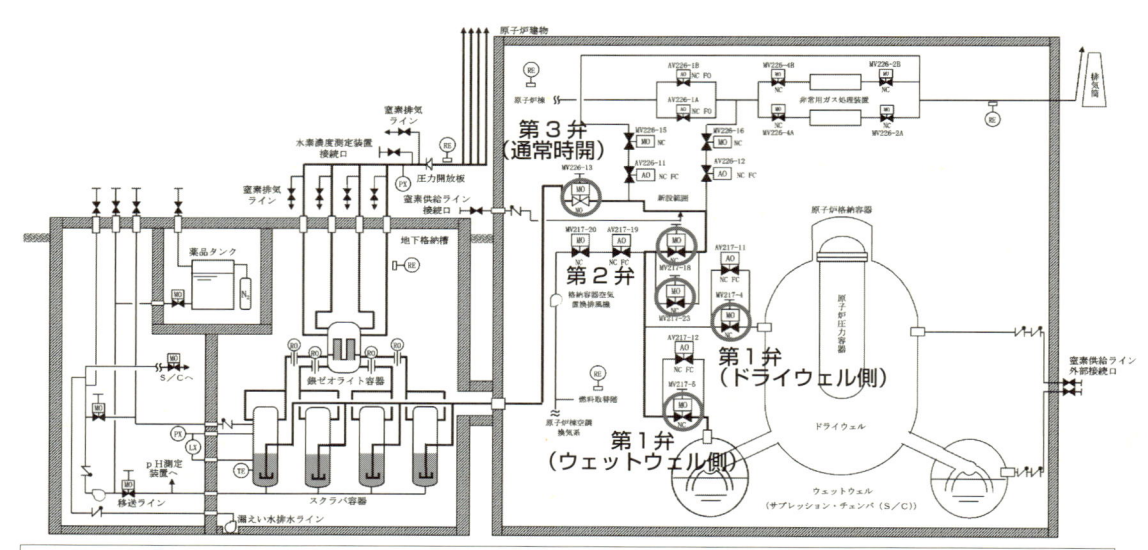

ベント弁は、全交流電源喪失時においても、常設又は可搬の代替電源設備により中央制御室から遠隔開操作が可能。
万が一、代替電源設備が使用できない場合でも、原子炉建物付属棟（二次格納施設外）から遠隔手動弁操作機構を用いた人力による
開操作が可能。

図 7.3－1　格納容器フィルタベント系概要図（他系統を含む）

（2）フィルタベント実施判断基準

フィルタベント実施判断基準について表 7.3-2 に示す。

表 7.3－2　フィルタベント実施判断基準

実施判断基準		作業項目
炉心損傷なし	格納容器圧力が最高使用圧力（427kPa［gage］）に到達した場合	● ベント弁第 1 弁の開操作 （ウェットウェルベント優先）
炉心損傷あり	外部水源から格納容器への総注水量が 4,000m³ [※3]に到達若しくは格納容器圧力が最高使用圧力の 2 倍（853kPa［gage］）に到達するまで	
格納容器からの漏えいが確認された場合 （炉心損傷ありの場合）		
格納容器の長期の閉じ込め機能許容範囲を逸脱する恐れがある場合		

※3：炉心損傷を伴う格納容器破損モード「雰囲気圧力・温度による静的負荷（格納容器過圧・過温破損）」に対する事象収束シナリオにおいて、ウェットウェルベントをした場合にサプレッション・チェンバ水位が上昇しウェットウェルベントラインが水没することを避けるために規定した注水量。

フィルタベント実施判断基準の概要は以下のとおり。

（a）炉心損傷なしの場合

格納容器内への大量の放射性物質の放出がないことから、格納容器最高使用温度・圧力の範囲内でベントを実施する。実施例として、有効性評価のうち全交流動力電源喪失における格納容器圧力及び格納容器温度の推移を図 7.3-2、7.3-3 に示す。

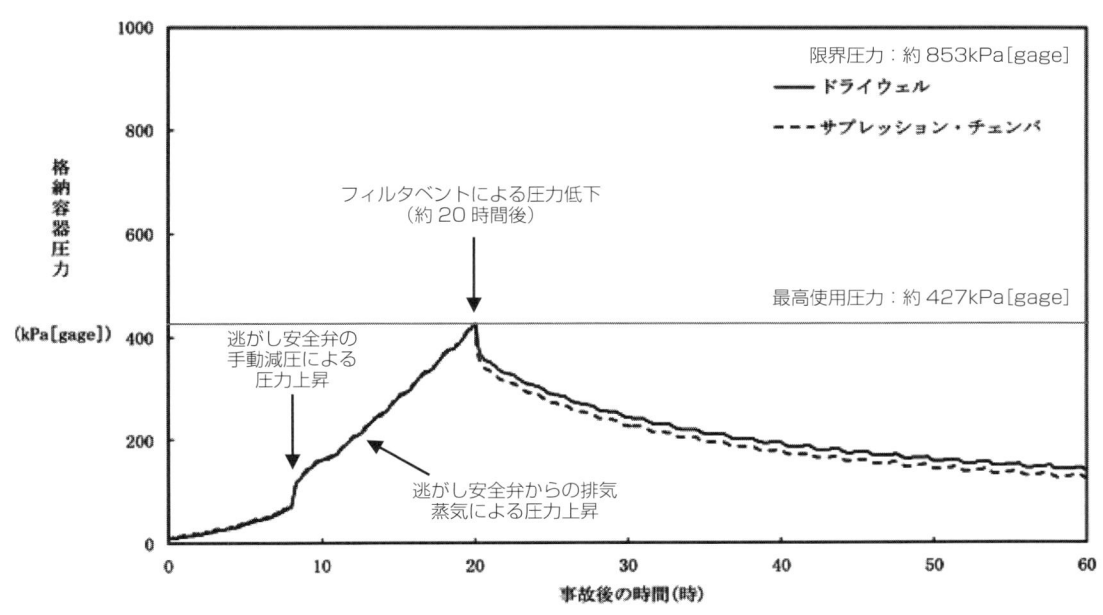

図 7.3－2　全交流動力電源喪失における格納容器圧力の推移（炉心損傷なしの場合）
【フィルタベント実施判断基準：格納容器圧力が最高使用圧力に到達】

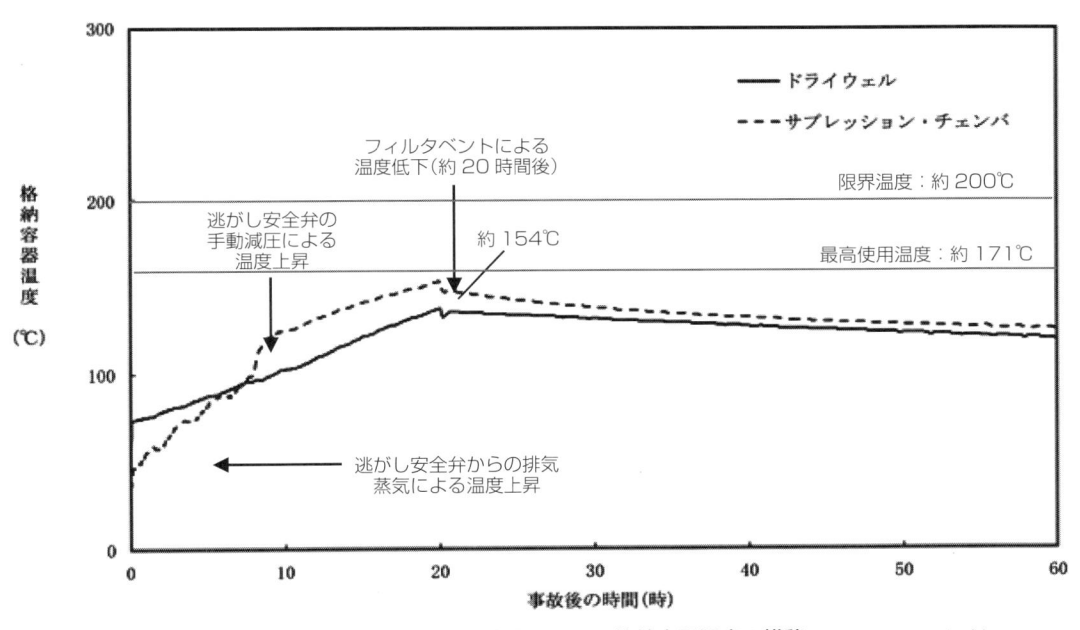

図 7.3－3　全交流動力電源喪失における格納容器温度の推移（炉心損傷なしの場合）

（b）炉心損傷ありの場合

　　格納容器への大量の放射性物質の放出が想定されることから、環境への放射性物質の放出を極力遅らせるため、格納容器限界温度・圧力の範囲内でフィルタベントを実施する。実施例として、有効性評価のうち雰囲気圧力・温度による静的負荷（格納容器過圧・過温

破損）における格納容器圧力及び格納容器温度の推移を図 7.3-4、7.3-5 に示す。

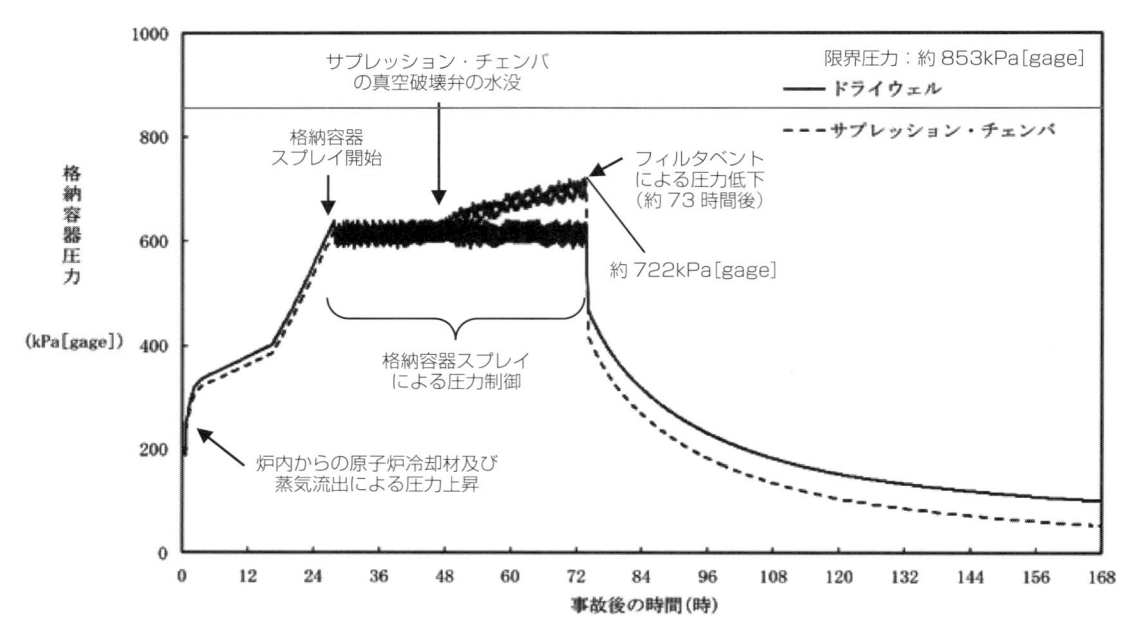

図 7.3－4　雰囲気圧力・温度による静的負荷(格納容器過圧・過温破損)**における**
格納容器圧力の推移(炉心損傷ありの場合)
【フィルタベント実施判断基準：外部水源から格納容器への総注水量が 4,000m³ に到達】

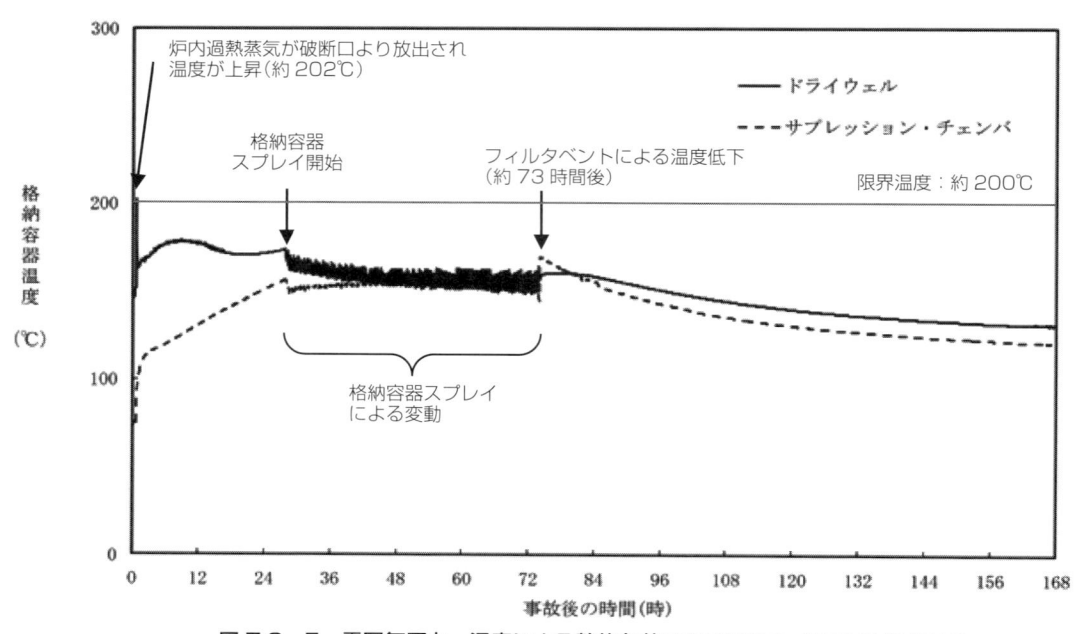

図 7.3－5　雰囲気圧力・温度による静的負荷(格納容器過圧・過温破損)**における**
格納容器温度の推移(炉心損傷ありの場合)

（c）格納容器からの漏えいが確認された場合（炉心損傷ありの場合）

放射性物質による公衆への影響を最小限に抑えることを目的に、フィルタベントを実施する。

（d）格納容器の長期の閉じ込め機能許容範囲を逸脱する恐れがある場合

格納容器の閉じ込め機能を確保する観点から、フィルタベントを実施する。なお、格納容器の長期の閉じ込め機能許容範囲（圧力、温度）は使用するシール材の試験結果等により設定する。

（3）フィルタベント成否確認

格納容器過圧破損防止の目的から、格納容器圧力の低下による判断を基本とし、以下のパラメータについても参考として判断する。
- ●フィルタ装置出口放射線量率
- ●野外放射線量率
- ●スクラバ容器圧力
- ●スクラバ容器水位
- ●格納容器温度
- ●サプレッション・チェンバ水位

7.3.2　フィルタベント停止判断基準

（1）フィルタベント停止判断基準

フィルタベント実施後のフィルタベント停止（ベント弁を全閉する）判断基準について以下に示す。

（a）炉心損傷に至る徴候が確認された場合（炉心損傷なしの場合）

炉心損傷に至る徴候は、原子炉への注水機能が喪失していること等を踏まえ、格納容器雰囲気モニタ指示値の有意な上昇により判断する。

（b）残留熱除去系等による格納容器除熱及び非常用ガス処理系等による格納容器内の水素濃度制御が可能となった場合（事故収束時）

残留熱除去系等による格納容器除熱及び非常用ガス処理系等による格納容器内の水素濃度制御が可能となったことにより、長期的に格納容器の安定状態を維持できることにより判断する。

7.3.3　付帯設備の運用

（1）窒素供給及び水素濃度測定

格納容器フィルタベント系における水素爆発を防止するため、原子炉建物外壁に設置した接続口に可搬式窒素供給装置を接続し窒素供給を行い、系統内の排気及び不活性化を行う。また、系統内の不活性化確認のため、フィルタ装置出口配管に設置した接続口に水素濃度測

定装置を接続し、系統内の水素濃度を測定する。

(2) スクラビング水の補給・排水

フィルタベント実施中は格納容器フィルタベント系の除染性能を維持するため、スクラバ容器内のスクラビング水について、移送ポンプ等を用いて適宜補給・排水を行う。

(参考) 外部水源からの格納容器への注水の挙動

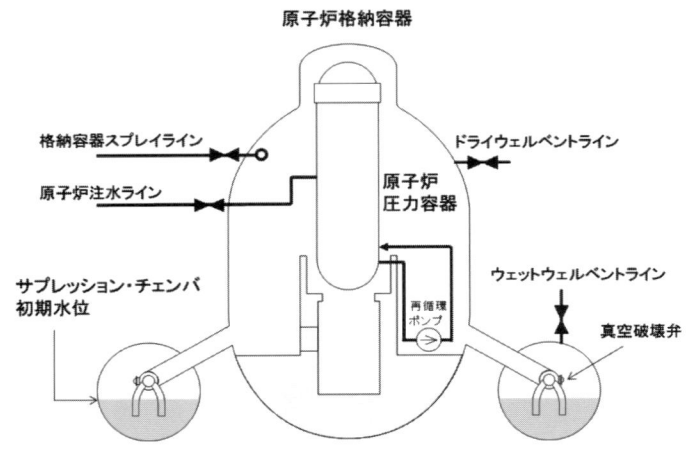

参考図 7.3－1　通常運転時の蓄水状態

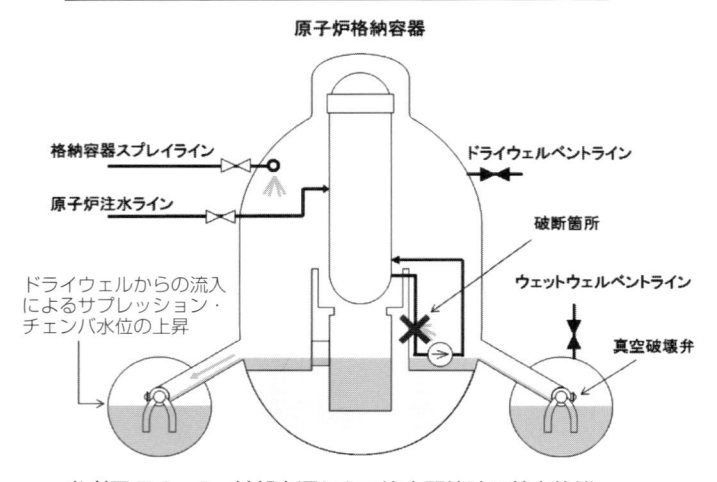

参考図 7.3－2　外部水源からの注水開始時の蓄水状態

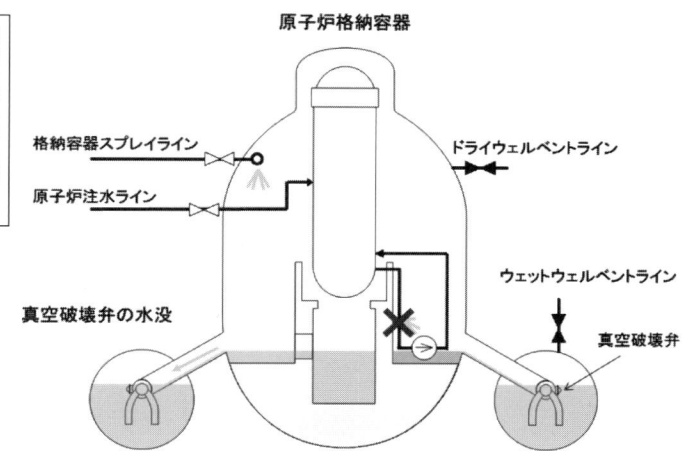

サプレッション・チェンバ水位が上昇し続けると、真空破壊弁が水没し、サプレッション・チェンバの気相部がドライウェルから隔離される。そのため、サプレッション・チェンバ水位の上昇は抑制され、ドライウェルに蓄水し、ドライウェル水位が上昇する。

参考図 7.3－3　真空破壊弁水没時の蓄水状態

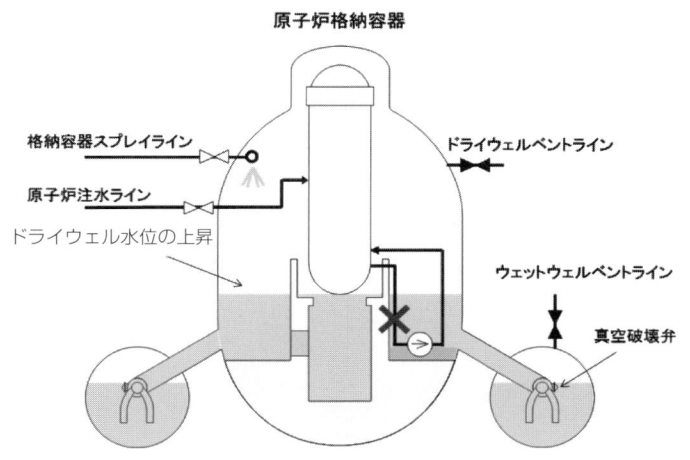

参考図 7.3－4　フィルタベント直前の蓄水状態

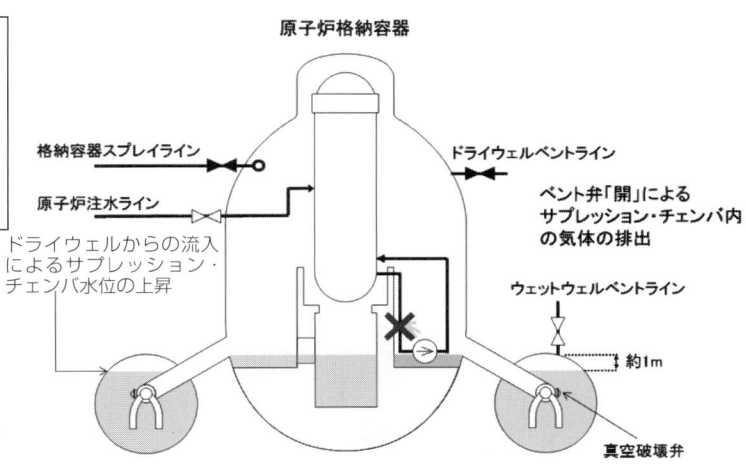

ドライウェルに蓄水した状態でウェットウェルベントをすると、サプレッション・チェンバ内の気体が排出されるため、ドライウェルに蓄水していた水がサプレッション・チェンバへ流入し、真空破壊弁近辺であったサプレッション・チェンバ水位が上昇する。

参考図 7.3－5　フィルタベント後の状態

7.4　フィルタベントを考慮したシビアアクシデント解析

7.4.1　はじめに

　本章ではフィルタベントを用いることによる、シビアアクシデント時の放射性物質の放出量の低減効果についての評価例[1]を示す。シビアアクシデント時には、フィルタベントによる放射性物質放出量の低減効果だけではなく、格納容器への注水や水素再結合器の動作などの他の対策も含めて総合的に評価をする必要がある。ここでは、福島第一原子力発電所の事故のように電源喪失により冷却機能が喪失する TB シーケンスを例にとり、THALES-2[2] にフィルタベントのモデルを加えて、フィルタベントを用いることによる放射性物質の低減効果を評価する。また、格納容器注水と組み合わせた場合の評価も行う。

7.4.2　フィルタベント機能のモデリング

　THALES-2 は、原子炉圧力容器、原子炉格納容器ドライウェル、原子炉格納容器ペデスタル、原子炉格納容器ウェットウェル、外部環境などにノード分割し、それぞれのノード間での物質や熱のやりとりを計算するノード＆ジャンクションモデルを用いたシステムコードである。ここでは、図 7.4-1 に示すように THALES-2 にフィルタベントを表すノードを追加することでフィルタベントの効果を評価する。

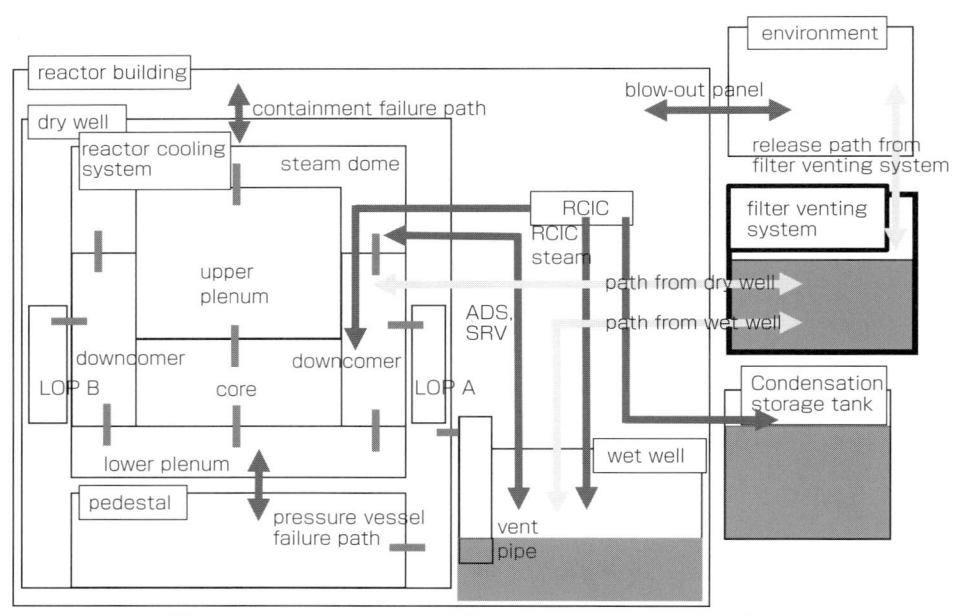

図 7.4-1　フィルタベントを加えた THALES-2 のノード分割

　フィルタベント機能のモデリングでは、スクラビングの効果と金属繊維フィルタの効果をそれぞれ考慮した。スクラビングについては、ウェットウェルで使用するスクラビングモデルと同じもの[2]を使用し、気泡内のエアロゾル挙動の取り扱いについては THALES-2 に備えられているモデル[3]と同様とした。一方、金属繊維フィルタモデルについては、フラ

ンスの放射線防護原子力安全研究所（IRSN）による高効率粒子フィルタ（HEPA）による single fiber モデル[4]を、THALES-2 コードに実装した。なお、実際のフィルタベントでは ゼオライトの効果もあるが本評価では無視した。

7.4.3　フィルタベントの放射性物質低減効果

　ここでは、解析例として、RCIC の起動のみを考慮した全交流電源喪失（TB）シーケン スの結果について示す。耐圧強化ベントおよびフィルタベントは、格納容器設計圧力の2倍 で自動的に作動する。表 7.4-1 に、TB シーケンス解析における事象進展を示す。表 7.4-2 に 解析ケースを示す。耐圧強化ベントが成功せず格納容器破損に至るケース、ウエットウェル （WW）からフィルタベントを用いずに耐圧強化ベントを行うケース、ドライウェル（DW） からフィルタベントを用いてベントするケース、ウェットウェル（WW）からフィルタベン トを用いてベントするケースを評価した。

表 7.4-1　全交流電源喪失 (TB) の事象進展

事象	時間[h]
RCIC 停止	8.0
炉心露出	10.1
ギャップ放出	11.4
炉心溶融	11.9
再配置（リロケーション）	12.4
炉心支持板損傷	13.7
下部ヘッド損傷	16.4
ベント開始	16.5
格納容器損傷	22.7

表 7.4-2　フィルタベントを考慮した解析ケース

ケース	ウェットウェル (WW) スクラビング	フィルタベント スクラビング
格納容器損傷	×	×
WW 耐圧ベント	○	×
DW フィルタベント	×	○
WW フィルタベント	○	○

　図 7.4-2 に、放射性物質放出量評価の一例として、CsI 初期炉内内蔵量に対する環境放出 割合を示す。格納容器損傷ケース、WW 耐圧ベントケース、DW フィルタベントケース、 WW フィルタベントケースの順に放出量が大きい。格納容器損傷ケースと DW フィルタベ ントケースの差および WW 耐圧ベントケースと WW フィルタベントケースの差がフィルタ ベントによる放射性物質の低減効果と考えられ、本例では、放射性物質の放出量はフィルタ ベントを用いることにより約 1000 分1 になっている。

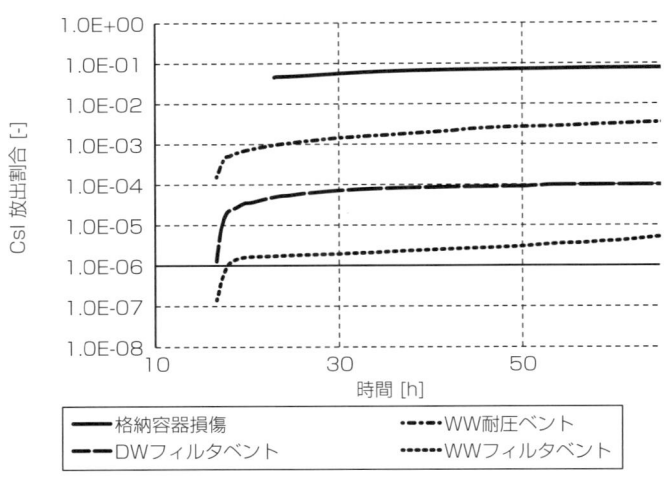

図 7.4−2　CsI 初期炉内内蔵量に対する環境放出割合

7.4.4　フィルタベントと格納容器注水を組み合わせた場合

　前節と同様な事故シーケンス（TB）について、格納容器注水と組み合わせた場合についての評価を示す。表 7.4-3 に解析ケースを示す。スプレイを 2 時間、4 時間、7.8 時間だけ行うケースのほか、スプレイを継続するケースについて解析を行い比較した。

表 7.4−3　フィルタベント及び格納容器注水（スプレイ）を組み合わせた場合の解析ケース

ケース	内容
スプレイ無	表 7.4-2 WW フィルタベントと同
2 時間スプレイ	スプレイ開始後 2 時間継続
4 時間スプレイ	スプレイ開始後 4 時間継続
7.8 時間スプレイ	ペデスタルにスプレイ水が到達する直前までスプレイ
連続スプレイ	スプレイをずっと継続

　図 7.4-3 および図 7.4-4 に CsI 初期炉内内蔵量に対する環境放出割合および格納容器圧力をそれぞれ示す。図 7.4-3 に示すようにスプレイ継続時間が長いほど、放射性物質の放出量は低減される。しかし、スプレイを継続するケースでは、図 7.4-4 に示すように、t=27 時間付近で格納容器圧力が急激に上昇し、設計圧の 2 倍に達している。この急激な圧力上昇は、注水した水がペデスタルに流入してペデスタルに堆積している溶融燃料と相互作用（Fuel Coolant Interaction: FCI）し、大量の水蒸気が発生することによるものである。このような急激な圧力上昇が生じるとフィルタベントが動作する前に格納容器を破損する可能性があり、注水との組み合わせ方によってはフィルタベントがあっても格納容器破損に至る場合があることを示唆している。

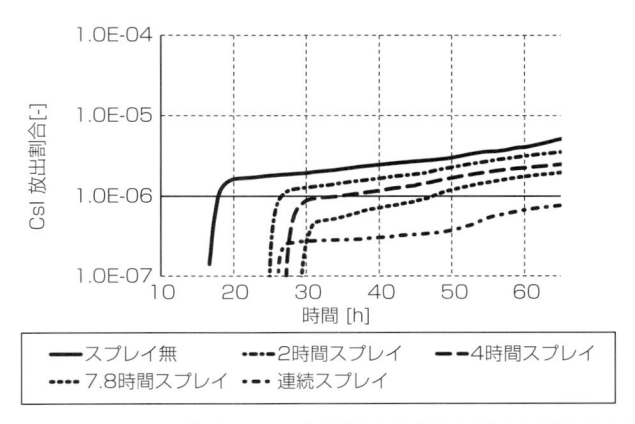

図 7.4−3　スプレイした場合の CsI 初期炉内内蔵量に対する環境放出割合

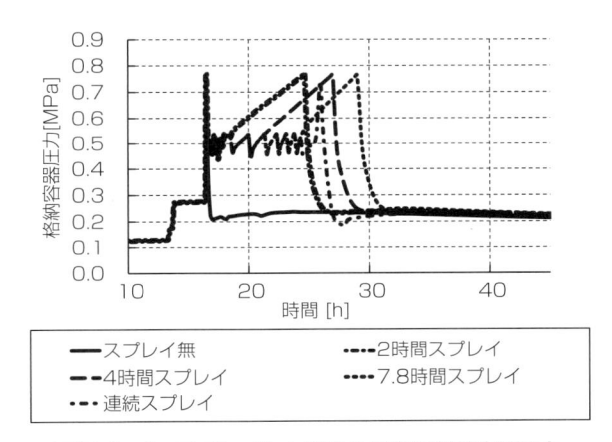

図 7.4−4　スプレイした場合の原子炉格納容器圧力

7.4.5　まとめ

　本章では、THALES-2 にフィルタベント機能のモデルを加えることで、シビアアクシデント時のフィルタベントの効果を評価した。本解析では、フィルタベントにより、環境に放出される放射性物質量が約1000分1に低減される。フィルタベントを設置することによって、格納容器の損傷を防ぎ、避難のための十分な時間を稼ぐことができることがわかる。人による制御が一切できないような極端な場合においても、周辺住民の避難に対して、数日オーダーの時間的余裕を与える事が示されている。第5層の防災対策としても大きな意味を持つ。

　なお、格納容器注水と組み合わせた場合の評価では、注水した水が溶融燃料と反応して急激な圧力上昇をする場合があることが示唆された。適切な注水を行わないと、フィルタベントを設置していたとしても格納容器破損を招く場合があることを示している。

7.4.6　参考文献

(1)近藤雅裕, 吉本達哉, 石川淳, 岡本孝司, 保全学 15(4), 79-85 (2017).

(2)石川淳，村松健，坂本亨，"THALES-2 コードによる BWR Mark-II を対象としたレベル 3PSA のための系統的なソースターム解析"，JAERI-Research 2005-021.

(3)I. Kaneko, M. Fukasawa, M. Naito, K. Miyata, M. Matsumoto, "Experimantal Study on Aerosol Removal Effect by Pool Scrubbing", 22nd DOE/NRC Nuclear Air Cleaning and Treatment Conference. (1992).

(4)J. Vendel, J.C. labored, N. Michielsen and G. Gensdarmes, "Lessons learnt over 30 years of air filtration in the nuclear industry", Journal of Physics: Conference Series 170 (2009) 012026

7.5　格納容器の閉じ込め機能

7.5.1　格納容器の過圧・過温破損とその対策

　1号機の事故時の原子炉圧力・水位、格納容器の圧力（D/W: ドライウェル、S/C: 圧力抑制室）のデータで特徴的なのは、3月11日の夜には、原子炉水位計が上昇を示している点である。これは格納容器（PCV）内が高温になって、水位計の2本ある差圧計装管のうち、

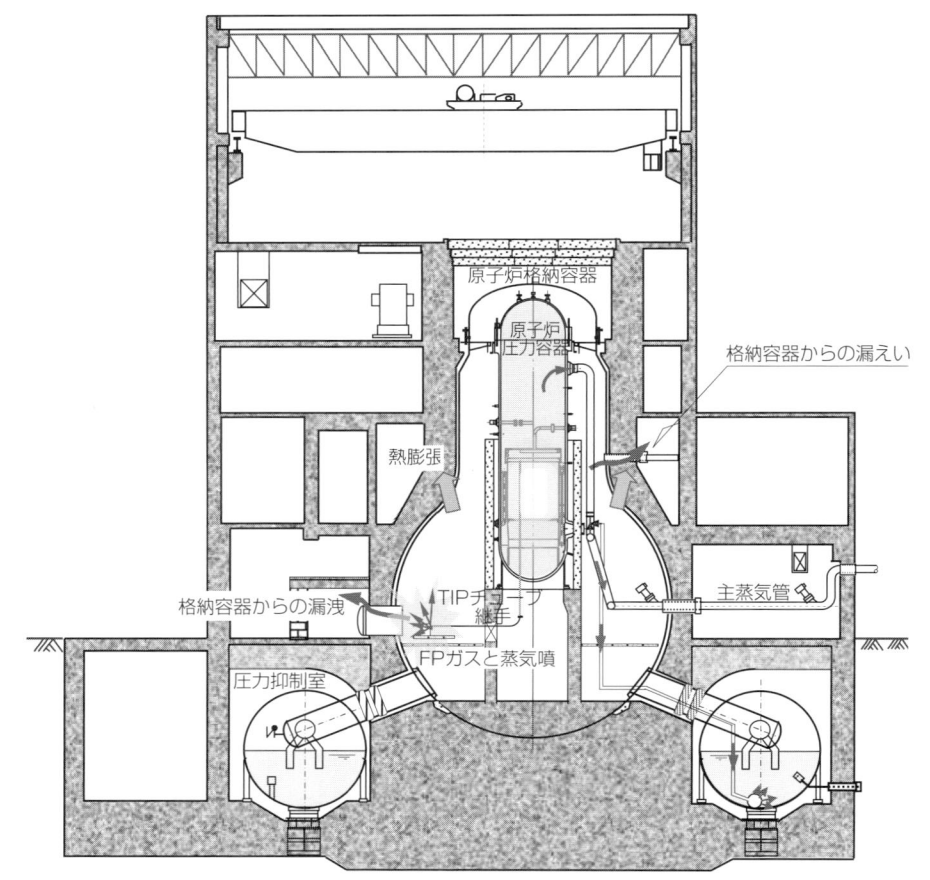

図 7.5－1　原子炉および格納容器の想定漏洩箇所

PCV の D/W に露出している基準水頭菅の水が過熱した高温気体により蒸発を開始していることを示すものである。原子炉圧力容器の底部破損が生じる前に原子炉圧力が低下している。図 7.5-1 に示すように、これを説明し得る複数の漏洩箇所が考えられる。1 つは、図 7.5-2 に示す炉内中性子計装管（TIP）が高温の炉内で溶融し、この計装管下端からの蒸気の漏洩が考えられる。また、炉内で発生した約 1000℃の過熱蒸気や高温の水素ガスが主蒸気管に取り付けられた主蒸気逃がし安全弁を取り付けた管台フランジ接合部のボルトが短時間でクリープしたり、ガスケット（圧縮グラファイト）を損傷させて漏洩を生じたことなどの要因が考えられる。図 7.5-3 に示すように、3 月 11 日の 18:00 ごろには白い湯気を、23:00 過ぎにはタービン建屋の線量も上昇しており、PCV のペネトレーション（貫通部）やハッチ、上部フランジのパッキン（耐熱温度約 220℃のシリコンゴム）などから、高温の蒸気とともに、水素と FP を含む放射性の気体や粒子状物質が漏洩したと考えられる。図 7.5-4 に原子炉および格納容器の漏洩想定箇所を、図 7.5-5 にはハッチやペネトレーション位置の概略図を示す。格納容器の温度が上昇するとシリコンゴムのパッキンや O リングは劣化し、またエポキシ樹脂を充填した電気ペネなども損傷している可能性が考えられる。今後、現場調査による確認が必要である。

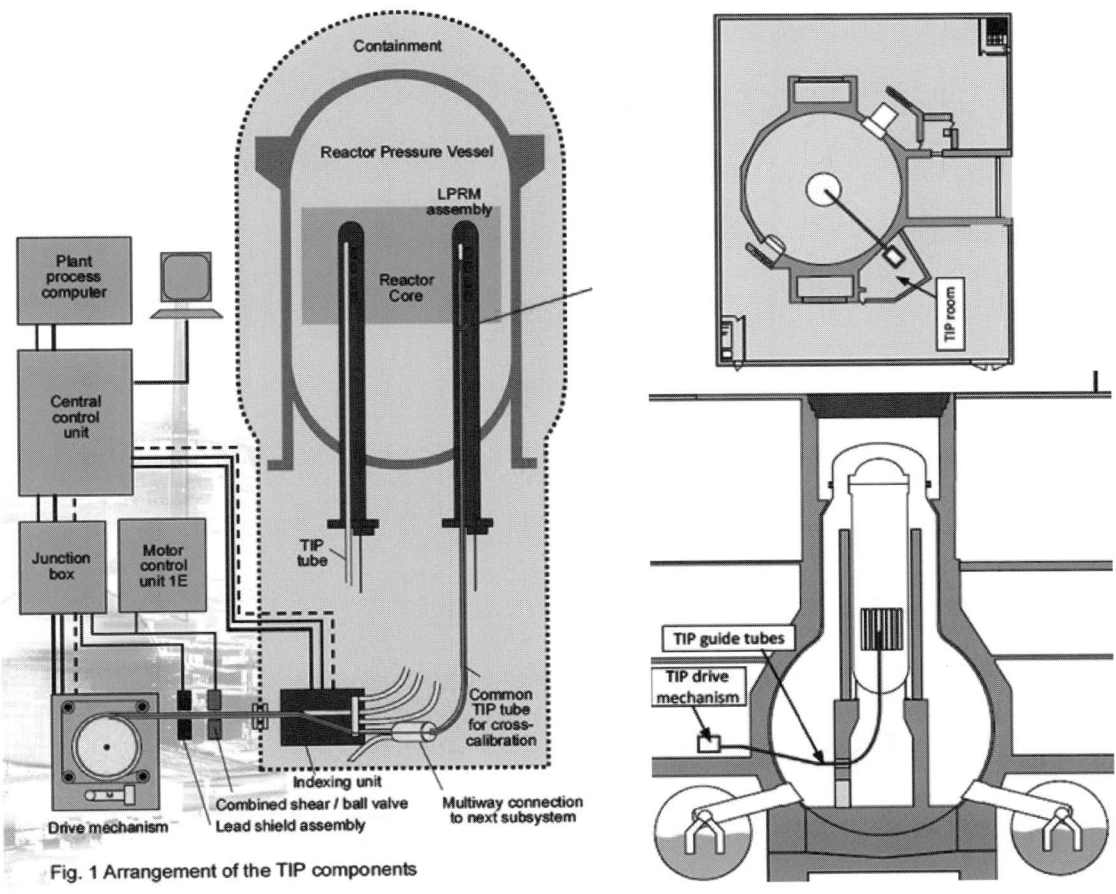

図 7.5-2　TIP 校正用導管と巻き取りドラムの位置

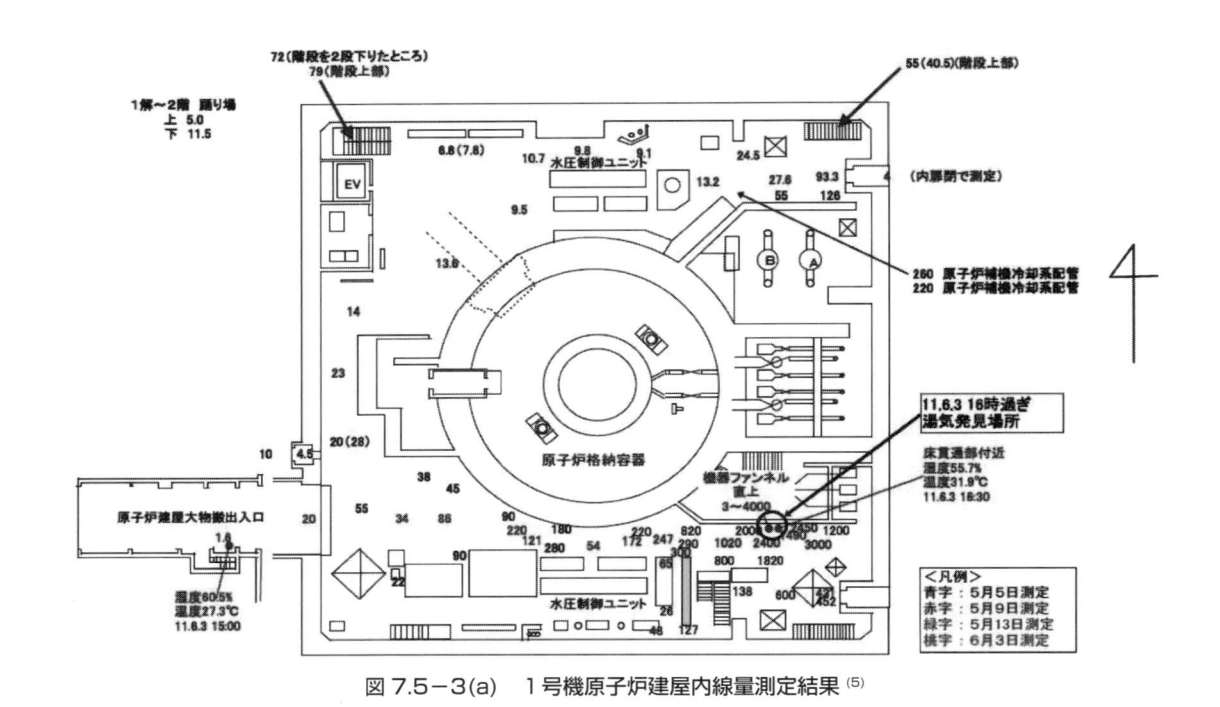

図 7.5－3(a)　1号機原子炉建屋内線量測定結果 [5]

線量率[mSv/h]

測定点	1	2	3	4	5	6	7	8	9	10	11	12	13
床上150cm	254	321	132	1900	881	290							
床上15cm	238	251	77	840	406	254	93※1	55※1	34※1	40※1	102※1	132※1	57※1

測定点	14	15	16	17	18	19	20	21	22	23	24	25
床上150cm		1110	1620	1050	345	538						130※2
床上15cm	109※1	528	777	520	311	474	2070※3	5150※4	85※1	96※1	168※1	

※1床上約60cm　※2床上106cm　※3ファンネル上部　※4床貫通部上部
※5斜線については干渉物等により測定できなかった箇所

図 7.5－3(b)　1号機原子炉建屋内線量測定結果 [5]

　特に水素爆発の要因となった、原子炉建屋上部のオペレーションフロア（運転床）への水素漏洩ルートの確認と対策が必要である。これについては、既に図 7.5-6(a)に示すとおり、NUPEC（原子力発電技術機構）で実施された格納容器の過温破損要素試験および FEM 解析が実施されている。この知見に依ると、格納容器のトップフランジは PCV 内圧 0.32MPaで開口する。Ｏリングはシリコンゴム製で、耐熱温度が約 220℃であるが、150℃以上の蒸

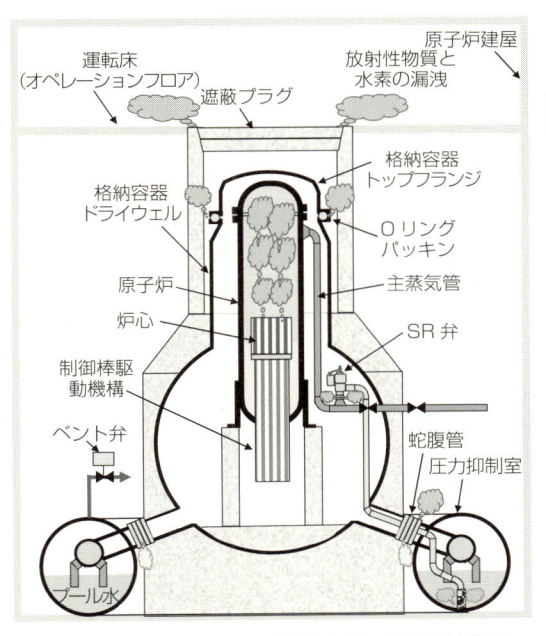

図7.5−4 原子炉および格納容器の漏洩想定箇所

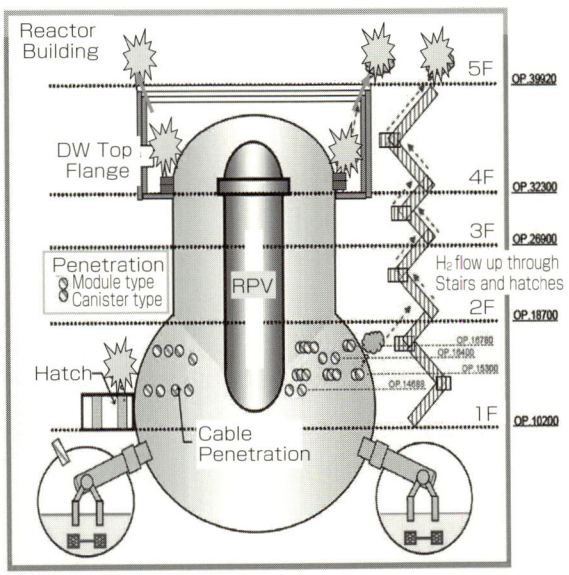

図7.5−5 ハッチやペネトレーション[2]

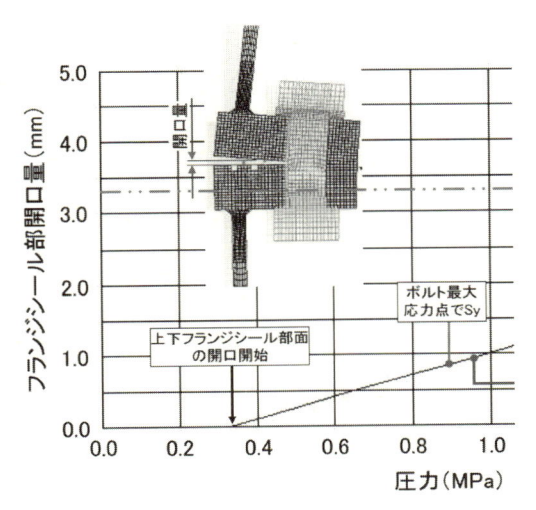

図7.5−6(a) NUPEC の格納容器上部
フランジ変形解析[1]

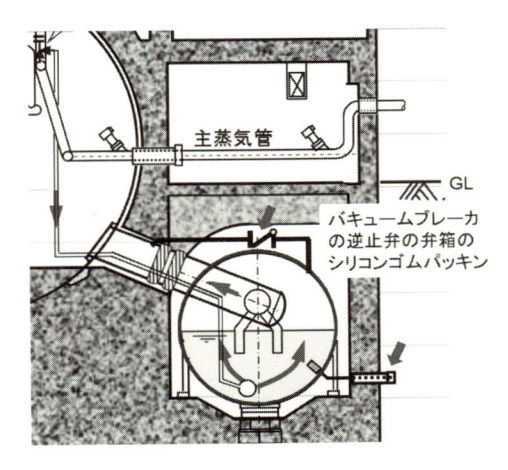

図7.5−6(b) トーラス部の
損傷想定箇所

気に曝されると弾力を失う。炉心上部が露出して過熱蒸気が格納容器内に流出した段階で、格納容器上部が400℃の高温となった。Oリングの弾力性が失われ、フランジが開口すると、水素と放射性物質が格納容器上部の作業床（オペレーションフロア）にリークしたと考えられる。

　従って、図7.5-8 に示す 2011 年 3 月 15 日からの放射性物質の大量放出は、 2 号機、 3 号

機で見られた白煙、黒煙の上昇と一致しており、格納容器トップフランジからの放射性物質を含む気体の漏洩等が原因となった可能性が大きい。特にウエットベントが1回も行われていない2号機の汚染が多かったと考えられる。

　一方、格納容器の下部にも損傷箇所があり、タービン建屋や原子炉建屋からのピットなどが損傷して汚染水が漏洩していると考えられる。図7.5-7に示すとおり、2号機のロボットによる点検結果を見るとサンドクッションからの水の漏洩も無いのでドライウェル下部やベント管のベローズの損傷は無いと考えられる。そこで、図7.5-6(b)に示すように、トーラ

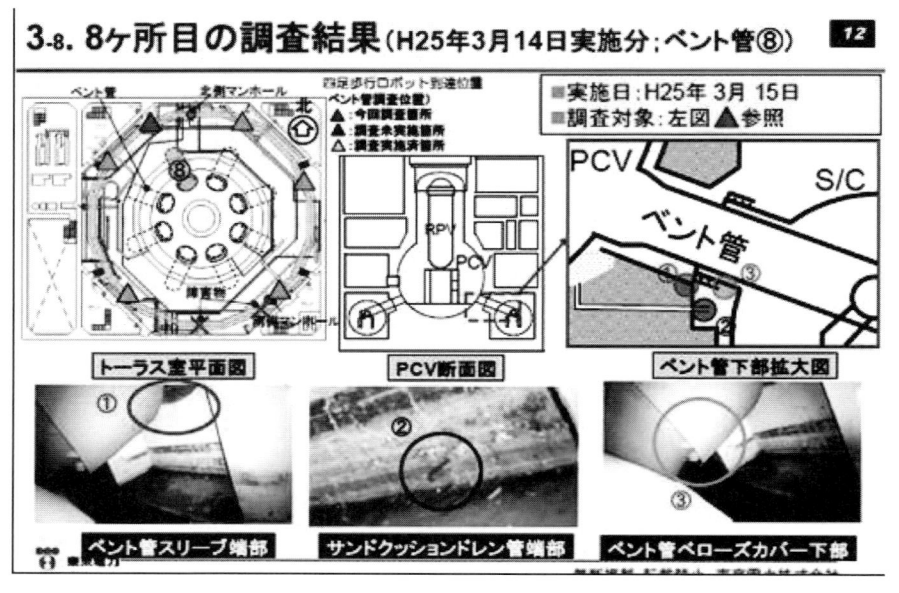

図7.5－7　福島第一原子力発電所の2号機のロボットによる点検結果

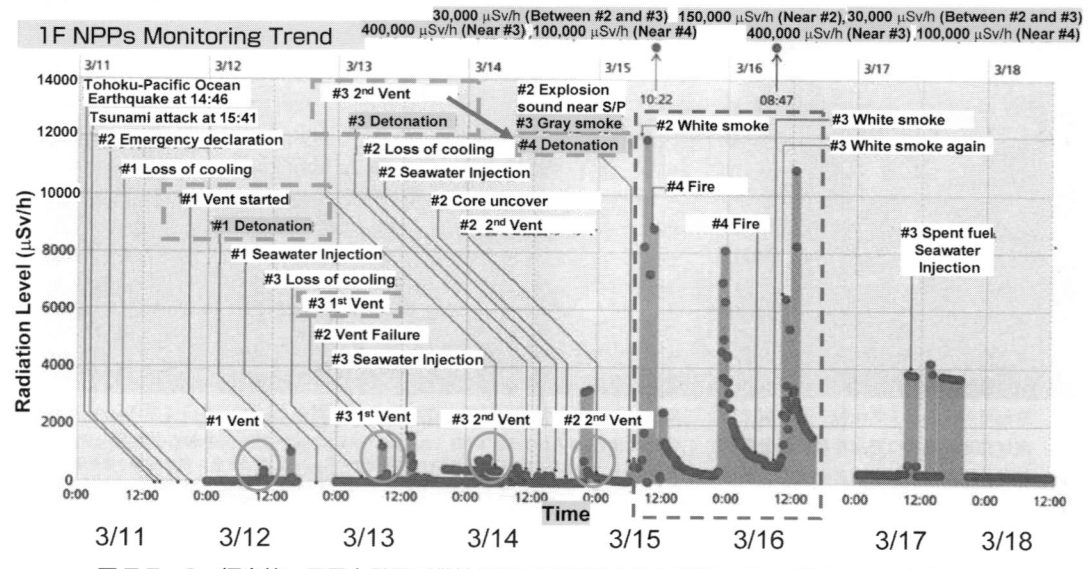

図7.5－8　福島第一原子力発電所敷地境界の空間線量率の推移とプレス発表された各事象 [3]

スに接続される配管や弁の弁箱のシリコンゴムパッキンなどの損傷の可能性が考えられる。
トーラス室はタービン建屋とトレンチ等で接続され、このコンクリート部分にひび割れなど
があると地下水の汚染を引き起こしていると考えられ、損傷箇所の特定のため、トーラス室
を水ガラスなどで段階的に封止して汚染水の漏洩高さの特定と漏洩を止める必要があると考
えられる。

　重大事故時に格納容器内の温度や圧力の上昇を抑制するには、図 7.5-9 に概念図を示すよ
うな格納容器スプレイが有効である。そこで、図 7.5-10（a）に示すように、格納容器スプレ
イのための代替系統を設けて、万一、深層防護の第 3 層に属する工学的安全施設の格納容器
スプレイが使用できない場合でも、重大事故用の固定式代替注水ポンプで格納容器内に散水
できるように各発電所で対策が行われている。また、この代替系統には屋外接続口を 2 ヵ所
設けることで、消防車等の可搬型注水ポンプ用からも格納容器内へ散水が可能になっている。

　こうした対策に加えて、格納容器シール部の改善も重要である。従来から用いられていた
シリコンゴムは、高温蒸気環境下で劣化しやすいことから、改良型 EPDM 等の耐熱、耐水
蒸気、耐放射線性が高いことを試験で確認したシール材に交換する対策が進められている。
また、特に格納容器トップフランジに対しては、図 7.5-9 および図 7.5-10（b）に示す方法での
冷却により、損傷防止をより確かにする。このような対策で格納容器の圧力・温度上昇を抑

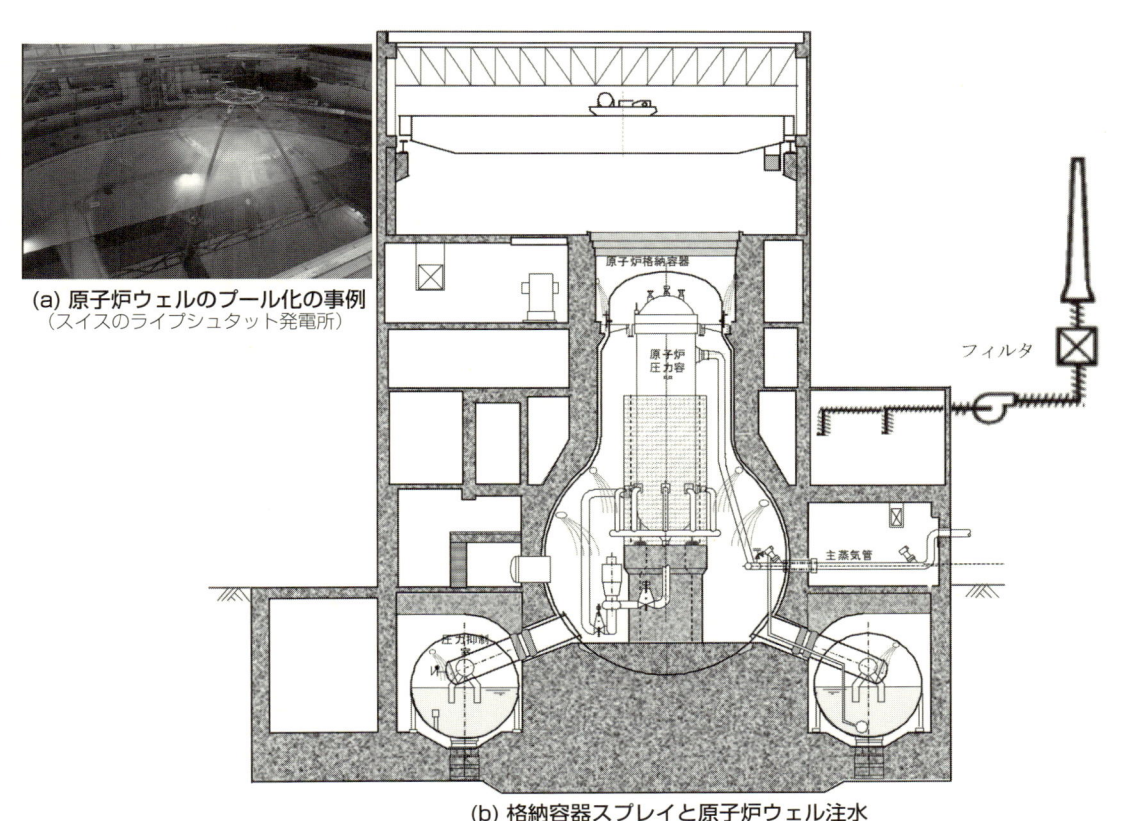

(a) 原子炉ウェルのプール化の事例
（スイスのライプシュタット発電所）

(b) 格納容器スプレイと原子炉ウェル注水
図 7.5－9　格納容器スプレイと原子炉ウェル冷却の概念例

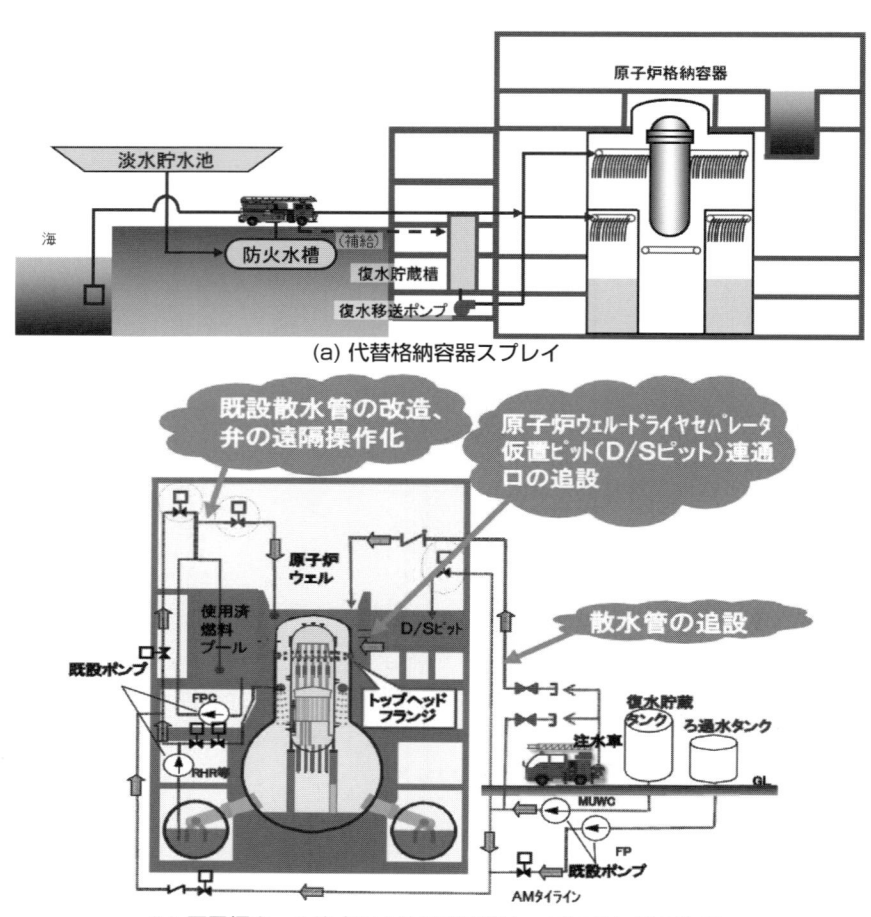

(a) 代替格納容器スプレイ

(b) 原子炉ウェル注水による格納容器トップフランジの冷却

図 7.5−10　格納容器過温破損対策(代替 PCV スプレイ・原子炉ウェル注水)[4]

制することにより、フィルタベントの起動を遅らせることが可能になる。これによって希ガスの減衰時間が増すので、被曝低減上も重要である。

　さらに、原子炉への注水が十分にできず、炉心が溶融して原子炉圧力容器下部を損傷させて格納容器下部に落下する場合には、溶融炉心・コンクリート相互作用（MCCI）によって発生する非凝縮性ガスによる圧力上昇や、溶融物による浸食を抑制することが重要になる。

　そこで、MCCI を抑制するために、格納容器下部へ注水して溶融炉心を冷却する設備が設けられる。その設計例としては、上述した格納容器スプレイの代替系統から配管を分岐して、代替注水ポンプからの水を格納容器下部に導く設備構成とするものがある。また、原子炉圧力容器底部の温度を監視し、一定の基準値に達した段階で、この設備を用いて溶融炉心の落下前に格納容器下部に水張り（先行水張り）を行い、落下してきた溶融炉心を冷却する運転手順が定められている。なお、先行水張りに伴う水蒸気爆発リスクについては、万一それが発生した場合の影響のシミュレーションを含め、十分に検討したうえで、必要に応じて対策が講じられる。

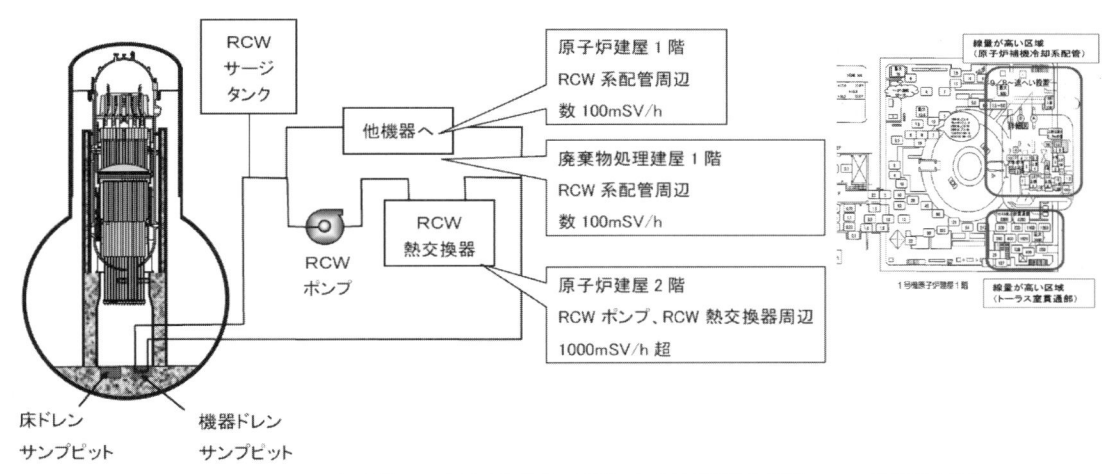

図7.5－11　福島第一原子力発電所１号機の原子炉補機冷却系(RCW)高線量汚染 (5)

　図7.5-11 に示すように福島第一原子力発電所１号機のみ、機器ドレンサンプの冷却に用いられる原子炉補機冷却系（RCW）の配管付近おいて、数 100mSv/h から 1000mSv/h 超の高放射線量が確認されている。これは溶融物の影響で当該配管に放射性物質が流入したためと考えられ、格納容器下部に設けられていた機器ドレンサンプに、溶融物が流入した可能性を示す。

　当該配管のように溶融物の影響を受ける可能性のある配管は、非常時に隔離する対策をとるが、溶融物のサンプへの流入についても、その影響を踏まえて対策を検討する。すなわち、格納容器下部の床面の浸食は、上述の注水冷却によって抑制されるが、ピット状になっているサンプに溶融物が流入すると、冷却水が流入しにくく、コンクリートの浸食が進むことが考えられる。そこで、溶融物の量とそれによるコンクリート浸食の影響を検討し、必要に応じて図 7.5-12 に示すような耐熱材の堰を設置して、溶融物の流入を抑制する対策が講じられている。これはコリウムシールドと呼ばれる設備であり、耐熱材としてはジルコニアが用いられた設計例がある。

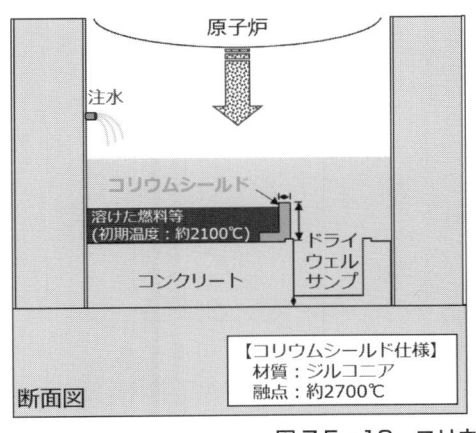

図7.5－12　コリウムシールドの設計例

参考文献

(1)（財）原子力発電技術機構「原子炉格納容器信頼性実証事業に関する総括報告書」(2003.3)

(2) 原子力安全・保安院、「東京電力株式会社福島第一原子力発電所事故の技術的知見」参考資料、(2012.3.28)

(3) 中島、奈良林、揺れる原子力の将来、レベル7からの出発、日経サイエンス、(2011.7)

(4) 電気事業連合会、「安全性向上に係る事業者の取組み」(2012.3.7)

(5) 福島第一原子力発電所1〜3号機の炉心・格納容器の状態の推定と未解明問題に関する検討、第2回進捗報告、東京電力（2014.8.6)

7.5.2　代替除熱設備による格納容器冷却とフィルタベントシステムの運用

国内の原子力発電所では、炉心損傷時の格納容器防護対策が新規制基準で要求されている。沸騰水型原子炉（BWR）では、これに対応して代替循環冷却系とフィルタベントを設置する。また、加圧水型原子炉（PWR）では、格納容器内の再循環ユニットを用いた自然対流による気相部冷却による格納容器防護を行うが、フィルタベントも設置される計画であり、これは特定重大事故等対処施設として設置される。

沸騰水型原子炉（BWR）、加圧水型原子炉（PWR）共にフィルタベントを用いる場合には、格納容器スプレイ等の冷却系を用いて格納容器に注水を行い、格納容器防護に影響しない範囲でフィルタベントまでの時間を稼いで格納容器内で放射性物質を時間減衰させて、ベント実施時の放射性物質の影響を最小化する。

ここではBWRを例にフィルタベントに至るまでの対処を記載した。図7.5-13に示すように、残留熱除去系（RHR）による除熱ができない場合は、ドライウェル冷却器や代替PCVスプレイによって格納容器の圧力、温度上昇抑制を図る。この代替PCVスプレイについては、7.5.1において述べたとおりである。なお、ドライウェル冷却器は常用系の設備であり、特に強化していない場合には、使用可能な場合にのみ期待するオプションとの位置づけとなる。

代替PCVスプレイによって格納容器の温度、圧力の上昇速度を抑制することができるが、RHRが復旧できなければ、やがて重大事故時における格納容器閉じ込め機能の観点から設定する限界温度、もしくは限界圧力に到達してしまう。そこで、事故発生直後から代替循環

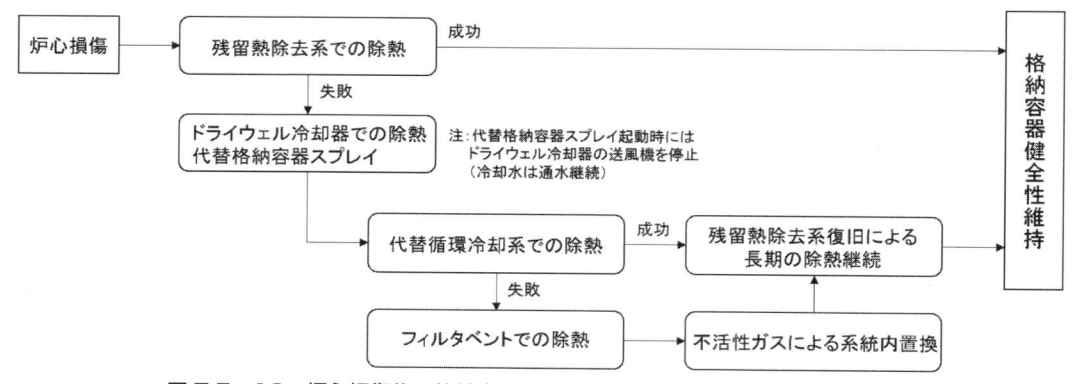

図7.5-13　炉心損傷後の格納容器冷却とフィルタベントの作動シーケンス

冷却系の作動準備に着手する。図
7.5-14 は代替循環冷却系の概念図
である。この系統ではサプレッ
ションプールの水を RHR 熱交換
器で冷却してから、代替注水ポン
プを用いて格納容器にスプレイす
ることができる。BWR の場合に
は事故時に格納容器内のサプレッ
ションプール水に熱が蓄積される
ため、PWR のような気相冷却で
はなく、水を冷却する方が除熱の
効果が高い。

　RHR 熱交換器への冷水供給に
は、代替熱交換器車と呼ばれるト
レーラ搭載の可搬型熱交換システ
ムが用いられる。この冷水供給用

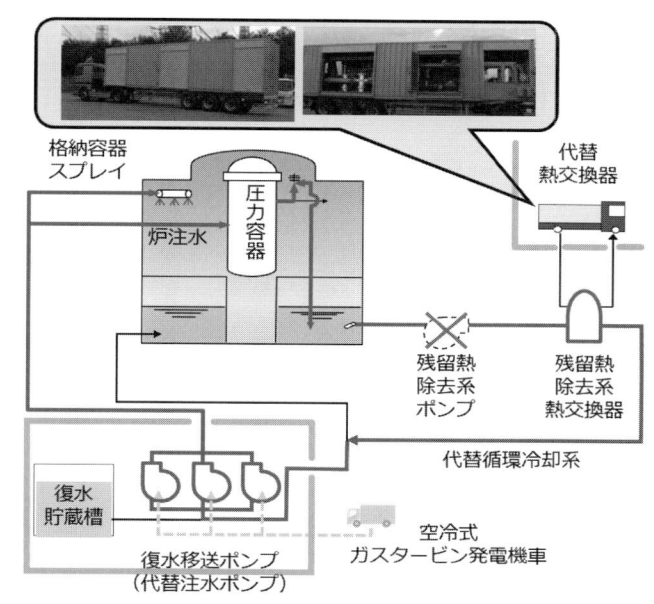

図 7.5－14　代替循環冷却系の系統概要例

の接続口がプラント毎に 2 ヵ所、屋外に設置されている。代替熱交換器車にはコンパクトな
プレート式熱交換器と、RHR 熱交換器に冷水を送るためのポンプが搭載されている。この
熱交換器には、大容量送水車によって海水が供給される。代替熱交換器車と大容量送水車は、
原子炉建屋から十分な離隔距離が確保できる高台に保管しておき、重大事故時には接続口付
近に移動して、必要なホース接続を行ったのちに作動させる。

　図 7.5-15 に炉心損傷を伴う ABWR プラントの重大事故の例として、大 LOCA ＋ SBO ＋
全 ECCS 機能喪失を想定した場合の、格納容器圧力の推移を示す。この例では、22.5 時間

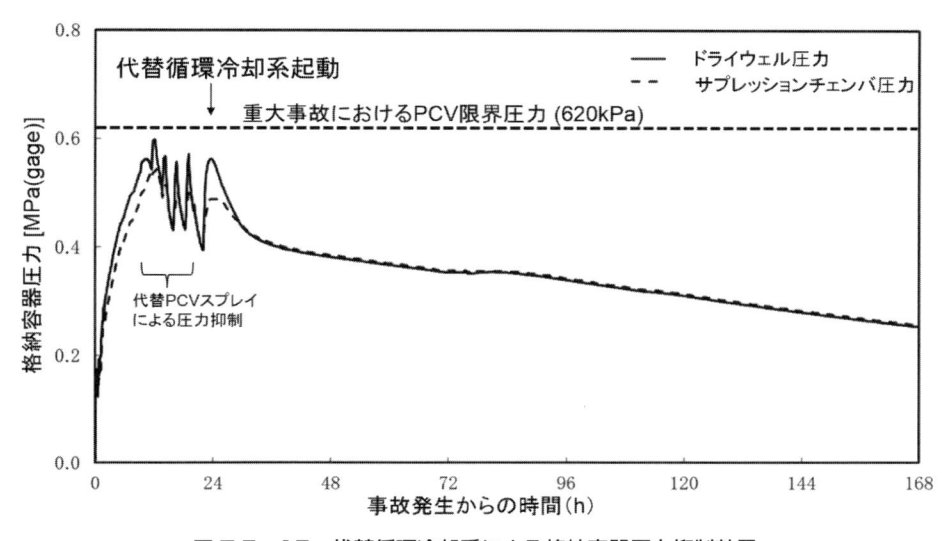

図 7.5－15　代替循環冷却系による格納容器圧力抑制効果

後に代替循環冷却系を作動させることで、格納容器圧力が限界に達する前に格納容器圧力の低下に成功し、格納容器ベントを行うことなく事態を収拾することができており、作動までに十分な時間余裕がある。

さらに、代替循環冷却系が何らかの原因で使えない場合には、格納容器の温度、圧力が限界に到達する前にフィルタベントシステム（FCVS）を用いて格納容器をベントする。FCVS の系統概要の例を図 7.5-16 に示す。FCVS 作動時には格納容器のサプレッションチェンバ、およびドライウェルに接続された配管から格納容器内のガスが排出され、フィルタ装置を通過したガスが高所から大気へ排気される。フィルタ装置としては、セシウム等を含む粒子状放射性物質、無機よう素、および有機よう素を除去するものが開発・導入されている。

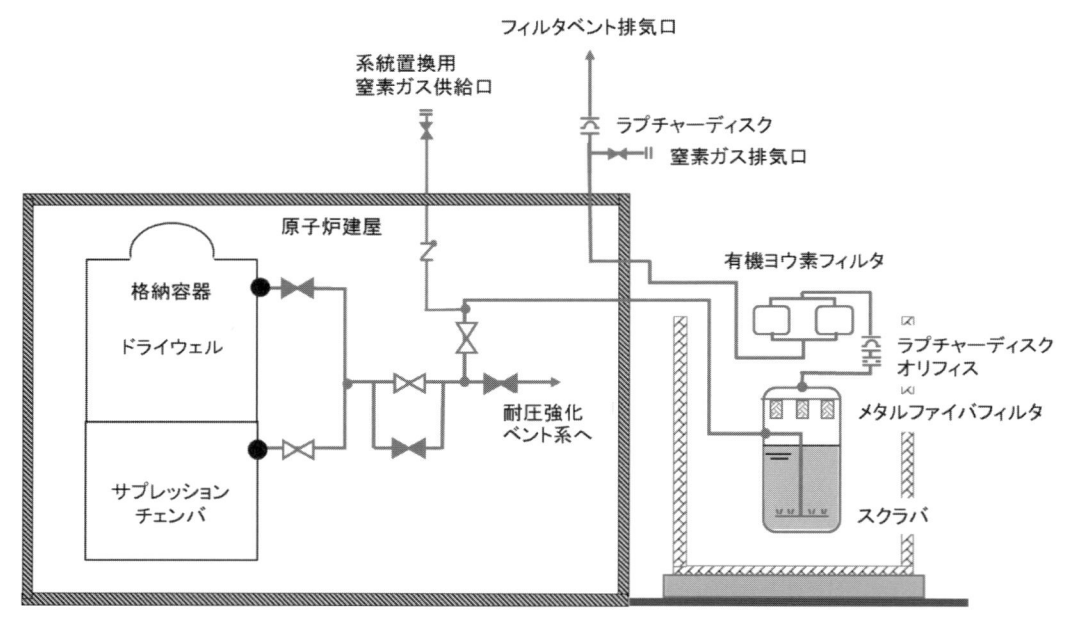

図 7.5－16　FCVS の系統概要例

既存の耐圧ベント系や新たに設置するフィルタベントシステムの作動は、これらの系統に設けられた弁の操作によって行われる。これらの弁には空気作動弁や電動弁が用いられるが、それらの操作用空気や電気は重大事故専用のものとして、設計基準事故対応用の設備との独立性を担保し、確実に操作できるようにする。さらに、これらの弁には遠隔手動操作機構を設け、操作員が過剰な被曝をすることなく、ハンドル操作による人力開閉もできる設計になっている。図 7.5-17 にその設計例を示す。ラプチャーディスクを用いる場合には、ベントが必要と判断した場合にいつでも実施できるように、ラプチャーディスクの作動設定圧を十分に低い値にしておくか、アクチュエータで駆動される先端の尖ったキリでラプチャーディスクを開放可能しておくか、あるいはスイスのライプシュタット発電所のように、ラプチャーディスクと並列に弁を設置して遠隔手動で開けられるようにしておく必要がある。

図 7.5-18 の図中の被曝低減効果のグラフに示すように、ベントによる外部環境に対する影

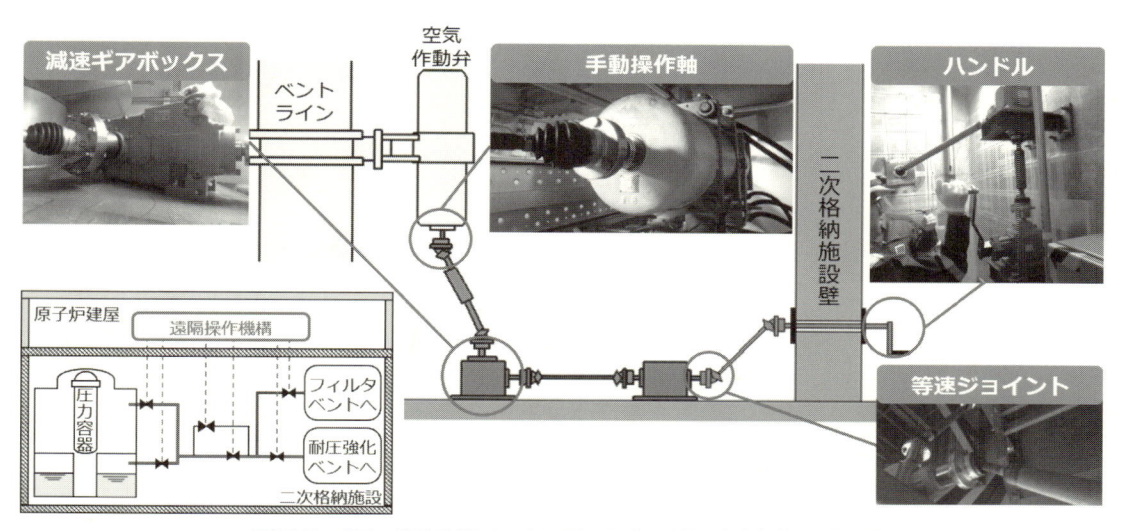

図7.5－17　格納容器ベントに用いる弁の遠隔人力操作機構例

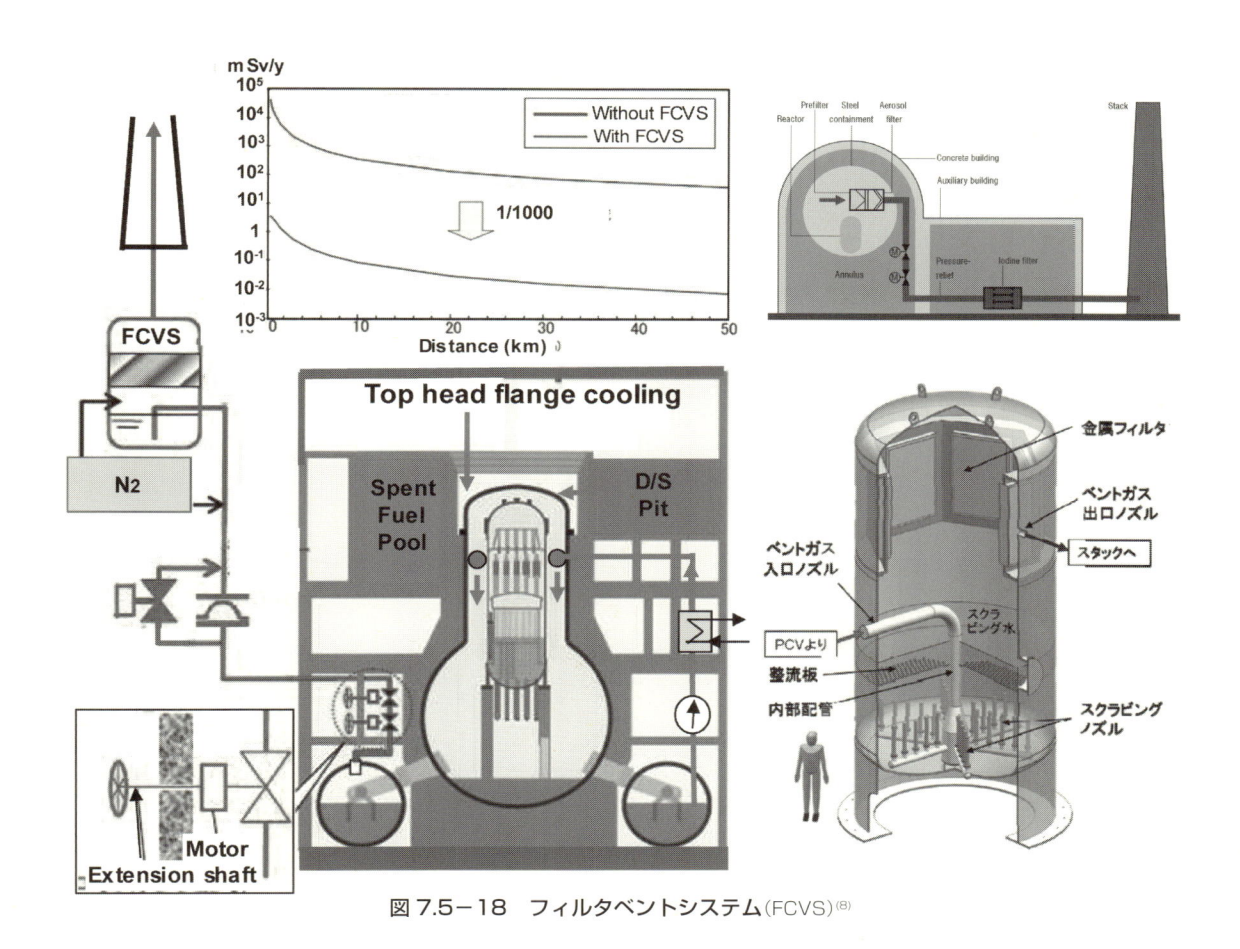

図7.5－18　フィルタベントシステム(FCVS)[8]

響は、フィルタベントを設置することによって大幅に低減できる。BWR への設置を想定したものであるが、仮にセシウムを 1/1000 にしたとしても、フィルタベントを設置すると、年間被爆線量は発電所から 2km 以上にて 1mSv/y 以下、半径 10km では 0.1mSv/y 以下まで低減する。

フランスは福島の事故後にフィルタベントの除染係数（DF）がより高性能なものに更新することになった。また、ロシアについては、モスクワで 2012 年 5 月に開催された国際会議で日本原子力学会に福島第一原発事故の教訓と対策について講演依頼があり、北海道大学の奈良林教授が基調講演を行った。最終日の大会宣言で、ロシア内の全原子力発電所にフィルタベントを設置することになった。日本原子力学会の国際貢献の一例である。

米国も BWR に対して NRC が設置のヒアリングを実施したが、産業界からは FLEX と呼ばれる可搬型設備を用いて格納容器内に注水することで、格納容器の防護ならびに放射性物質の放出抑制対策として十分であり、これ以上の対策は必要でないとの主張があり、これを NRC が認めて、Mark-I および Mark-II 型の格納容器を有する全米の BWR に対して耐圧強化ベントを設置することになった。中国は PWR のみであるが、13 億人の人口を抱えており、既に 24 基の原子力発電所にフィルタベントを設置済か設置工事中である。

フィルタベントにはセシウムに対して約 1/1000 （除染係数：DF=1000）、無機よう素は約 1/100 （DF=100）の放射性物質低減効果を有するフィルタが開発されてきたが、さらに薬剤を使ってセシウムの DF を 10000 以上としたり、無機よう素の DF を 1000 以上とする技術も開発されている。また、除去が難しいとされてきた有機よう素に対しても、銀ゼオライトによってよう化銀（AgI）として除去するフィルタが開発され、これまでのベント用フィルタの下流に設置される設計例がある。

7.5.3　フィルタベント設備の維持管理

フィルタベント設備の機能を維持するための点検例としては、表 7.5-1 に示すように、フィルタ容器本体の外観点検と漏えい確認検査、スクラバノズルをはじめとする主要な内部構造物の外観点検と機能確認が実施される。格納容器圧力逃がし装置としての設置環境や動作頻度に対する故障及び劣化モード等を考慮した適切な周期による定期的な点検（時間基準保全）により設備性能を確保していることの確認を行う。また、よう素吸着フィルタの銀ゼオライトの機能確認の目的で、よう素除去性能試験が実施される。これらの点検を行う目的で、フィルタ容器本体には点検口が設けられている。

7.5.4　参考文献

(1) T. Narabayashi and K. Sugiyama, "Fukushima Daiichi NPPs accidents caused by the Tohoku- Pacific Ocean Earthquake and Tsunami", AESJ Atoms, vol.53, No.6, P.387-400 (2011).

(2) NISA, JNES, "The 2011 Pacific coast of Tohoku Pacific Earthquake and the seismic damage to the NPPs", (2011).

(3) JNES, "IC Performance and Transient Analysis for Fukushima Daiichi NPP unit 1 accidents", (2011).

(4) Tepco's Fukushima Daiich NPPs Accidents Investigation meeting's report (Interim report), (2011).

(5) T.Narabayashi, Fukushima Nuclear Power Plant Accident and Thereafter, Energy Technology Roadmaps of Japan, Editer:Y.Kato et. al., Springer, pp.57-119 (2016).

(6) NISA, "Technical knowledge of Fukushima-Daiichi NPP's Accidents and countermeasure (Interim report)", (2012), (in Japanese).

(7) "Making efforts of licensees to ensure the NPPs safety in Japan", Federation of Electric Power Companies' report, (March 7, 2012).

(8) 原子力規制関連事項検討会 報告書「発電用軽水型原子力発電所の新規制基準に関する提案と課題」日本保全学会 (2013,5)

表 7.5－1　各設備の対象機器毎の点検項目及び点検内容の例（概要版）

対象機器		点検周期（サイクル）		点検項目	点検内容	
		本格	簡易		本格点検	簡易点検
機械設備	容器	4	－	本体機能確認	マンホール開放、外観点検漏洩確認	－
	・スクラバノズル・金属フィルタ・整流板、・吸着塔	4	－	外観点検	外観点検	－
	よう素吸着フィルタ銀ゼオライト	1	－	機能確認	よう素除去性能試験	
	ドレンポンプ（キャンド型）	2	1	本体点検	本体ケーシング、リアカバー、インペラ、モータ、キャン、ロータ	外観点検
				機能試験	漏洩確認、絶縁抵抗測定、巻線抵抗測定、試運転	同左
	伸縮継手	1		外観点検・機能確認	外観点検・カバー交換窒素封入圧力確認	－
	オリフィス配管	10	1	本体・機能外観点検機能確認	外観点検外観点検、フランジ部点検・手入窒素封入圧力確認	窒素封入圧力確認
	弁	10	1	本体機能確認	点検・手入れ、漏洩確認、動作試験	弁開閉試験時漏洩確認
電気設備	無停電電源装置	－	2	盤、冷却ファン試験、測定	－	絶縁抵抗特性試験
	電動駆動弁	6	1	外観、トルク、開度計、配線	外観点検、開閉試験、ＴＳ点検、ＬＳ点検、絶縁抵抗・巻線抵抗測定	外観点検、開閉試験
計測制御	圧力計、変換器、指示計、記録計、電磁流量計、電磁弁、制御盤、放射線検出器、サンプリング機器、水素検出器、pH計	1 1 1 1 1 1	－ － 1 － － －	外観点検特性試験	各部点検・手入れ回路特性試験線源校正試験インサービス後の調整	電磁弁の絶縁抵抗・直流抵抗測定と動作試験

第 8 章

各国の
緊急時対策

8.1 フランスの原子力事故即応部隊

8.1.1 概要

　フランスの原子力事故即応部隊 FARN（Force d' Action Rapide du Nucléaire, Nuclear Rapid Action Force）は、EDF が自主的な原子力事故対応措置の一つとして 2011 年 4 月に提案し 2012 年 6 月に ASN（フランスの原子力規制当局）が認可要件の一つとしたものである。

　EDF はフランス全土で原子力発電所 19 か所、58 基の PWR を運転している。FARN はフランス国内での原子力発電所事故発生時に、事故対応チームと支援機材を迅速に派遣し、発電所での事故対応活動を支援するものである。FARN はパリの本部と本部備蓄基地、及び 4 か所の FARN 地方本部から構成されている（図 8.1-1 参照）。

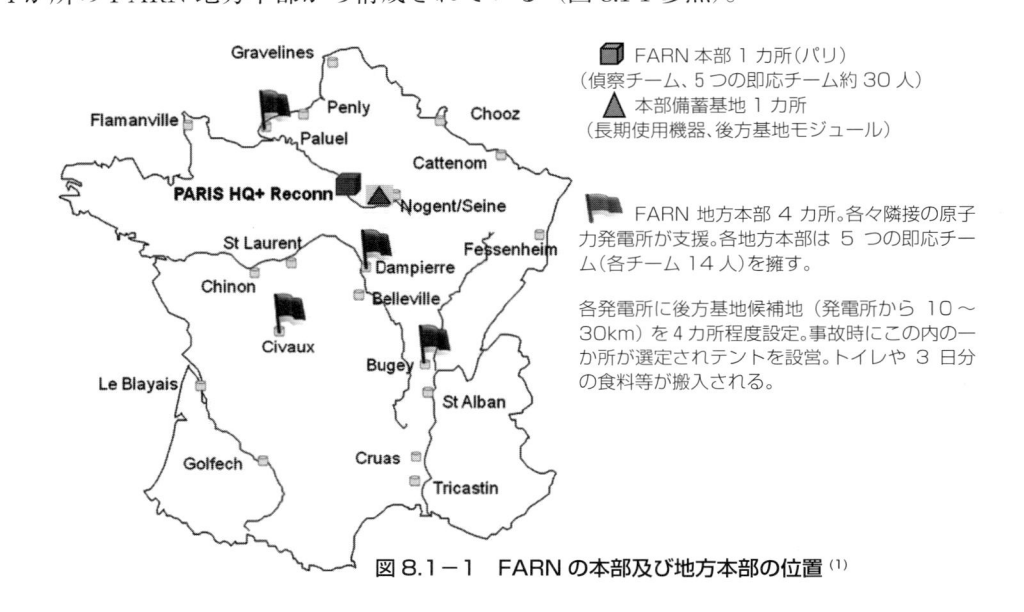

FARN 本部 1 カ所（パリ）
（偵察チーム、5 つの即応チーム約 30 人）
本部備蓄基地 1 カ所
（長期使用機器、後方基地モジュール）

FARN 地方本部 4 カ所。各々隣接の原子力発電所が支援。各地方本部は 5 つの即応チーム（各チーム 14 人）を擁す。

各発電所に後方基地候補地（発電所から 10〜30km）を 4 カ所程度設定。事故時にこの内の一か所が選定されテントを設営。トイレや 3 日分の食料等が搬入される。

図 8.1-1　FARN の本部及び地方本部の位置 [1]

8.1.2　FARN の活動目標

　FARN の活動目標を以下に示す。

- ●事故発生時に 12 時間以内にサイトに到着し、下記を開始
  - − 熟練した運転員を輸送し、現地当直員を支援し場合によっては交代する
  - − 現地の機器が使用不能な場合、FARN が備蓄し搬送してきた燃料、水、圧縮空気、可搬式機器を利用し、電力、水、圧縮空気を供給し、炉心および使用済み燃料を冷却する。
  - − FARN の自前の兵站手段により、FARN が備蓄し搬送してきた必需品の供給チェインと技術支援を確立する。
- ●事故後 24 時間以内に現地で全面的に活動可能とする
- ●環境への放射性物質の放出を回避する
- ●いかなる炉心溶融も可能な限り回避する。

8.1.3　FARN の活動の主要な前提条件

　FARN 派遣部隊の発電所へのアクセスおよび発電所での支援活動の計画にあたっての主要な前提条件を以下に示す。

　　　●一つの発電所でシビアアクシデントが発生
　　　●発電所へのアクセス道路も含め、主要なインフラが損壊
　　　●居住地や発電所へのアクセス道路の崩壊により地元の支援チームは期待できない
　　　●放射性物質および化学物質による潜在的な危険がある

8.1.4　FARN による迅速な支援

　事故発生後の FARN の支援活動は下記の 3 段階で実施される。

① 12 時間以内
　　　●事故発生 1 時間以内に 4 か所の FARN 地方本部から第一部隊（各 14 人、6 車両）が出発し 12 時間以内に発電所到着。パリの FARN 本部からも 4 人が 12 時間以内に到着。なお、道路の障害物は 30 分以内に撤去・通過することとしており、30 分以上を要するようであれば別ルートの選択またはヘリコプターにより現地を目指す。
　　　●到着後、下記業務を遂行する。
　　　　　－現地当直員を支援し場合によっては交代
　　　　　－発電所の状況を評価
　　　　　－現地にある施設（固定、可搬）を利用した発電所の安全維持（24 時間まで）
② 24 時間後〜 72 時間
　　　● 4 か所の地方本部から第二部隊（各 14 人、5 車両）が出発し 12 時間以内に後方基地に展開。滞在環境も含め支援体制を確立。
　　　●第一部隊と交代
　　　●地方本部から搬入した機材も活用し発電所の安全を維持。1 原子炉に対し 14 名で対処可能であり、総ての原子力発電所（最大で 6 原子炉）での事故に対処可能。
　　　●現地での独立した安全維持状態を確立（72 時間以上）
③ 72 時間以降
　　　● EDF グループ又は他の原子力発電所と共同管理している設備の搬入
　　　●発電所の永続的な安全維持の確立

　第一部隊と第二部隊の車両構成を図 8.1-2 に示す。第一部隊の先導車には無線通信装置が装備されており、また、橋梁倒壊時の河川通過のための小型艇、倒木等による道路通行障害対応のためのブルドーザ等も第一部隊に含まれている。

8.1.5　後方基地

　FARN から発電所に派遣された支援部隊の生活（食事、宿泊等）が完全に自立出来るように後方基地が設営される。環境条件（気象やアクセス等）を考慮して発電所から 10 〜

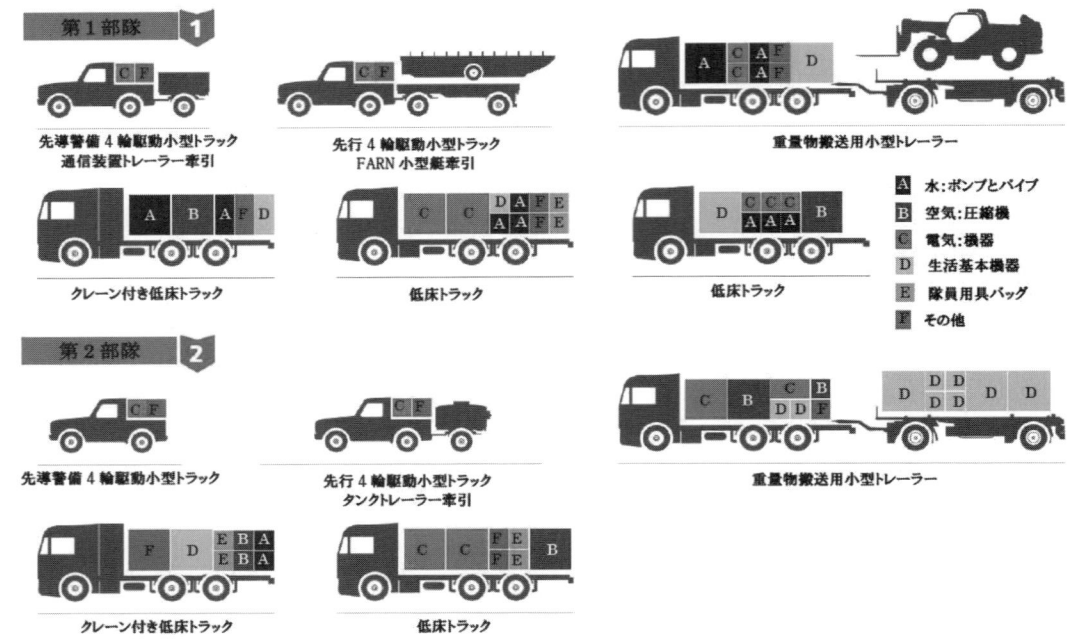

先導警備4輪駆動小型トラック
通信装置トレーラー牽引

先行4輪駆動小型トラック
FARN小型艇牽引

重量物搬送用小型トレーラー

クレーン付き低床トラック

低床トラック

低床トラック

A	水:ポンプとパイプ
B	空気:圧縮機
C	電気:機器
D	生活基本機器
E	隊員用具バッグ
F	その他

先導警備4輪駆動小型トラック

先行4輪駆動小型トラック
タンクトレーラー牽引

重量物搬送用小型トレーラー

クレーン付き低床トラック

低床トラック

図8.1-2　第一部隊と第二部隊の車両構成 (2)

図8.1-3　後方基地のテント (1)

30km の範囲内に予め4か所程度候補地が定められており、事故発生時に候補地の一つが選定され後方基地が設営される。なお、後方基地は、発電所との間での継続的通信を確立することにより緊急時対応センターとしても機能する。後方基地としてのテント設営状況の一例を図 8.1-3 に示す。

8.1.6　外部接続ポイント（plugging points）の改善

FARN が搬入した各種可搬式非常用設備の発電所での接続を効率的にするために、各発電所では外部接続ポイントの改善作業が下記のスケジュールで実施されている。

● 2012 年末～ 2014 年末：既設の外部接続ポイントを用いた接続

● 2014 年末まで：各サイトに標準化外部接続ポイントを設置

● 2014年〜2018年末：極端なハザードに耐えるための要件に適合した hard core 安全機器（究極 DG、究極ヒートシンク）と接続可能な専用外部接続ポイントを設置

外部接続ポイントの例を図 8.1-4 に示す。

図 8.1−4　外部接続ポイントの例 (5)

8.1.7　FARN の隊員

　FARN の隊員は、パリ本部に 30 人（5 つの即応チーム）、各地方本部に 70 人（5 つの即応チーム）おり、彼らは全て EDF の職員でありボランティアで応募した者および指名された者である。勤務時間の半分は FARN 要員としての訓練等を受け、残り半分は発電所で通常業務に勤務する。FARN の所属期間は 3 年間である。

　また、地方本部長 4 人のうち 2 人は EDF の発電所長経験者、残り 2 人は海軍と陸軍から 1 人ずつ任命されており（2014 年の時点）、毎週水曜日にパリ本部での会議に出席し、規格化、平準化の推進等にも取り組んでいる。

8.1.8　備蓄機材等

　各地方本部には、トラック、ブルドーザ、可搬式ディーゼル発電機（100kW）、携帯食料等が備蓄されており、本部備蓄基地には長期使用の可搬式機器が備蓄されている。可搬式ディーゼル発電機は FARN 全体で 20 台備蓄されている。ヘリコプターは EDF の子会社（RTE）所有のヘリ、または軍隊のヘリ（軍隊の承認済み）が利用される。なお、軍隊のヘリの操作は軍が担当する。

8.1.9　訓練

　初期訓練は平均 40 日であり、その後毎年 30 日以上の再訓練が実施される。訓練内容には、現地での任務遂行のための緊急時対応訓練以外に、出動訓練、ヘリコプターによる人員や機材の搬送、アクセス道路での瓦礫除去訓練も含まれる（図 8.1-5 参照）。

図 8.1−5　訓練風景 (5)

8.1.10　日本にとっての良好事例としての考慮

　フランスでは事故発生後 24 時間の間は、外部からのエネルギー供給等の支援がなく、サイトが周囲から隔離された状態でも独力で安全を維持する体制を構築すると共に、上述のよ

うに EDF 全社体制での迅速な支援体制が合理的に敷かれている。

　原子力発電所の標準化が進み、1 社が全ての軽水炉を運転しているフランスの方式をそのまま真似することは出来ない。しかし、まず起こるとは考えられない重大な事故への合理的な即応体制を、長期間に亘り緊張感を持って維持する方策の一つとして、日本においても非常に参考になると考えられる。

8.1.11　参考文献

(1) EDF, "EDF's Commitment to Enhance Safety", March 2014,（日本機械学会　原子力の安全規制の最適化に関する研究会平成 26 年度欧州訪問調査時受領資料）
(2) 日本機械学会　原子力の安全規制の最適化に関する研究会平成 26 年度欧州訪問調査団議事録、「フランス　シボー（Civaux）発電所の緊急時支援組織（FARN）の調査結果」、2014 年 11 月 13 日
(3) Jean BARBAUD, "Improvements on French Nuclear Power Plants Taking Into Account the Fukushima Accidents", IAEA, August 2013
(4) 日本原子力産業協会、「仏 EDF パリュエル原子力発電所 FARN 地域本部訪問」、2014 年 11 月
(5) G. FERRARD, et.al., "EDF France modernization program for the existing NPPs", OECD/NEA Workshop Innovations in Water-cooled Reactor Technologies, February 11-12th, 2015 , Paris

8.2　アメリカの緊急時対策

　福島事故後、アメリカ原子力規制機関（NRC）は、「設計基準を超える外部事象に対する緩和戦略に関する命令」を 2012 年 3 月に発行した。これを受け、アメリカ産業界組織である原子力エネルギー協会（NEI）は、「多様性かつ柔軟性を有する影響緩和戦略（FLEX）実施ガイド」を作成し、これを NRC が承認した。2016 年 12 月に、日本機械学会安全規制の最適化研究会の訪米調査団によりアメリカ原子力発電所の Palo Verde 発電所と Diablo Canyon 発電所、フェニックスにある SAFER 基地、アメリカ規制委員会（リージョン III）を訪問し、FLEX 機器の運用や緊急時対応を調査した。

　図 8.2-1 はアメリカ Palo Verde 原発の FLEX 機器の 1 つ、映画「トランスフォーマー」で使用された特殊高圧消防車である。5mm の鉄板壁を貫通して注水できる。また、図 8.2-2 は FLEX の AC480V のコネクタとブレーカである。AC4160V の高圧電源コネクタや給水ホースの接続口も含めて、全米の約 100 基の原子力発電所の仕様は統一され、どの発電所でも接続できる。Palo Verde 発電所では、FLEX 機材を活用した定検時（Outage）のリスク低減に取り組んでいた（図 8.2-3）。これらのリスク低減への取り組みは、アメリカ全土で行われている。

　次いで、SAFER 基地を視察した。SAFER とは、図 8.2-4 に示すように Strategic Alliance for FLEX Emergency Response の略で、SAFER 基地は全米に 2 か所設置されている

図8.2－1　アメリカ Palo Verde 原子力発電所の FLEX 機器（特殊消防車）

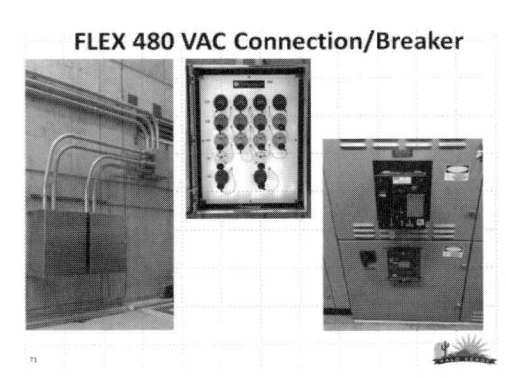

図8.2－2　FLEX の AC480V のコネクタ
とブレーカ

図8.2－3　機材を用いた定検時のリスク低減

図8.2－4　SAFER の組織を表すパネル

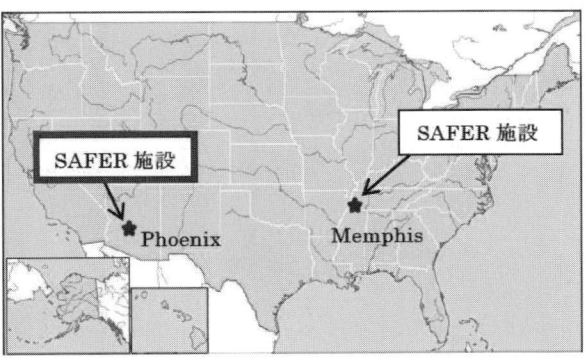

図8.2－5　全米に2か所の SAFER 基地

図 8.2−6　SAFER 基地の巨大な倉庫にて

（図 8.2-5）。図 8.2-6 に示すように、巨大な倉庫のなかに、ヘリコプターや貨物ジェット機で輸送可能なガスタービン電源車、ポンプ車などの標準化された資機材が、整然と収容されている。驚いたのは図 8.2-7 に示すロジスティクス（輸送体制）である。米空軍の力を借りずに、民間のヘリコプターと国際宅急便会社（FedEx: フェデラル・エクスプレス）が所有するジェット貨物機を使って空輸し、20 時間以内に全米のどの原発に到着できる。これらの詳細な体制と、マニュアル、資機材を操作する技術者の連絡先も明記され、全てがサイン済の契約ベースで構築されており、いつでも出動できる。SAFER 基地内の機器の例として、図 8.2-8 にトレーラーに搭載された高圧電源車と給水ポンプ車の操作パネルを示す。高圧電源車（AC4160V）を固定しているジュラルミンのトレイは、貨物ジェットに直接固定できる。すべての機器がモジュール化され、ヘリコプターで空港から発電所まで輸送できるように、3.6 トン以下の重量に抑えられている。

　電源コネクタは、図 8.2-9 に示すように、給水車のホース接続カップリングは、図 8.2-10 に示すように、全米で統一されている。また、SAFER 基地や FLEX 設備は、一般品であり、耐震性などは要求していない。基地を 2 か所に分けて解決している。NRC のリージョン III のオフィスを訪問して、表 8.2-1 に示す基本戦略を確認した。NRC の緊急時対応は、基本的に福島第二原子力発電所の事故収束に必要であった、電源車とケーブル・コネクタとブレーカ、注水車および接続ホース、ホウ酸水の注入機材が準備され、いつでも空輸ができるように準備しておくという考え方で、派遣する技術者や空輸に必要なヘリコプターとその操縦士などが、氏名と連絡先を明記し、同意していることを示す本人のサイン、取り扱い説明書と共に、ファイリングされている。

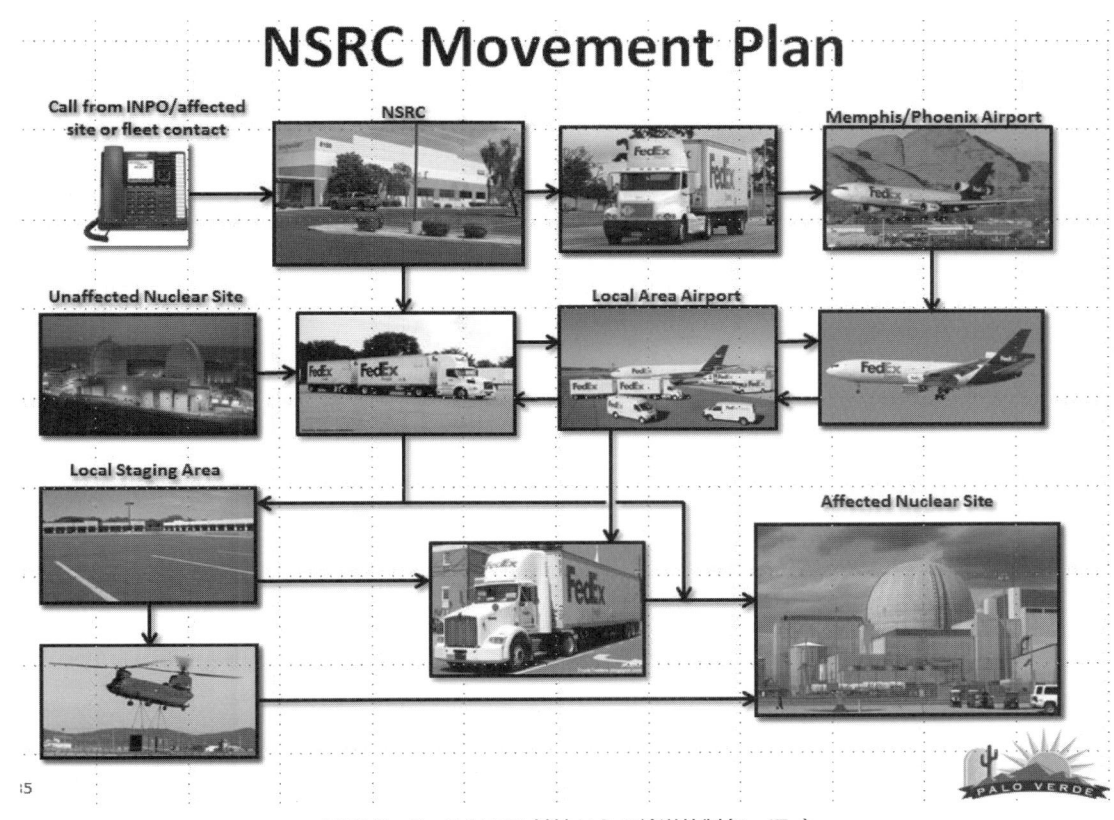

図 8.2－7　SAFER 基地からの輸送体制（FedEx）

図 8.2－8　トレーラーに搭載された高圧電源車と給水ポンプ車

図 8.2−9　トレーラーに搭載された高圧電源車と低圧注水ポンプ車の操作パネル

図 8.2−10　給水車のホース接続カップリングの標準化

表 8.2−1　福島第一原子力発電所事故の教訓に基づくアメリカの FLEX 戦略

<NRCからの3つの命令>
1）設計基準外事象（BDB：Beyond Design Basis）に対する戦略の作成
2）BWRのMark I, II型に対するContainment VentによるPCV保護
3）使用済燃料プール（SFP：Spent Fuel Pool）の水位計測強化

<事象緩和策や緊急時対策のルール作成>
1）EA-12-049 ：　事象緩和策
　　事象（BDB）があった時の多様性ある柔軟な対応。
　　　　Phase 1：8時間以内の対応。恒設備で対応することを想定。
　　　　Phase 2：8時間以降24時間以内の対応。サイト内の可搬式
　　　　　　　　　バッテリー等のFLEX設備で対応。
　　　　Phase 3：24時間以降の対応。ERCやSAFERのサポートで対応
2）EA-13-109 ：　強化ベント
　　　　Step 1：BWRのMark I, II型に対するWet Well Vent
　　　　Step 2：BDB時のDry Well Vent、それ以外のPCV保護システム
3）EA-12-051 ：　SFPの水位計測強化
　　　　SFP全体の水位の計測。電源・計測器の独立性確保。BDB時に運転
　　　　員アクセスにより計測器を確認できる仕組。水位レベルは3段階で
　　　　計測。

図 8.2-11　NRC リージョン III での FLEX と ROP の意見交換会にて

8.3　チェルノブイリの緊急対応および復興

8.3.1　はじめに

　日本機械学会動力エネルギーシステム部門安全規制の最適化研究会海外調査部会では、2013 年（平成 24 年）12 月 9 日から 15 日までチェルノブイリ原発事故があったウクライナを訪問調査した。10 日には 30km 立ち入り禁止区域の検問所を通ってチェルノブイリ発電所 4 号機、避難して現在もゴーストタウンになっているプリピャチ市、11 日には非常事態省と立入禁止区域管理庁、12 日にはスラブチッチ市・チェルノブイリセンター、13 日には放射線医学研究センター、生命・環境科学大学、農業放射線学研究所を、14 日には原子力発電安全問題研究所、チェルノブイリ博物館を視察し、午後には、被災した人たちの心のケアをしている NGO 組織の「ゼムリャキ」を訪問して意見交換した。

　特に、チェルノブイリ原子力発電所の西 50km にわずか 1 年 8 ヶ月で完成したニュータウンであるスラブチッチ市は、子供達が楽しく暮らせる「おとぎの国」をコンセプトに建設されており、様々な工夫がなされていたので紹介する。

8.3.2　ゴーストタウン・プリピャチ市

　チェルノブイリ原子力発電所で働いていた人が住んでいた近くの町が図 8.3-1 のプリピャチ市[1]である。1986 年 4 月 26 日午前 1 時 24 分頃、チェルノブイリ原子力発電所 4 号機で事故が発生した。明け方には図 8.3-2 のように、燃えさかる 4 号機からの黒煙が見え、事故

の発生に気付くが、市民達はのんびりと黒煙を上げる原発を見物したり、買い物に出かけたり、子供達を外で遊ばせたり、日光浴をしていたという[1]。当時のソ連副首相シチェルビナを委員長とするソ連政府事故処理委員会のメンバーがプリピャチ市に到着しはじめたのは、26日の夕刻からであった。政府委員会の最初の会議で、プリピャチ市民の避難が議題にあがった。政府委員会の物理学者たちは、事態の進展は予断を許さないものであり避難を主張したが、保健省の医学者と民間防衛隊が反対したという。そうした議論の末、夜10時頃、ソ連副首相シチェルビナが翌27日に避難を実施するとの決断を行った。翌朝には49,400人もの市民全員がキエフ市から召集された1200台のバスで避難を開始した。当時のソ連の中央集権体制では、いったん指令が出ると、避難作業は迅速に運ばれた。キエフ市からは

図8.3-1　チェルノブイリ原発近くのゴーストタウンになったプリピャチ市

図8.3-2　チェルノブイリ原発4号機の事故(1986年4月26日)

図8.3-3 プリピャチ市の放棄された高層アパート

1200台のバスが招集された。市役所では、人員の手配、書類作りなどの仕事が徹夜で行われた[1]。

　強制避難後から現在まで、プリピャチ市は、無人の廃墟と化している。年2回ほど帰還日が設けられているが、無人の高層アパートには野犬などが住んでおり、危険なので建物の中への立ち入りは禁止されている。強制避難させられた人には補償金が支払われており、現在の汚染レベルは人が住めるくらいまで線量が下がっているが、帰還すると補償金が支払われなくなることから、ここに戻ることを希望する市民はほとんどいない。このため、町はゴーストタウンと化したまま放置されている。

8.3.3　おとぎの町、スラブチッチ市

　事故を起こした4号機の石棺が寿命を迎え、新しいステイール構造物の第1期工事が完成したので、訪問した。原子炉建屋全体を覆う巨大な構造物の1/3が完成したところであった。

　チェルノブイリ事故の直後には、これは福島でも同様であるが、大勢の作業員が必要であった。その宿舎として図8.3-4の仮設住宅や図8.3-5（a）の遊覧船などを使っていたが、住居は人間にとり必要不可欠であることから、ウクライナでは新しい町作りを計画した。図8.3-5（b）のようにスラブチッチ市の展示館を訪問した。館長から市の建設に関する詳しい説明を聴いた。どうせ新しい町を作るなら、理想的なおとぎの国、夢の町をコンセプトにニュータウンを作ることに決定した。

　チェルノブイリの西約50kmの所に夢の町の建設が始まり、なんと事故後、1年8ヶ月で2万4千人が住める夢のニュータウンが完成し、最初は作業員の家族が住み生活を開始した。

　現在も24,700人の普通の人々が無料で暮らしているが、町の内側は、11階建てのアパートである。その外側に1戸建ての庭付きの家がならんでいる。1戸建てに入れる条件は、子供が3人以上いることである。幼稚園は子供だけで歩いて行けるよう200ｍ以内にあり、7つ作ってある。

図 8.3−4　事故直後に建設された仮設住宅

図 8.3−5(a)　遊覧船も仮設住宅として使用（1986 年）

図 8.3−5(b)　スラブチッチ市の博物館と館長

図 8.3－5(c)　スラブッチッチ市の都市計画モデル

図 8.3－6　スラブッチッチ市の地図

このため、図 8.3-7 に示すように子供達が楽しく外で遊ぶ「おとぎの国」が実現した。

産業として、図 8.3-8 の刺繍工場、図 8.3-9 のガラスコップの表面の金色のメタライズ印刷装飾加工工場などを設置し、住民達の雇用の場を提供した。図 8.3-10 のスポーツ、図 8.3-11 の音楽、図 8.3-12 の絵画教室など文化的な活動も盛んである。

図 8.3－7　楽しく屋外で遊ぶ子供たち

図 8.3−8　日本製のコンピュータミシンにより作られた刺繍

図 8.3−9　スラブッチッチ市のガラス工芸品

図 8.3−10　スラブッチッチ市が輩出した多くのスポーツ選手

一方、我が国では、事故から2年経っても福島は未だに仮設住宅である。事故は最悪であったが、その後のフォローは全くなっていない。

図8.3-11 スラブッチッチ市の音楽教育

図8.3-12 スラブッチッチ市の絵画教室と美術家の作品

8.3.4 国の研究所による農家の救済

キエフ市内にある国立生命・環境科学大学を訪問した。この大学には図8.3-13に示す農業放射線学研究所があり、カシュパロフ所長より詳細な研究成果の説明を受けた。特に感銘を受けたのが、図8.3-14に示すペルシアンブルーという青インクやクレヨンに用いられている無害の色素を用いた牛の体内のセシウムの除去である。粉体として牛の飼料に混ぜても良いし、図8.3-15のような牛が好んで舐める習慣のある塩に混ぜて

図8.3-13 ウクライナ国立農業放射線学研究所

固形にしたものを牛に食べさせても良い。出荷の2ヶ月前から汚染されていない飼料に混ぜて牛に食べさせると牛の体内のセシウム濃度は1/17にまで激減する。牛の体内を循環している血液中のセシウムが腸でペルシアンブルーと化学的に結合し、体外に排泄されるのである。

この研究所では、図8.3-16に示すように汚染された農地や森林の除染にも取り組んでいる。研究成果の一部を表8.3-1に示す。

農地の除染対策としては、汚染された表土と下の土を入れ替える天地返しが有効で、作物の根の領域に汚染した表土を入れないように土壌改良するのが有効である。表土を処理すると除染係数は8〜16、つまり汚染レベルが1/8〜1/16まで低減することができる。また、作物としての油菜の菜種か

ブルーシャン・ブルー
2ケ月で牛のセシウムは、1/17

図8.3−14　家畜の体内セシウムを1/17に減らすペルシャンブルー

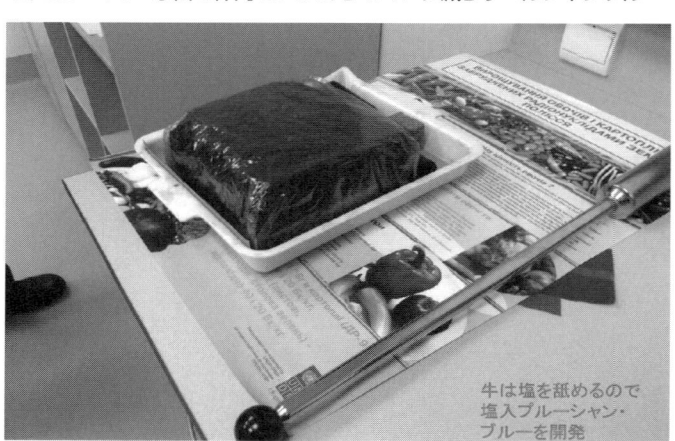

牛は塩を舐めるので塩入ブルーシャン・ブルーを開発

図8.3−15　牛の飼料に混ぜる塩で固めたペルシャンブルー

図8.3−16　国立農業放射線学研究所での除染実績

表8.3−1　セシウム137とストロンチウム90の除染係数

対策	137Cs	90Sr
代替土地利用方法の選択		
通常の耕起（1年目）	2.5−4.0	
表土すき取り・埋設	8−16	
石灰散布	1.5−3.0	1.5−2.6
無機質肥料の利用	1.5−3.0	0.8−2.0
有機質肥料の利用	1.5−2.0	1.2−1.5
根本域改良：	1.5−9.0*	1.5−3.5
ー初回実施	2.0−3.0	1.5−2.0
ー追加実施		
表面域改良：	2.0−3.0*	2.0−2.5
ー初回実施	1.5−2.0	1.5−2.0
ー追加実施		
家畜用農作物の変更	3−9	
クリーン給餌	2〜5（時間依存）	2−5
Cs結合剤の投与	3-5	-
プルシアンブルー		
粘土鉱物	2-3	-
牛乳をバターに加工	4−6	5−10
菜種を油に加工	250	600

ら菜種油を絞ると菜種中の油にはセシウムが1/250しか移行しない。油にはセシウムが溶解しにくいためである。

　ひまわりの種から取れるリノール酸のサラダ油も同様である。菜種油はサラダ油として商品価値が高く、現在はウクライナの広大な農地で油菜やひまわりが栽培され、産業として成り立っている。

　また、牛乳もバターやチーズに加工するとセシウムは1/4〜1/6に低減する。このような工夫をすれば福島で見られたように多量の取れたての牛乳をどぶに捨てるようなことは防げたのである。また、福島では生き残った牛などの家畜を獣医が来て注射をして薬殺処分してしまったが、ウクライナの研究成果を適用すれば、このような悲劇を防げたはずである。事故後、すぐにウクライナ政府から日本政府にウクライナの研究成果を手渡している光景がニュースで報道されていた。当時の政権は、この貴重なウクライナの研究成果を全く活用しなかった。ウクライナ市内のチェルノブイリ博物館には、図8.3-17のような、日本の福島への復興の絆のメッセージが桜の花と天使の人形とともに展示されている。我々はウクライナの知見を活かすべきである。

図8.3−17　首都キエフのチェルノブイリ博物館の福島へのメッセージ

8.3.5　まとめ

　チェルノブイリ原子力発電所の事故の影響で深刻な環境汚染が発生した。強い放射線で森が枯れ、多くの人々が放射性物質で被曝した。しかし、過酷な汚染された環境のなかで、ウクライナは様々な工夫をして復興に取り組んだ。スラブチッチ市のようなおとぎの国のニュータウンを建設したり、農業や酪農に対しても26年に亘る様々な研究成果がある。福島の事故の避難者や被災者を救済する参考になる。早く、我が国もウクライナのグッドプラクティスを実施すべきである。多くの被災者の方々が辛酸をなめている現状を鑑みると、福島にこのような新しい夢の町作りによる明るい人々の笑顔を取り戻す提案をしたい。

8.3.6　参考文献

(1) 今井哲二「技術と人間」
　　http://www.rri.kyoto-u.ac.jp/NSRG/Chernobyl/GN/GN9207.html

8.4　日本の緊急時対策

　日本の原子力発電所では、福島第一原子力発電所での事故を踏まえ、津波対策や重大事故対策等の必要な安全対策を徹底し事故リスクを極小化したうえで、原子力発電を引き続き電力を担う重要なエネルギー源として活用を目指している。ここでは日本の緊急時対策として、原子力発電所の事故防止と収束活動のための様々な対策を紹介するとともに、原子力緊急事態支援組織を紹介する。

8.4.1　原子力発電所の事故防止と収束活動のための対策

　各事業者では、原子力発電所における重大事故の発生防止し、外部に影響を及ぼすことがないよう、安全性向上に関する設備面の対策及び現場対応能力の向上に取り組んでいる。さらに重大事故を防止する安全対策に限らず、万一、重大事故が発生した場合でも事故収束活動や発電所周辺地域における原子力災害対策についても必要な対策を図っている。

　図8.4-1に新安全基準で求められる主な安全対策を示す。新規制基準では活断層や地下構造の調査が改めて求められているため、必要に応じて基準地震動の見直しや耐震強化を進めている。津波についても発生場所や高さを評価し、安全上重要な機器の機能が確保されるよう対策を実施。さらに防波壁・防潮堤の設置、扉の水密化なども行っている。図8.4-2に地震・津波対策の例を示す。地震・津波のほか、新たに火山・竜巻・森林火災などへの対策が求められるため、原子力発電所の安全性に対する影響を適切に評価し、必要に応じて対策を講じている。さらに、所内の火災で原子炉施設の安全性が損なわれないよう、火災発生の防止、火災の感知および消火、火災の影響軽減などの防護対策についてプラントごとの設計条件を考慮して継続的な改善を行い、火災防護の信頼性を向上させている。

　炉心損傷防止についても、地震や津波などで複数の冷却設備が同時に機能喪失する場合を想定し、多様な冷却手段を確保し、これにより炉心が損傷する事態を防止する。既存の海水ポンプに代替できる大容量ポンプを配備し、海水ポンプモーターは予備も確保。緊急時の水

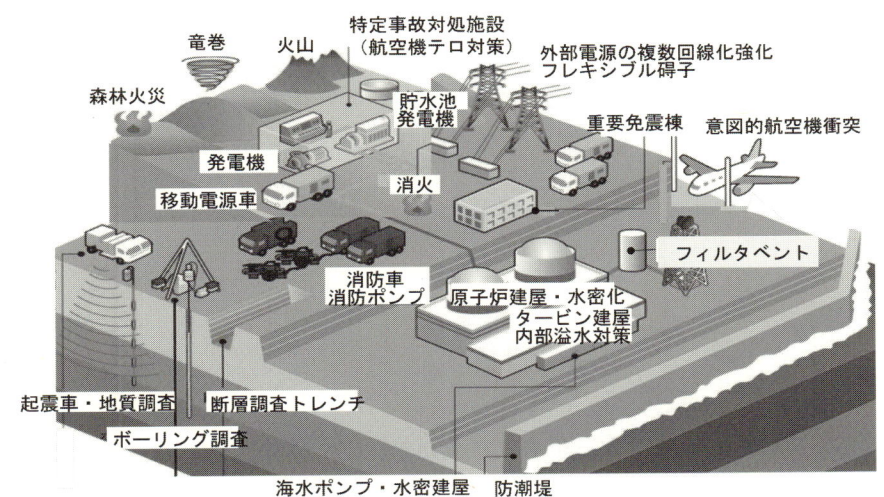

図8.4-1　新安全基準で求められる主な安全対策

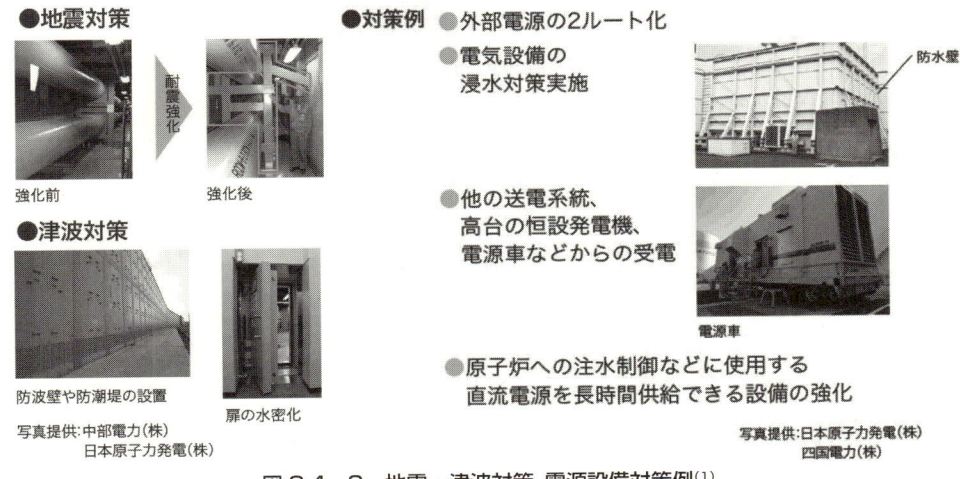

図8.4-2　地震・津波対策、電源設備対策例[1]

源もタンク・河川・ダム・貯水池など多様化を図っている。また、既存の非常用ポンプが破損した場合に備え、可搬型ポンプなどを配備して原子炉や使用済燃料プールの冷却を確保する対策も講じる。図8.4-3に炉心損傷防止対策の事例を示す。

　万が一、炉心が損傷しても、格納容器の破損や水素爆発を防止し、環境への放射性物質の放出を十分低減させる対策を講じる。緊急時に格納容器を冷却する機能を強化し、炉心損傷が起きた場合、格納容器下部に落下した溶融炉心を冷やす注水ラインを新たに設ける。また、シビアアクシデント時に格納容器内部の圧力を下げるため蒸気を放出し，そこから放射性物質を低減して排気する「フィルタベント」を設置。炉心損傷時に懸念される水素爆発を防ぐため、水素濃度を低減できる「静的触媒式水素再結合装置」や原子炉建屋上部から排出する設備も追加で設置する。図8.4-4に格納容器破損防止対策の事例を示す。

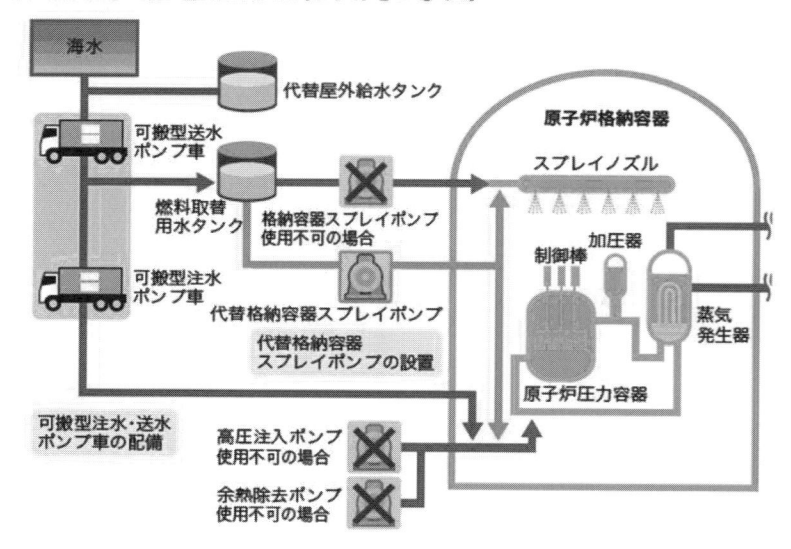

●対策例(PWR[加圧水型軽水炉]の事例)

図 8.4-3　炉心損傷防止対策(PWR の事例)[1]

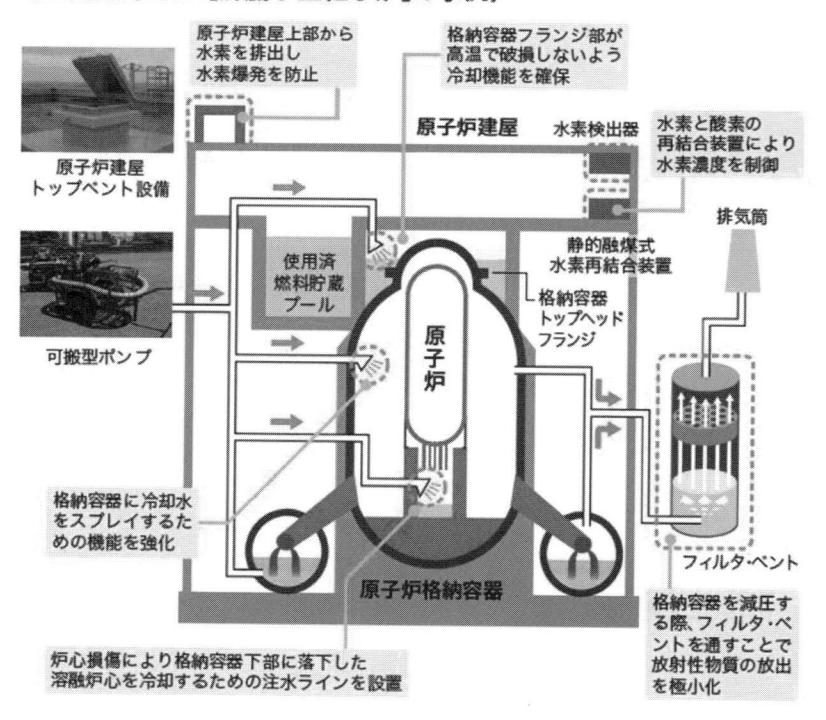

●対策例(BWR[沸騰水型軽水炉]の事例)

写真提供:東京電力(株)
日本原子力発電(株)

図 8.4-4　格納容器破損防止・放射性物質の拡散防止対策(BWR の事例)[1]

8.4.2　原子力緊急事態に対応する支援組織

　日本では電気事業連合会にて原子力緊急事態に対応する支援組織（以降、原子力緊急事態支援組織と呼ぶ）が設立されている。原子力緊急事態支援組織は、2013年1月に福井県に設置された原子力緊急支援センターを拠点として国内の原子力発電所での緊急事態に高度な災害対応が可能な災害対応組織である。

　拠点施設の概要を図8.4-5に示す。拠点施設については資材空輸用のヘリポート、各事業者の要員訓練施設、必要な資機材が配備する計画である。また、図8.4-6に示すとおり、高放射線量下で対応できるよう、偵察ロボット、作業用ロボット、遠隔操縦重機や除染装備を配備しており、緊急時にはこれらの資機材を原子力発電所に向け輸送し支援を実施する。

　このように、原子力発電所の様々な安全対策による世界最高水準の安全性に加え、原子力災害発生時の支援体制についても世界最高水準の支援体制構築を目指している。

完 成 予 想 図

拠点施設の概要

敷地面積　約26,000 m²

施　設	用　途	仕　様
事務所棟	ロボット走行室、操作室 会議室、執務室等	鉄筋コンクリート造2階建 　延床面積　：約2,000m²
資機材保管庫・車庫棟	ロボット資機材、搬送車両等の保管庫 非常用発電機室等	鉄骨造1階建 　延床面積　：約1,600m²
屋外訓練フィールド	無線重機、無線ヘリコプター等の訓練	屋外訓練 　フィールド：約2,600m² 予備屋外訓練 　フィールド：約5,500m² 　　計　：約8,100m
ヘリポート	ロボットを輸送可能なヘリコプターの離着陸	約6,000m²

図8.4－5　原子力事業者共同の緊急事態支援組織の拠点施設[(2)]

災害現場の確認用ロボット(Packbot®)
写真提供:日本原子力発電(株)

整備予定の資機材

a. 遠隔操作資機材

種　類	用　途	台　数
小型ロボット	屋内外の偵察、屋内障害物除去等	6台
中型ロボット		2台
小型無線重機	屋内外障害物除去、機材運搬等	2台
大型無線重機		1台
無線ヘリコプター	高所からの偵察	2台
	合計	13台

b. 現地活動用資機材

種　類	主要品目
放射線防護用資機材	全面マスク、線量計、タイベック(汚染防護服)等
放射線管理、除染用資機材	除染テント、高圧洗浄機、排水保管用タンク、サーベイメータ等
作業用資機材	無線中継装置、整備工具、予備パーツ類等
一般資機材	通信用機材、照明・電源類、燃料、水・食料、消耗品類等

c. 搬送用車両

種　類	用　途	台　数
ワゴン車	要員、軽資材搬送	2台
大型トラック (重機搬送車両)	重機搬送	1台
中型トラック	ロボット搬送、ロボット・重機コントロール、指令センター、電源搬送等	9台
	合計	12台

図8.4−6　原子力事業者共同の緊急事態支援組織(資機材)[2]

8.4.3　原子力災害に備えた防災対策

　福島事故の前は、原子力災害に備えた防災対策を講じる重点区域の範囲として原子力発電所から約8〜10kmの範囲としていた。なお、福島事故では、この範囲を超えて避難等が必要となったが、この教訓及びIAEA（国際原子力機関）の国際基準等を参考にし、原子力規制委員会が策定した原子力災害対策指針では、概ね30kmに拡大された。また、IAEAの安全指針のうち、GS-G-2.1（2007）「原子力又は放射線緊急事態に対する準備の整備」では、PAZ（予防避難区域）及びUPZ（屋内退避区域）の技術的概念が示されており、原子力発

電所で事故が発生し緊急事態となった場合に、PAZは、急速に進展する事故においても放射線被ばくによる確定的影響等を回避するため、原子力施設の事故の状況に応じて、即時避難を実施する等、通常の運転及び停止中の放射性物質の放出量とは異なる水準で放射性物質が

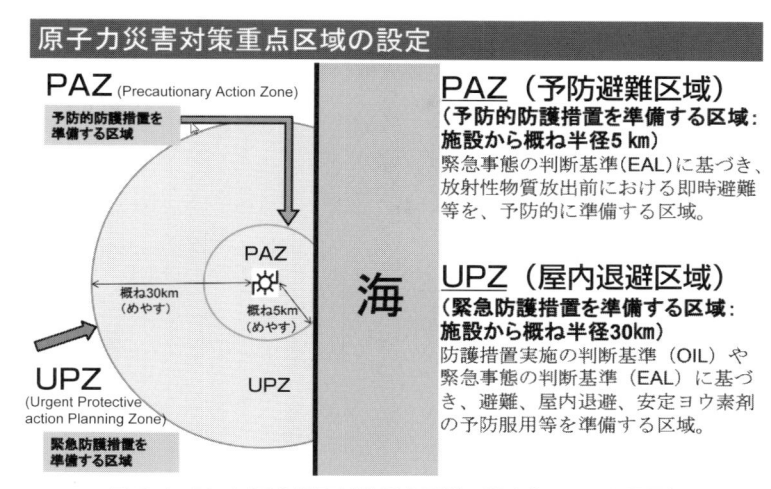

図8.4-7　原子力災害対策重点区域の設定（FCVSを設置）

放出される前の段階から予防的に防護措置を準備する区域である。さらに、UPZは、確定的リスクを最小限に抑えるため、原子力施設の事故の状況及びモニタリングの状況に基づき、緊急防護措置を準備する区域である。図8.4-7に、PAZ及びUPZの原子力災害対策重点区域の設定について示す。IAEAの安全指針では、熱出力100万kW以上の実用発電炉におけるPAZ及びUPZの範囲として、PAZ：3～5km（5kmを推奨）、UPZ：5～30kmが提案されており、原子力防災指針では、PAZについては、「原子力施設からおおむね5km」、UPZについては、「原子力施設からおおむね30km」を目安とし、主として参照する事故の規模等を踏まえ、迅速で実効的な防護措置を講ずることができるよう検討した上で、継続的に改善していくこととしている。

　原子力発電所における重大事故の発生防止に対しては、外部に影響を及ぼすことがないよう、安全性向上に関する設備面の対策及び現場対応能力の向上に取り組んでおり、さらに重大事故を防止する安全対策に限らず、万一、重大事故が発生した場合でも避難等による防災対策を講じることにより、事故により放出される放射性物質による被ばく影響を低減するものとしている。また、フィルタベントの設置は、急速に進展する事故においても放射性物質をフィルタにより除去した後環境中へ放出することにより、避難範囲をPAZ内に限定し、さらに、それ以遠の住民は避難不要とすることにより、防災対策をより実効的なものとするためにも重要な安全対策となる。さらに、「2.3.5　公衆被ばくに対する低減効果」に示した通り、長期的な居住困難となる土壌汚染をなくすこともフィルタベントの重要な役割である。

8.4.4　参考文献

(1)原子力 コンセンサス 2014改訂版　電気事業連合会
(2)「原子力緊急事態支援組織」の設立に向けた準備状況について　電気事業連合会、日本原子力発電(株)2015年9月18日

第 9 章

まとめ

(1) 福島第一原子力発電所事故のまとめ

福島第一原子力発電所事故を契機に、日本、そして世界のエネルギー政策が大きな転機に差し掛かっているが、エネルギー供給の重要な一端を担う原子力という選択肢を切り捨てないためにも、我々は原子力エネルギーに携わる技術者として今回の事故を深く分析して、二度と周辺環境へ影響を及ぼさぬ安全対策を確立しなければならないと考え、活動してきた。フィルタベントの設置はその安全対策のなかでも一般環境への放射性物質の放出を大幅に低減する重要な手段である。

福島第一原子力発電所事故での格納容器の圧力変化に注目すると、2号機では空焚きになった炉心に海水が注入された直後から格納容器委の圧力が急上昇し、不規則な圧力変動を経て、0.75MPaまで上昇した。3月15日の午前中に圧力が急減して大気圧付近まで低下した。これは2号機の格納容器が大リークしたことを示す。次いで、同日午後に、格納容器圧力はV字回復して、格納容器内の線量が急上昇した。それ以降、格納容器の圧力は緩やかに低下していった。この事象は、格納容器内に炉内の高濃度の放射性物質が漏洩したことと、高温の溶融燃料による加熱現象が発生したと考えられる。WEBカメラの映像分析によれば、3月15日の3号機の5回目のベントは失敗している。

海水ポンプのモータや非常用ディーゼル発電機が津波で濡れて機能喪失が発生し、直流バッテリーの被水と相まって、空気源の喪失など、発電所の冷水・電気・空気を供給する支援系の機能喪失がECCSの共倒れを引き起こした。

新規性基準に基づく原子力発電所の安全対策では、海水ポンプの保護が徹底され、直流や空気源の強化も実施された。それと共に、炉心注水する前に、フィルタベントを用いた早期の格納容器の減圧が重要である。

福島第一原子力発電所ではタービン建屋の大型シャッターやドアなどから、大量の海水が流入し、外部電源喪失と海水の浸水による非常用ディーゼル発電機の停止による全交流電源喪失に至った。一方、淡水の供給源としては復水貯蔵タンク、廃棄物処理タンクの余剰水等の利用が検討されたが、大部分の淡水は原子炉への注水に使われていた。福島第一原子力発電所を建設する際に発電所で使用する水源とするために建設された坂下ダムには、284万トンの水があり、敷地内の沈殿槽まで淡水の供給導管があったが、原子力発電所の給水ピットが津波の瓦礫で覆われ、真水の取水ができない状態であった。

(2) 福島第二原子力発電所の緊急時対応と事故収束のまとめ

津波が浸水した福島第2発電所の海水熱交換器建屋内でも、非常用電源盤の大半や非常用ポンプの電動機の一部が海水による没水もしくは被水により、機能喪失した。福島第二発電所1号機では、非常用ディーゼル発電機が堅牢な原子炉建屋の地下2階に設置されていたが、ディーゼル発電機の吸気口が建屋1階の壁面にルーバー状の形状でフィルタを介して開口していたために、多量の海水が降り注ぎ、ディーゼル発電機が機能喪失した。

津波によって海水ポンプのモータが回らなくなると何が起こったのかを、良く見極める必要がある。非常用の海水冷却系は、原子力発電所の安全系の数多くのシステムや機器の冷却

源（ヒートシンク）になっている。従って、海水ポンプが停止するだけで、非常用ディーゼルエンジンの冷却水が途絶え、例え津波による被水を受けていなくとも、非常用ディーゼル発電機が停止する。大型のポンプの軸受けの潤滑油の冷却も不能となる。その結果、津波の侵入が限定的であったにもかかわらず、福島第二発電所の多くの冷却系が機能喪失することで、非常用炉心冷却系（ECCS）がほぼ全滅した。同様にして、常用系の冷却設備の大半も機能を喪失した。

　一方、常用系のMUWC（復水補給水系）ポンプと蒸気タービン駆動の隔離時冷却系（RCIC）が生き残った。そこで、RCICにより炉心に注水して水位を確保しつつ、減圧系（S/R弁）を作動させて原子炉を減圧し、MUWCポンプで炉心に注水した。しかし、S/R弁から排出される蒸気によって格納容器内の圧力抑制プールの水温が上昇し、ついに圧力抑制機能喪失に至った。このため、原災法第15条の通報を行う事態となった。このときに、福島第二原子力発電所では、東芝三重工場と柏崎刈羽発電所に同型の海水ポンプモータがあることを見出し、自衛隊のヘリコプターによる空輸や陸送により、福島第二原子力発電所までモータを輸送し、被水したモータと交換するとともに、被災しなかった電源盤や電源車を利用して電源系を仮設復旧して、海水冷却系を復旧させたのである。これにより、残留熱除去系（RHR）が回復して格納容器から崩壊熱が除去可能となって、冷温停止を達成した。このことから、ヒートシンクの重要さと、人的な復旧活動の重要性が強く認識される。

(3) 原子炉格納容器からの放射性物質の漏えい対策のまとめ

　さて、福島第一発電所で冷却源が失われ、非常用炉心冷却系が作動しない状況下で何が起こったのかを見ていく必要がある。炉心および格納容器の冷却機能が喪失すると、主蒸気逃がし安全弁などの作動によって、格納容器内に崩壊熱と水ジルコニウム反応による発熱によるエネルギーの蓄積が生じる。このため、格納容器の内圧は、じわじわと上昇していく。事故当時に格納容器のフランジ等のシール部に使われていたシリコンゴムは、150℃以上の蒸気環境下で弾力性（形状復元力）が大幅に低下する。格納容器フランジが内圧の上昇で隙間が開くと、フランジをシールするシリコンゴム製のOリングが高温蒸気環境に暴露され、その形状復元力が低下するために隙間の変化に追従できず、リークを生じるのである。

　そのような状況によって福島第一原子力発電所では、放射性物質や水素が蒸気と共に漏洩したと推定される。水素がPCVから漏洩すると運転床（オペレーションフロア）には空気（酸素）があるため、水素爆発が発生し得る。実際に2号機各階の放射性物質の汚染による線量マップを作成すると、地下階や1～4階の汚染レベルは、階段部も含めてそれほど高くない。高いのは、運転床の格納容器頂部フランジの上部に設置されたシールドプラグの隙間である。つまり、格納容器の内圧が上昇し温度も高くなったために、頂部フランジから漏洩して、そこから運転床に漏洩したと推定されているのである。

　福島第一原子力発電所2号機では隔離時注水系RCICの停止後、主蒸気逃がし安全弁（S/R弁）で原子炉を減圧した。しかし、数時間ほど炉心注水が実施できず、炉心が空焚き状態

が続いた。この段階で格納容器内はRCIC蒸気タービンの排気蒸気などによって約0.4MPaまで加圧されている。その後、RCIC停止後の若干の圧力低下の後に、海水注入に伴って格納容器内の圧力が0.75MPaまで上昇し、さらに、3月15日午前中に圧力が急減している。この時点で、原子炉建屋側面のブローアウトパネル開口部から、蒸気との放射性物質の飛散が始まった。

これは、炉心が空焚きで温度が上がっていたところに注水が行われ、蒸気の多量発生に伴う格納容器の圧力上昇と、水・ジルコニウム反応による水素の発生などが生じて圧力が上昇して格納容器のシール部が機能を失ったと考えられる。

2号機の格納容器（PCV）圧力の圧力変化に注目すると、2号機では空焚きになった炉心に海水が注入された直後から格納容器委の圧力が急上昇し、不規則な圧力変動を経て、0.75MPaまで上昇した。3月15日の午前中に圧力が急減して大気圧付近まで低下した。これは2号機の格納容器が大リークしたことを示す。次いで、同日午後に、格納容器圧力はV字回復して、格納容器内の線量が急上昇した。この事象は、格納容器内に炉内の高濃度の放射性物質が漏洩したことと、高温の溶融燃料による格納容器内の気体の加熱現象が発生したと考えられる。リークして大気圧付近まで圧力が下がった格納容器が再度圧力急上昇しており、相当強力な加熱源が格納容器に露出したと考えるのが妥当であり、このタイミングで格納容器放射線モニタシステム（CAMS）によって測定された格納容器内の放射線量が138Sv/hと極めて高くなったことが、この漏洩時に多量の放射性物質がリークしたことを裏付けている。

(4) 原子炉格納容器からの放射性物質の直接漏えいの事象のまとめ

さて、2015年12月17日に東電が進捗報告した福島第一発電所のWEBカメラの映像記録と、原子炉建屋から直接漏洩する蒸気の写真がある。これらは、既に東電から公表されていたものであるが、福島第一原子力発電所の地元の汚染が最も顕著であった、3月15日の映像と写真の記録をエビデンスとして公表したのである。3号機のベントが成功した際には、スタックの頂部から横にたなびく白い湯気が見える。一方、その2時間後の(b)ではベントをしていない時間なのでスタック頂部の湯気は見えない。この時点で、空気源不足で、3号機も2号機もともにベントが失敗している。ベントの為には格納容器隔離弁を開く必要があるが、工学的安全設備として格納容器の隔離機能が優先される設計だったため、空気源を失った時に隔離弁がフェイルクローズしてしまうために、頼りのベントができなかったのである。なお、この点については、事故後に行われたフィルタベント系統の設計において、改善がされている。

一方、建屋近傍から撮影した写真では、3月13日の3号機のベントが成功した際には、原子炉建屋からの直接漏洩は発生していない。圧力抑制プール水をくぐった蒸気であるから、線量の上昇はごくわずかであった。しかし、ベントが失敗した3月15日の朝の2号機、3号機は、原子炉建屋上部からの直接漏洩が発生していることが分かる。格納容器からの濃い放射性物質を含んだ蒸気が漏洩をしているのである。特に2号機は0.75MPaあった格納容

器の圧力が全て抜けるほどの漏洩があり、次いで同日午後には、最高線量に達した PCV の放射性物質が漏洩しており、これが風向きから、飯館村に向かったとみられる。事故の原因、特に何が汚染の原因であったかは重要な論点である。3 号機はベントが成功している間のエネルギーの放出はあった。しかし、一度もベントに成功しなかった 2 号機の 3 月 15 日の短時間の漏洩が、地元汚染に大きく影響していると考えられる。圧力抑制プールをくぐった蒸気を更にフィルタベントシステム（FCVS）に導いている。この場合の除染係数は約 100 万となり、もはや発電所郊外の汚染を極めて低いレベルに抑制できる。早期ベントも炉心状態に関わらず実施可能となる。

　2 号機では空気源の喪失からラプチャーディスクが割れずにベント弁を開けてもベントが出来なかったとされた。このため、格納容器の損傷を招き、地元を放射性物質で汚染したことになる。これを防止するには、空焚き状態であった炉心へ注水する前にフィルタベントを用いて速やかにベントできるようにしなければならない。つまり、FCVS の運用上からも PCV の過圧破損を防止する考慮が求められる。

（5）フィルタベントの役割のまとめ

　このように、福島第一原子力発電所の事故の教訓として、格納容器の内圧と温度が上昇し、格納容器から放射性物質で汚染された蒸気や水素のリークが発生する前に、フィルタベントを用いて、放射性物質を濾し取ってから圧力と熱エネルギーをベントすることで、格納容器の損傷や大規模リークを防止することができ、地元の汚染も防止できるのである。また、必要に応じて炉心が損傷する前の段階でもベントによって格納容器の内圧を下げることで、主蒸気逃がし安全弁（S/R 弁）による原子炉減圧後の低圧ポンプを用いた炉心注水を継続することが可能となる。また、十分に放射性希ガスを減衰させてからフィルタベントを作動する場合には、敷地境界の放射線レベルも 1mSv/y 以下に抑制することが可能であり、その測定値が低く安定していれば、半径 5km 以上、半径 30km 以内の UPZ の範囲の住民は、緊急時避難をしなくても済む。

　また、我が国全てのフィルタベントに銀ゼオライト（AgX またはモレキュラーシーブ）により有機よう素が 1/50 以下に除去されるため、小児甲状腺癌の発生リスクも大幅に低減できるのである。

　このように、フィルタベントの設置は、福島第一原子力発電所および第二原子力発電所で発生した格納容器内圧の上昇をベントにより低下させることができ、地元の汚染も防止することができるのである。また、本書中で述べられているように、改良 EPDM 材のゴムの耐熱・耐温度・耐放射線を特性が大幅に向上しており、格納容器はよりリークしにくい構造となっているのである。フィルタベントによる圧力逃がし機能に加え、格納容器の熱に対する堅牢（ロバスト）性を向上させることが可能となった。

（6）フィルタベントは原子力発電所の安全確保の切り札

　さて、新規制基準では、地震や津波のみならず、火山の噴火や竜巻、森林火災に対しても

対策を求めている。万が一、外部電源を喪失した際の非常用電源であるディーゼルエンジンやガスタービンは燃焼のための空気を必要とする。ガスタービンは多数の翼を空冷するための小さな穴が開いている。もし、火山の噴火があったときにも、これらの燃焼や冷却のための空気にはフィルタを設け、目詰まりを起こすことがないよう、予備のフィルタが大量に備えられている。

更に、数万年に1回のカルデラ噴火が起こったと仮定する。このような確率で原子力発電所が事故になる確率は、おそらく隕石の落下確率よりも低いかもしれないが、火砕流によって炉心が損傷したとしても、発電所にフィルタベントが設置されているため、放射性物質を濾し取り、放射性物質によって近隣住民に迷惑をかけるようなことを防ぐことが可能となる。

イタリアのポンペイは、約2,000年前の西暦79年、火砕流によって街自体が地中に埋もれてしまったことで有名である。ただ、人口20,000人を擁する商業都市の中で、火砕流の被害を受けたのは2,000人程と言われている。つまり、残りの18,000人は、火砕流がやってくる前に既に安全な場所に避難し終えていたということから、大噴火の予兆があったと考えられている。

大量のエネルギーが一瞬にして放出される大規模なカルデラ噴火の前には、おそらく噴煙や地震等があったであろう。現在のＧＰＳ技術をもってすれば、火山の変形をはじめとする噴火の予兆を即座に把握することができるであろう。

万が一、外部電源を喪失した際の非常用電源であるディーゼルエンジンやガスタービンは、燃焼のための空気を必要とする。また、ガスタービンは多数の翼を空冷するための小さな穴が開いている。これらの燃焼や冷却のための孔に目詰まりを起こすことがないよう、吸気フィルタがあり、予備のフィルタも大量に備えられている。

火砕流といえども時速100kmで移動しても、100km離れた原子力発電所まで到達するまで、約1時間かかる。これだけの時間があれば、緊急警報やテレビニュースにより、原子炉をスクラムし、冷却を開始できる。フィルタベントのベント弁を開けて、運転員らは速やかに避難することが可能である。100km移動する間に火砕流は冷えるので、1200℃まで耐える鉄筋コンクリートの原子炉建屋は、生き残る。仮にその後、原子力発電所が火砕流に襲われ、ポンペイのように厚さ15mの火山噴出物が降り積もっても、原子炉建屋上部やフィルタベントの排気塔は、埋もれずにベントを開始できると考えられる。これによって炉心が損傷したとしても、フィルタベントが炉心から発生する放射性物質を濾し取るので、放射性物質による近隣の土壌汚染や、それによって生ずる住民の被ばくを、大幅に低減できるのである。

むしろ、幾多の安全対策を取った原子力発電所は、最も自然災害に対して強い「安全の砦（とりで）」になり得る。実際、東日本大震災で津波に襲（おそ）われた宮城県女川町では、町民が原発施設に避難した。最も震源に近かった女川原発が被災町民を津波から救ったのである。

一般の皆様向けフィルタベント Q&A

Q1. フィルタベントとベントフィルタの違いとその役割を教えて下さい。

A1. 放射性物質を除去するフィルタ本体を容器に納めた装置をベントフィルタと呼び、それを原子炉の格納容器と接続するベント（排気）のための配管や弁、測定計器を含めたシステム全体を格納容器フィルタベントシステム（FCVS）と定義し、フィルタベントと称しています（本文第5章）。フィルタベントがあると格納容器内の放射性物質を除去して、濃度を1000分の1以下にできますから、万万が一、炉心が溶融するような事故が起こったとしても、地元への汚染を実質的に無くすことができます。

Q2. ヨーロッパではフィルタベントが設置されていたのに、なぜ、我が国では設置されていなかったのですか？フィルタベントが設置されていたら、事故は防げたのですか？

A2. 1979年の米国スルーマイル島原発事故では、格納容器が大きい加圧水型（PWR）の原子炉でした。過酷事故が起きて3回の水素爆発が発生しましたが、格納容器は損傷しませんでした。しかし、報道によりパニックを起こしました（本文19ページ）。欧州ではフィルタベントの開発が開始され、1986年のチェルノブイリ原発事故の前にはフィルタベントの設置が開始されていました。我が国でも沸騰水型原子炉（BWR）には、圧力抑制プールの水を使って放射性物質を濾し取る耐圧強化ベントが設置されました。フィルタベントが設置されていれば、炉心注水は容易となり、放射性物質を除去して地元の汚染は最小限に抑えられます。福島第一原発事故では、津波により、ベントに必要な弁操作用の空気や電気が失われ、格納容器内の圧力が上がってしまった結果、放射性物質がリークしました。これが地元の汚染につながったのです。フィルタベントが設置してあり、弁操作も手動でも可能にしてあれば、地元の汚染は発生しませんでした（本文第7章）。

Q3. 我が国で開発されたフィルタベントは何が新しいのですか？希ガスや放射性よう素、プルトニウムの除去について教えて下さい。

A3. フィルタベントワーキンググループが最も注力したのは①フィルタベントの確実な作動を確保するためのベントシステムの改良と②格納容器の頑健化、そして③小児甲状腺がんの原因物質となる放射性有機よう素の除去です。よう素フィルタの設置は世界初です。よう素は反応性が高く、格納容器内で塗料と反応し有機よう素となります。有機よう素はガス状物質で、水に溶けにくいので、ゼオライト結晶に銀を含有させたよう素フィルタにより銀と反応させてよう化銀として吸着します。プルトニウムは酸化物で、胃のレントゲンのときの硫酸バリウムのように水に溶けない粒子状物質ですが、金属繊維のフィルタで除去できます。希ガスはフィルタの除去が困難ですが、短時間に減衰します。格納容器の冷却能力を高めてベント開始を遅らせ、万万が一の避難の時間も余裕が出る設計としました（本文190ページ）。

あとがき

　東北地方太平洋沖地震は、2011年（平成23年）3月11日14時46分18秒、日本の太平洋三陸沖を震源として発生したマグネチュード9.0の巨大地震である。この地震は、地震のみならず、北海道から千葉県に至る太平洋沿岸に大きな津波を発生させ、東日本を中心に甚大な被害をもたらし、東日本大震災と命名された。この沿岸に立地する火力発電所、原子力発電所の多くは何らかの影響を受け、運転停止した。なかでも、東京電力福島第一原子力発電所の1号機から4号機においては、津波により非常用炉心冷却系が機能喪失し、燃料溶融と水素爆発、格納容器の閉じ込め機能の喪失と放射性物質が外部に放出され、周辺に甚大な影響を与える事態に至った。商業用の原子力発電所で起こってはならない重大な事故であり、津波の被災に加えて原発事故による強制退避となられた方々、野菜や牛乳、漁業に与えた汚染と風評被害、さらには生き残った家畜の殺処分といった耐え難い状況が報道された。

　このような悲惨な事故を拡大させた大きな要因として、①津波に対する対策が不十分であって、大量の海水が非常用ディーゼル発電機や重要な配電盤などを使用不能としたことや、②ベント弁が空気源枯渇で作動不能となり、圧力抑制プール水に放射性物質を溶解するウェットベントができず、2号機の格納容器の過圧・過温による多量の放射性物質が漏えいした等、弁の操作や直流・空気源の確保など複数の課題があることが分かった。

　一方、欧州では、1979年の米国スリーマイル島2号機の事故後、過酷事故対策を進め、フィルタベントの開発と設置を進めていた。スペインを除く欧州の全ての原子力発電所にチェルノブイリ原発事故の前後でフィルタベントが設置されていた。我が国の原子力安全委員会も、「フィルタ付ベントの設置を強く要望する」と平成17年（2005年）に文書を公開していた。米国ではMITの教科書にも海水注入とフィルタベントが過酷事故対策として掲載されていた。我が国の安全対策が遅れていたのである。この事実に関して、我々、原子力界の全員が、猛省しなければならない。

　フィルタベントの調査と設置に向けて、日本機械学会動力エネルギーシステム部門では、2011年11月に海外調査として、フランスのショー発電所（PWR 160万kW）と、スイスのライプシュタット発電所（BWR/6 125万kW）のフィルタベントの調査を実施した。前者は、蒸気凝縮に伴う水素濃度上昇を防止したサンドフィルタが、後者では、ベント圧力を利用して水酸化ナトリウムを注入して除染係数を増加させた湿式のフィルタベントが設置されていた。過酷事故が起こるようなときは、全交流電源喪失（SBO）状態の可能性もあるので、ベントバルブからシャフトを延長し、手動でハンドルを回すとベントが容易にできように入念に対策されていた。停電時の照明器具やベントの手順書、ブルドン管圧力計や熱電対などの計器も設置されている。ライプシュタット発電所は、さらに地下水を使った特設非常用徐熱システム（SEHR）を設置しており、非常用DGが2台設置されている。ECCSの非常用電源が3台、中操の制御盤とバッデリー充電用のモバイル電源、軍の基地に預けたモバイル電源を加えると計7台の非常用電源を保有していた。

　もし、福島第一発電所にこのような過酷事故対策が実施されていたなら早期にベントもでき、格納容器の過庄破損や水素爆発を回避して、地元を放射性物質で汚染するようなことは

無かったと考えられる。フィルタベントワーキンググループ（FCVS-WG）では、我が国の世界最高水準の安全性確保のため、我が国のフィルタベントには、セシウムやヨウ化セシウムのみならず、小児甲状腺がんの原因となる有機よう素を除去する銀ゼオライトフィルタを世界で初めて設置することにした。二度と福島第一原発事故のような地元の汚染を発生させないという強い決意を示すものである。

　本書の取りまとめの最終段階に入った、2018年2月16日、静岡県の原子力防災訓練を視察する機会を得た。大勢の地元の皆様が、多数のバスで避難され、汚染チェックと除染などを済ませ、一時立ち寄り場所での避難先の確認をして、それぞれの避難場所に再び移動していく訓練であった（写真参照）。約90万人の皆様を短時間で避難させることは大変である。静岡県の原子力防災責任者の方に「フィルタベントが安定に機能して線量が許容値内であれば、防災避難はどうなりますか」と質問したところ、「線量が許容値以内であれば、UPZの範囲にお住まいの方は、屋内退避となります。」との回答が返ってきた。炉心損傷確率とフィルタベント機能喪失確率を考慮すれば、放射性物質で汚染される確率は隕石の落下確率以下となり、万万が一、炉心溶融事故が発生したとしても、実際には緊急避難を必要としない。あくまでも、深層防護の前段否定（フィルタベント不作動）を前提として、県と住民が緊張感を持って避難訓練を実施しているのである。いっしょに視察された技術評論家の桜井淳氏も、このような防災訓練を通じてフィルタベントの役割の重要性を認識された。本書が、我々原子力技術者の決意と、その安全対策の推進と実行に対し、多くの国民の皆様、地元の皆様のご理解につながることを祈念するものである。

住民の乗ったバスごと汚染の有無を確認
（バス通過後の2本のポールで放射線測定）

自衛隊の災害派遣（除染車）
（避難車両の除染等を行う）

避難住民の避難退域時検査場所
（避難住民の汚染チェックと除染等を行う）

一時立ち寄り場所に到着した緊急退避訓練参加者
（左の写真は視察中の桜井淳氏）

静岡県防災訓練風景（2018年2月16日）

略語集

ABWR ：Advanced Boiling Water Reactor（改良型沸騰水型軽水炉）37,119,132,170,193

AC ：Alternate Current （交流）204

ACE ：Advanced Containment Experiments（各国政府や研究機関等が参加し実施された FCVS 試験プログラム）95,142

AM ：Accident Management（アクシデントマネージメント（過酷事故対応緩和措置））25

AO ：Air Operated Valve（空気駆動弁）122

ASN ：Autorité de Sûreté Nucléaire(仏)（原子力安全局（フランスの原子力規制当局））51,200

BWR ：Boiling Water Reactor（沸騰水型軽水炉）9,12,50,51,57,61,84,92,104,115,192,220

CV ：Containment Vessel（原子炉格納容器(PWR)）10

DF ：Decontamination Factor（除染係数）13,39,46,51,58,66,84,97,127,138,196

DG、D/G ：Diesel Generator（ディーゼル発電機）12,57,150,155,202,232

DIANA ：Dose Information Analysis for Nuclear Accident（放出された放射性物質から3次元移流拡散線量の計算コード）29

DPD ：Dew Point Distance（露点温度差）78

DW、D/W ：Drywell（ドライウェル(BWR)）151,155,181,184

EAL ：Emergency Action Level（緊急時活動レベル（緊急事態区分、事故区分を示す））223

ECCS ：Emergency Core Cooling System（非常用炉心冷却装置）18,56,119,166,193,226

EDF ：Electricite de France（フランス電力会社）46,200

EPDM ：Ethylene-Propylene-Diene Methylene linkage rubber（エチレン・プロピレン・ジエンゴム（シール材））159,169,189,229

FCVS ：Filtered Containment Venting System（フィルタベントシステム）51,58,66,72,92,163,194

FP ：Fission Product（核分裂生成物）19,37,53,140

GT ：Gas Turbine Generator（ガスタービン発電機）57

ICS（Incident Command System）165

JAVA／JAVA PLUS ：(AREVA社(現Framatome社)で実施されたFCVSの実機スケール試験。PLUS は JAVA 試験装置に有機よう素捕集フィルタを追加した試験）95

LOCA ：Loss of Coolant Accident（冷却材喪失事故）119,169,193

MAAP ：Modular Accident Analysis Program（事故解析コード）119,129,133,151,153

MCCI ：Molten Core Concrete Interaction（溶融炉心・コンクリート相互作用）190

MFF ：Metal Fiber Filter（金属繊維フィルタ）92

MO ：Motor Operated Valve（電動駆動弁）57,122

MUWC ：Make-Up Water Condensate（復水補給水系）119

MVSS ：Multi Venturi Scrubber System（マルチベンチュリー・スクラバシステム）50,58

NRC ：Nuclear Regulatory Commission（アメリカ合衆国原子力規制委員会）19,171,196,204

OIL ：Operational Intervention Level（運用上の介入レベル）223
　　　我が国の原子力災害対策指針で採用されている OIL の基準
　　　　OIL1 ：避難基準値（数時間内を目処に区域を特定し避難を実施）
　　　　OIL2 ：摂取制限開始値（1 日内を目処に区域を特定し、地域生産物の摂取を制限
　　　　　するとともに、1 週間程度内に一時移転を実施）
　　　　OIL6 ：核種別測定開始値（一週間以内を目処に飲食物中の放射性核種濃度の測
　　　　　定と分析を行い、基準を超えるものにつき摂取制限を迅速に実施）

PAR ：Passive Autocatalytic Recombiner（触媒式水素再結合装置）11,146

PAZ ：Precautionary Action Zone（予防的防護措置を準備する区域（放射性物質が放出
　　　される前の段階から予防的に避難等を開始する区域），予防避難区域）222,223

PCV ：Primary Containment Vessel（原子炉格納容器(BWR)）101,118,184,227

PWR ：Pressurized Water Reactor（加圧水型軽水炉）11,18,25,47,61,92,147,192,200,220

RBMK ：Reaktor Bolshoy Moshchnosti Kanalnyy（露）（黒鉛減速軽水冷却沸騰水型炉）21

RCIC ：Reactor Core Isolation Cooling（原子炉隔離時冷却系(BWR)）180,227

RHR ：Residual Heat Removal（余熱除去(PWR)、残留熱除去(BWR)）57,118,192,227

RPV ：Reactor Pressure Vessel（原子炉圧力容器(BWR)）57

RSK ：Reaktor Sicherheits Kommission（独）（ドイツ原子力安全委員会）62

SAMG ：Severe Accident Management Guideline（シビアアクシデントマネージメント・
　　　ガイドライン）60

SBO ：Station Blackout（全交流電源喪失）12,49,57,119,193,232

S/C、S/P ：Suppression Chamber，Suppression Pool（圧力抑制室(BWR)）37,155,184,228

SEHR ：Special Emergency Heat Removal System（特設非常用除熱システム（スイス：
　　　ライプシュタット発電所の設備））12,232

SFP ：Spent Fuel Pit/Pool（使用済燃料ピット(PWR)/使用済燃料プール(BWR)）49

S/G ：Steam Generator（蒸気発生器(PWR)）47

SGTS ：Standby Gas Treatment System（非常用ガス処理系(BWR)）50,55

SRV,SR 弁,S/R 弁 ：Safety Relief Valve（主蒸気逃し安全弁）37,85,227

TB ：Total Blackout（全交流電源喪失）181

TIP ：Traversing Incore Probe（移動式炉内核計装(炉心内中性子計装管)）158,185

TMI ：Three Mile Island（スリーマイル島）18,25,58

TUV ：Technischer Überwachungs Verein（独）（ドイツの技術検査協会（ドイツの認証機
　　　関））76

UPZ ：Urgent Protective action planning Zone（緊急防護措置を準備する区域（屋内退避
　　　などの防護措置を行う区域），屋内退避区域）222,223

WW、W/W ：Wet Well（ウェットウェル）181

日本機械学会 フィルタベントWG 委員・著者リスト

主査

奈良林　直
北海道大学

副主査

荒芝　智幸
中国電力

副主査

真部　義郎
関西電力

幹事

細見　憲治
東芝エネルギー
システムズ

幹事

森島　誠
三菱重工業

幹事

田中　基
日立ＧＥ

委員

佐藤　修彰
東北大学

委員

林　純平
北海道電力

執筆者

川村　慎一
東京電力ＨＤ

委員

山本　省吾
中部電力

委員

今堀　浩二
北陸電力

委員

古泉　好基
四国電力

委員

曠津　正俊
九州電力

委員

長谷川　国広
日本原子力発電

委員

大谷　司
電源開発

執筆者

森本　俊雄
ニューファクト

執筆者

小林　稔季
ラサ工業

執筆者

近藤　雅裕
東京大学

執筆者　戸塚　文夫
日立ＧＥ

委員　高木　敏行
東北大学

委員　菊池　一雄
北海道電力

委員　清水　敬輔
東北電力

委員　佐藤　大輔
東北電力

委員 谷口 敦
東京電力HD

委員 中村 尚史
東京電力HD

委員 竹山 弘恭
中部電力

委員 新屋 和彦
北陸電力

委員 田中 俊彦
関西電力

委員 中川 純二
中国電力

委員 井上 晴久
四国電力

委員 西村 幹郎
四国電力

委員 野崎 剛
九州電力

委員 井野 孝
日本原子力発電

委員 首藤 浩丈
日本原子力発電

委員 岩田 吉左
電源開発

旧委員 （所属は退任時の所属）
2014 年 6 月以降

委員 中山 隆弘
北海道電力
20161109 委員交代

委員 平沼 巨樹
東京電力
20151020 委員交代

委員 松尾 俊弘
東京電力HD
委員交代

委員 武藤 誠志
中部電力
20161108 委員交代

副主査 須澤 克則
中国電力
20150313 委員交代

委員 臼井 利光
中国電力
20150313 委員交代

副主査 桑田 賢一郎
中国電力
20170628 委員交代

委員 明石 豊宇
四国電力
20150313 委員交代

委員 窪田 高広
電源開発
20160418 委員交代

委員 石川 正朗
JNES
NRA 発足まで

オブザーバー

高橋 宏幸
電事連

柏倉 潤
日立GE

菊池 裕彦
三菱重工業

藤井 有蔵
日本NUS

フィルタベント －原子力安全の切り札を徹底解説－

2018 年 8 月 27 日　　　　　　　　　　初版　第 1 刷発行

著　　　　　　者	日本機械学会 編
	日本機械学会動力エネルギーシステム部門
	原子力の安全規制の最適化に関する研究会
	フィルターベントワーキンググループ著
	（主査　奈良林　直　監修）
発　　行　　人	長田　高
発　　行　　所	株式会社 ERC 出版
	〒 107-0062　東京都港区南青山 3-13-1　小林ビル 2F
	電話　03-3479-2150　振替　00110-7-553669
印　刷　製　本	芝サン陽印刷株式会社　東京都中央区新川 1-22-13
	電話　03-5543-0161

ISBN978-4-900622-61-6　　©2018 一般社団法人日本機械学会　Printed in Japan